湖北工程学院立项资助项目

《孝经》现代解读

李上文 程如进 著

长江出版传媒
湖北人民出版社

图书在版编目（CIP）数据

《孝经》现代解读 / 李上文, 程如进著. — 武汉 :湖北人民出版社, 2023.10
ISBN 978-7-216-10735-8

Ⅰ.①孝… Ⅱ.①李…②程… Ⅲ.①《孝经》—研究 Ⅳ.①B823.1

中国国家版本馆CIP数据核字（2023）第211636号

责任编辑：张倩玉
封面设计：董　昀
责任校对：范承勇
责任印制：肖迎军

《孝经》现代解读 XIAOJING XIANDAI JIEDU

出版发行：湖北人民出版社	地址：武汉市雄楚大道268号
印刷：孝感市佳丽印务有限公司	邮编：430070
开本：787毫米×1092毫米　1/16	印张：18.5
字数：303千字	插页：2
版次：2023年10月第1版	印次：2023年10月第1次印刷
书号：ISBN 978-7-216-10735-8	定价：65.00元

本社网址：http://www.hbpp.com.cn
本社旗舰店：http://hbrmcbs.tmall.com
读者服务部电话：027-87679656
投诉举报电话：027-87679757
（图书如出现印装质量问题，由本社负责调换）

序

  习近平总书记指出,中华优秀传统文化是中华民族的文化根脉,其蕴含的思想观念、人文精神、道德规范,不仅是我们中国人思想和精神的内核,对解决人类问题也有重要价值。强调要推动中华优秀传统文化创造性转化、创新性发展,以时代精神激活中华优秀传统文化的生命力。

  中国是个重视孝道的国家,孝是我国传统美德。《孝经》以"孝"为中心,比较集中系统地阐发了儒家的孝道伦理思想,认为"夫孝,天之经也,地之义也,民之行也",肯定"孝"是上天所定的规范。书中指出,孝是诸德之本,"人之行,莫大于孝",施政者可以用孝治理国家,人民则能够用孝来立身齐家。

  "孝"作为一种文化体系、一种社会意识形态,在中国历史上发挥了重要作用。汉代"以孝治天下",确立了以孝为核心的社会统治秩序,把孝作为治国安民的道德基础。汉代皇帝大都以"孝"为谥号,向社会表明朝廷的政治追求。西汉把《孝经》列为官学必修科目,还创立了"举孝廉"的官吏选拔制度,成为孝道社会化过程中最强劲的动力。唐代规定,在官学中学习的人必须精通《孝经》和《论语》。唐开孝弟(悌)力田科,明太祖诏举孝弟(悌)力田之士。孝道由家庭伦理扩展到社会伦理、政治伦理,孝与忠相辅相成,成为社会思想道德体系的核心,"以孝治天下"也成为贯穿两千多年帝制社会的治国纲领。

  在历史上有不少帝王亲自为《孝经》作注疏,并颁行天下。如梁武帝曾作《孝经义疏》十八卷、唐玄宗作《孝经注》一卷、清雍正皇帝作《御纂孝经集注》等。影响最大的注本则是由唐玄宗李隆基注，宋代邢昺疏。南宋以后，《孝经》被列为"十三经"之一。在中国自汉代至清代的漫长社会历史进程中，《孝经》被看作是"孔子述作，垂范将来"的经典，对传播和维护社会纲常、社会太平起了很大作用。

《孝经》是一部古时专门论述孝道的经典，是曾子问孝于孔子，退而和学生们讨论研究，由学生们记载而成的一部著作，是中国人自古以来在社会上奉为圭臬，人人所应遵守的德目。尽管后世不乏名人、博士、皇家等为其注释、解读，但当今真正了解《孝经》的人不是很多。其中一个重要原因是《孝经》是古文经典，虽字数不到2000字，但较为难读，对一般读者而言有一定阅读难度。为了更好传承《孝经》经典，阐释《孝经》精神之内涵，讲述人生根本之道统，鉴古知今，彰往察来，构建中国人的精神家园，湖北工程学院中华孝文化研究中心、湖北当代孝文化研究院组织相关专家撰写了《〈孝经〉现代解读》一书。

《〈孝经〉现代解读》倾注了作者的心血与智慧，是一部不可多得的适合向社会推广阅读的好书。它的问世，应该说是对实现优秀传统文化的"创造性转化、创新性发展"的一次重要实践，是对中华孝文化建设的又一理论贡献，是为孝感"中华孝文化名城"建设增添的文化分量与提供的理论支持。

《〈孝经〉现代解读》结构合理，层次分明，特色突出。一是通俗易懂，逐层深入。把一部难懂的经典，通过由浅入深的演绎与解读，变成了当今社会老少皆宜的看得懂、读得通的大众化科普读物，是一次很有意义的对孝文化的传播与弘扬的重要实践。二是芟繁就简，直达要义。历史上对《孝经》注译、诠释的版本很多，作者选择了最准确、简单、通俗，能表达原意的解读方式，不转弯抹角，尽量简单化、大众化，多为易于读者阅读理解考虑。三是借古鉴今，紧跟时代。《〈孝经〉现代解读》不是停留在字面与原始意义的解释上，而是利用《孝经》精髓解答当下社会现实问题，为当代社会主义精神文明建设服务，具有较强的时代针对性与现实指导性。

中华民族自古就有崇文尚德、诗书传家的传统。文化是我们民族之魂，是华夏文明的根脉。阅读经典，是一个民族复兴、持续发展最为基础、最为关键的力量。《〈孝经〉现代解读》为适应社会阅读的需求而生，并为推动社会阅读不断深入不懈努力。阅读经典的力量，必将推动人类文明生生不息，绵延不绝。

刘玉堂

2023 年 3 月

（作者为湖北省社会科学院原副院长，华中师范大学特聘教授、博导）

中华传统文化源远流长，博大精深。孝，是中华传统文化的精髓，是宗法社会的核心价值观。西周时期就已经有了关于孝的思想论著，到了孔子生活的春秋时期，关于孝的思想发展到了一个新的阶段，于是出现了《孝经》。《孝经》以"孝"为中心，比较集中地阐发了儒家的伦理思想，是一部不可多得的中国古代儒家经典著作。

《孝经》虽字数不到2000字，但对一般读者而言较为难读。为了更好传承《孝经》经典，阐释《孝经》之经，解读《孝经》之典，讲述天经地义之孝，论述人生根本之道，古为今用，丰富中华民族的精神家园；为了满足广大读者的精神需求，适应国家倡导的全民阅读的需要，实现中华优秀传统文化的普及，根据习近平总书记提出的对中华优秀传统文化进行"创造性转化、创新性发展"的要求，我们特根据有关组织的要求，组织撰写了《〈孝经〉现代解读》一书。全书共分为四大部分。

第一部分：《孝经》的历史经纬。关于《孝经》作者，众说不一，如何甄别；关于《孝经》有哪些主要版本；关于《孝经》的演变，经过哪些历史变迁；关于《孝经》的历史地位，为何有那么多皇室名家研习；关于《孝经》的现代价值，如何塑造中华传统美德；等等。本部分对涉及《孝经》的历史背景事件进行有选择性的简要阐释。

第二部分：《孝经》的元典解读。《孝经》全书十八章，蕴含着丰富的道德资源，凝聚着中华民族的人伦亲情。本部分以《孝经》的自然单位为划分部分并进行解读，每章分为三步升华阅读：一是原文；二是原文通讲；三是拓展阅读等。此部分重在列章分段进行详细解读，不留盲区；新在创造性转化，有所发展；贵在鉴古通今，触及现实，有所启示。

第三部分：《孝经》的文化背景。本部分从四个方面进行了阐述与展现。第一，对中华孝文化的思想渊源进行了介绍，尤其对孝的起源与确立等进行了介绍，主要试图述明《孝经》"孝"的思想基础。第二，站在历史的高度，对孝文化伦理规范和人文精神等孝文化基本内涵进行了较为全面的归纳与总结。第三，对中国经典典籍与《孝经》的关系进行了比较与说明。第四，对中华孝文化的发展历程分阶段进行了梳理与呈现。本部分旨在拓宽读者的文化视野，以便让读者深刻了解《孝经》的历史渊源与站位，了解《孝经》与传统孝文化的融合与发展，以及了解中国传统孝文化的整体风貌。

第四部分：《孝经》的现代拓展。本部分紧密联系现代实际，从四个方面进行了阐述，把全书推向高潮。第一，对现代社会"孝"道德的具体践行在一定原则的指导下，进行了归纳与阐述。第二，对《孝经》"孝"思想进行了实事求是的现代阐释与价值判断。第三，对《孝经》"孝"思想在现代社会条件下，如何实现借鉴与获得启示进行了讨论。第四，对中国"孝"思想在现有条件下如何进行现代性拓展，谈了我们的看法。如此等等，为传统孝文化进行创造性转化、创新性发展的具体实践指明了方向，试图为当下社会精神文明建设提供理论支撑、精神援助。

《孝经》篇幅不长，但充满了智慧，可为解决当代社会的一些问题提供智力支持。孝文化在现代农村具有广泛影响，以孝文化为切入点，加强孝道教育与实践，能够有效加强农村乡风文明建设，达到"以孝治村"的效果，从而推动乡村振兴战略的有效实施。

《〈孝经〉现代解读》在编著过程中，我们注意突出如下特点。

第一，化难为易，通俗易懂。《孝经》原本不大能适应大众化阅读的要求。通俗易懂是本书写作的基本原则，通过本书第二部分中设计的原文阅读、原文通讲、阅读拓展，可以帮助读者扫清在阅读中的一般障碍，使读者拿起书本能够看得懂、读得通。

第二，依理分层，逐步深入。本书注意整体设计，起点放得较低，适应大众读者，但是站位较高，吸收相关研究成果，以适应专业化的阅读要求。因此，在设计栏目时，充分考虑落实由简到繁、由浅入深的原则，阶梯式推进，渐进式深入，使本书具有较强的实用性、针对性、专业性，有效地帮助读者阅读渐入佳境。

第三，重点突出，自成体系。本书设计的四大部分，按一定的逻辑排列，重点在第二部分的原文通讲与第四部分的现代借鉴和启示两部分，这两部分具有内在的递进逻辑联系，在这两部分作者注入了较多心力，意在从内容上把读者引向更高层次，达到更高境界。本书不仅突出了重点，而且自成体系，不失初衷，纵向有深度，横向有宽度。

第四，古为今用，现代拓展。本书在第四部分"孝"的现代转化与拓展中，不仅对中国孝文化进行了介绍，还有一己之见的讨论，在《孝经》基本思想的基础上进行了拓展，使内涵与主题得到升华。以古鉴今，就是要实现优秀传统文化的转化与发展，为现代社会精神文明建设提供实践理论依据。

我们希望，《〈孝经〉现代解读》能够让大家较为全面与深入地了解《孝经》，成为传承与发展中华优秀文化、服务广大民众的载体与平台。我们坚信，中华民族固然需要西方优秀文化的滋养，更离不开本民族文化的根。如果本书的出版，能够为我们建设自己的精神家园有所裨益，那对我们来说"乐莫大焉"。

2023 年 3 月

目录

第一章 《孝经》的历史经纬　　1

第一节 《孝经》概述　　1
第二节 《孝经》的重读认知　　6
第三节 《孝经》的作者辨析　　10
第四节 《孝经》的名称与版本　　13
第五节 《孝经》的内容简介　　15
第六节 《孝经》的文本结构　　17
第七节 《孝经》的御注定本　　20
第八节 《孝经》的研究情况　　22
第九节 《孝经》的历史地位　　27
第十节 学习《孝经》的要点把握　　31
第十一节 《孝经》的当代意义和价值　　36

第二章 《孝经》的元典解读　　41

第一节 《开宗明义章第一》解读　　41
第二节 《天子章第二》解读　　48
第三节 《诸侯章第三》解读　　51
第四节 《卿、大夫章第四》解读　　56
第五节 《士章第五》解读　　63
第六节 《庶人章第六》解读　　68
第七节 《三才章第七》解读　　72

第八节 《孝治章第八》解读	78
第九节 《圣治章第九》解读	83
第十节 《纪孝行章第十》解读	93
第十一节 《五刑章第十一》解读	98
第十二节 《广要道章第十二》解读	103
第十三节 《广至德章第十三》解读	109
第十四节 《广扬名章第十四》解读	113
第十五节 《谏诤章第十五》解读	118
第十六节 《感应章第十六》解读	124
第十七节 《事君章第十七》解读	130
第十八节 《丧亲章第十八》解读	134

第三章 《孝经》的文化背景　142

第一节 中国孝文化的思想渊源	142
第二节 中国孝文化的基本内涵	158
第三节 中国经典典籍与《孝经》的关系	179
第四节 中国孝文化的发展历程	196

第四章 《孝经》的现代拓展　208

第一节 现代社会"孝"道德的践行	208
第二节 《孝经》"孝"思想的现代阐释与价值	221
第三节 《孝经》"孝"思想的现代借鉴与启示	233
第四节 中国传统"孝"思想的转化与拓展	265

后　记　282

第一章

《孝经》的历史经纬

第一节 《孝经》概述

《孝经》是中国古代儒家的伦理学著作，是儒家"十三经"中篇幅最短的一部，在历史上被视为"孔子述作，垂范将来"的经典。它以孔子与其学生曾参谈话的形式，以"孝"为中心，比较集中地阐发了儒家的伦理思想，肯定"孝"是人心之源，指出"孝"是诸德之本，"人之行，莫大于孝"（《孝经·圣治》），对传播"以孝治天下"的中华孝道，维护社会伦理、社会秩序起了很大作用。

首先，我们要对《孝经》中的重要人物之一曾参做一些了解，以帮助加深对《孝经》内容的理解。

曾参，春秋末期鲁国人，比孔子小46岁，是孔门七十二贤人之一，儒学传承中的重要人物。曾参少年时母亲去世，继母对他十分苛刻，百般虐待。他无奈之下到卫国做苦力谋生。得知父亲去世后又赶回鲁国，对上了年纪的继母以德报怨，十分孝敬，这使他孝名远扬。齐国曾用厚礼相聘，封他为上卿大夫，但他为了不使年迈的继母受到冷落，没有到齐国任职，此后也一直没有出仕为官。孔子对曾参有"参也鲁"（《论语·先进》）的评语。曾参个性迟钝，刚毅木讷，谦虚好学，大智若愚，志存高远，对孔学精义有深刻的理解，留下了许多影响深远的名言。如"夫子之道，忠恕而已矣"（《论语·里仁》）；"士不可以不弘毅，任重而道远。仁以为己任，不亦重乎？死而后已，不亦远乎"（《论语·泰伯》）；"吾日三省吾身——为人谋而不忠乎？与朋友交而不信乎？传不习乎"（《论语·学而》）；等等。相传，《孝经》和《大学》都是曾参所著，他是孔子嫡孙子思的老师，被称为"宗圣"。

《孝经》现在流行的版本，为唐玄宗李隆基作注，宋代邢昺注疏。整部《孝经》共十八章，依其内容从"开宗明义"到"丧亲"，大概可以分为五个部分。

第一部分：第一章，是全篇的宗旨所在，集中概述孝道的义理。创造性地提出孝为德之本，还提出孝之始、孝之终，同时阐述了孝的三个层次："夫孝，始于事亲，中于事君，终于立身。"

第二部分：第二章到第六章。针对天子、诸侯、卿大夫、士、庶人等各个社会阶层人的地位与职业，标示出其实践孝亲的内容、法则与途径，并总结出"故自天子至于庶人，孝无始终，而患不及者，未之有也"。

第三部分：第七章到第十一章。主要论述了孝道与治国的关系，强调孝在社会生活中的重要性。孔子对孝的意义和内涵进行了更加深入的阐述。提出实行孝道，是天经地义的事情，一切从本心出发，以孝治理天下、国家和家庭，理顺父子君臣的关系，就能够"成其德教，而行其政令"。同时阐明不孝是最大的罪恶，并指出引致社会大乱的三个根源。

第四部分：第十二章到第十四章。这一部分主要是对第一章中关于"要道""至德""扬名"三个基本概念的引申，阐述了孝的外延，即"广要道""广至德""广扬名"。"广扬名章"是整部《孝经》画龙点睛的章节，提出"行成于内，而名立于后世矣"。一个人所有美好的品德都是在家庭内部形成的，这些立身处世的能力，有助于他在社会上建功立业，成为后世的典范。

第五部分：第十五章到第十八章。这一部分主要是讲行孝的几个细节，分别就"谏诤""感应""事君""丧亲"作进一步阐述，是对前三个部分内容的扩展和补充。尤其值得关注的是"谏诤章"，可以澄清人们认为孝是无原则服从的误会。本章说明了做儿子、臣子的道理。如果父亲、君王做事违反义理，做儿子、臣子的应该直言劝告，尽谏诤之义，才是真正的孝顺和忠诚。

作为读者，在学习《孝经》时，应该首先掌握《孝经》相关信息，以便加深对《孝经》精神实质的理解与认识。

第一章 《孝经》的历史经纬

一、《孝经》被誉列为"经"

中国古代文献典籍浩如烟海，其中有一类被称为"经"，如"四书五经""十三经""金刚经"等，那么什么是"经"？

孔子之前，文献典籍由于战火、语言文字和书本材质等问题，大部分都没有保存下来。孔子要学习古代的历史，能够查到的资料是非常有限的，他也常常向别人请教，很多知识都来源于口耳相传。孔子开始办私学的时候，将一些古籍拿来教授学生，古代书籍开始流传。

孔子教授的书籍主要是当时流传了几百年的著作。包括了《诗》《书》《礼》《易》四本，以及孔子自己编写的《春秋》。前面四部书最为古老，时间可以追溯到周朝。经过孔子的整理，这些书成为当时学习的权威，也就是"经"。

汉代以《易》《诗》《书》《礼》《春秋》为"五经"，官方颇为重视，立于学官。唐代有"九经"，也立于学官，并用以取士。所谓"九经"包括《易》《诗》《书》《周礼》《仪礼》《礼记》和《春秋》三传。

唐文宗开成年间于国子学刻石，所镌内容除"九经"外，又加上了《论语》《尔雅》《孝经》。五代时蜀主孟昶刻"十一经"，排除《孝经》《尔雅》，收入《孟子》，《孟子》首次跻入诸经之列。

南宋朱熹以《礼记》中的《大学》《中庸》与《论语》《孟子》并列，形成了今天人们所熟知的"四书"，并为官方所认可，《孟子》正式成为"经"。至此，儒家的十三部文献确立了自己的经典地位。清乾隆时期，镌刻《十三经》经文于石，阮元又合刻《十三经注疏》，从此，"十三经"之称及其在儒学典籍中的尊崇地位更加深入人心。这些经典流传至今，在当代社会依旧发挥着重要的教育作用。

二、《孝经》专阐释以"孝"

《孝经》以孝为中心，比较集中地阐发了儒家的伦理思想。"夫孝，天之经也，地之义也，民之行也"说的是孝是诸德之本；"人之行，莫大于孝"说的是孝是立身之根。另外值得一提的是,《孝经》首次将孝亲与忠君联系起来,认为"忠"是"孝"的发展和扩大,并把"孝"的社会作用推而广之,认为"孝悌之至"就能够"通于神明,光于四海,无所不通"。

《孝经》对实行"孝"的要求和方法也作了系统而详细的规定。主张把"孝"贯穿于人的一切行为之中:"身体发肤,受之父母,不敢毁伤",是孝之始;"立身行道,扬名于后世,以显父母",是孝之终。它还提出"孝"的具体要求:"居则致其敬,养则致其乐,病则致其忧,丧则致其哀,祭则致其严。"

《孝经》根据不同人的身份规定了行孝的不同内容。天子之孝要求"爱敬尽于事亲,而德教加于百姓,刑于四海";诸侯之孝要求"在上不骄,高而不危;制节谨度,满而不溢";卿、大夫之孝则一切按先王之道而行,"非法不言,非道不行;口无择言,身无择行";士阶层的孝是忠顺事上,保禄位,守祭祀;庶人之孝应"用天之道,分地之利,谨身节用,以养父母"。

《孝经》提出要借国家法律的权威,维护道德秩序,在自汉代至清代的漫长社会历史进程中,对维护社会道德、保证社会太平起了很大作用。

三、《孝经》应时势而"变"

中华孝道源远流长,虞舜之孝道,成为后世效法的典范。《尚书·尧典》载:舜"父顽、母嚚、象傲,克谐以孝,烝烝乂,不格奸"。所谓"顽"是"心不则德义之经";所谓"嚚"是"口不道忠实之言"。虞舜面对性格各异的家庭成员,却能极尽孝道,把家庭关系处理得十分和谐。

《易经》蛊卦也涉及"孝"的问题。《周易·蛊》有"干父之蛊,有子,考无咎,厉终吉",认为纠父亲之偏是吉利的。其实,儒家提出的"修齐治平"思想,也源于家国观念的确立和《周易·序卦》对于人类社会发展"有天地然后有万物,有万物然后有男女,有男女然后有夫妇,有夫妇然后有父子,有父子然后有君臣,有君臣然后有上下,有上下然后礼义有所错"这一般规律的认识基础。家和万事兴,家庭是人们休憩蓄养的港湾,国家是人们脊梁挺立的靠山。

《孝经》在唐代被尊为经书,南宋以后被列为"十三经"之一。在中国漫

第一章 《孝经》的历史经纬

长的社会历史进程中,它被看作"垂范将来"的经典,对维护社会道德、社会秩序起了重要作用。

《孝经》分古今文二本,今文本为郑玄注,古文本为孔安国注。《孝经》在中国古代影响很大,历代王朝无不标榜"以孝治天下",唐玄宗曾亲自为《孝经》作注,并颁行天下,孔、郑两注并废。清严可均有郑注辑本,宋邢昺疏。

汉初所传《孝经》,本来是河间人颜芝所藏,由其子颜贞献出。长孙氏、博士江翁、少府后仓、谏大夫翼奉、安昌侯张禹等家所传,经文皆同,即《汉书·艺文志》所载《孝经》一篇十八章。后来鲁恭王坏孔子宅,在壁中发现《尚书》《论语》《孝经》等书,凡数十篇,孔安国悉得其书。汉昭帝时,鲁国三老献古文《孝经》,卫宏校之,即《汉书·艺文志》所载《孝经古孔氏》一篇二十二章。十八章本一般称为今文本,二十二章本就称为古文本。

李学勤先生在日本还发现了"漆纸"古文《孝经》本。纸片现存文字为古文《孝经》中的"士""庶人""孝平""三才"四章。

《孝经》全篇不足两千字,是儒家经典中最短的一篇。但内容丰富,思想深刻,对于中华孝文化的形成和发展有重大影响。孝文化是儒家伦理思想的集中体现,它根源于人类纯真的亲亲之情,生长于中国特有的以血缘为纽带的宗族、家族社会之中,在以农耕文明为基础的传统社会中,发挥了重要作用。宋、明、清三个朝代,统治者在推行孝道的过程中,逐渐走向极端化、专制化、愚昧化。事物发展到极点,就必然要向反面转化。近代以来,中国社会进入有史以来第二次大变革时期,尤其是五四运动前后,一批思想家对传统家族制度和孝道进行了猛烈的否定性批判,而另一批思想家则致力于重建和弘扬孝文化。如何评价和对待《孝经》以及孝文化,成为近百年来争论的焦点问题之一。

20世纪90年代以来,随着"国学热"的持续升温,《孝经》以及孝文化在塑造中华传统美德中的重要意义和价值被重新认识。

党的十八大以来,习近平总书记多次强调家教、家风的重要性。2012年12月28日,第十一届全国人大常委会第三十次会议修订通过的《中华人民共和国老年人权益保障法》,充分弘扬了中华民族孝老爱亲的美德。

在2015年春节团拜会上，习近平总书记指出：中华民族自古以来就重视家庭、重视亲情。家和万事兴、天伦之乐、尊老爱幼、贤妻良母、相夫教子、勤俭持家等，都体现了中国人的这种观念。他提到，家庭是社会的基本细胞，是人生的第一所学校。不论时代发生多大变化，不论生活格局发生多大变化，我们都要重视家庭建设，注重家庭、注重家教、注重家风，紧密结合培育和弘扬社会主义核心价值观，发扬光大中华民族传统家庭美德，促进家庭和睦，促进亲人相亲相爱，促进下一代健康成长，促进老年人老有所养，使千千万万个家庭成为国家发展、民族进步、社会和谐的重要基点。在党的十九大报告中，习近平总书记再一次指出，要深入实施公民道德建设工程，推进社会公德、职业道德、家庭美德、个人品德建设，激励人们向上向善、孝老爱亲，忠于祖国、忠于人民。

在中国特色社会主义进入新时代、全国上下深入学习和贯彻落实党的二十大精神，弘扬社会主义核心价值观、加强社会精神文明建设的时候，我们重读《孝经》这部经典，无疑会有许多新的认识和体会。

第二节 《孝经》的重读认知

《孝经》是一部专门论述孝道的儒家经典，在历史上许多大家，甚至帝王都为《孝经》做注解，极大推动了《孝经》的传播。继承传统孝道精神，培养人们尊老、敬老、养老的孝道品德，能让家庭更加和睦，社会更加和谐。《孝经》不一定能对当今社会问题给予具体的解决措施，但其中的一些理念，对当今社会问题的解决有一定的借鉴和指导意义。

一、《孝经》所讲，就是倡导"真实理通"的孝道

孝行之道，始于事亲、中于事君、终于立身。一个人，实行孝道的最高层次，是成就一番事业，为人类的进步作出巨大的贡献。忠于国家，忠于事业，才是对父母最大的孝。当然，当一个人把主要精力用于尽忠时，事亲方

第一章 《孝经》的历史经纬

面肯定有所欠缺。核潜艇之父黄旭华老先生,为了中国的核潜艇事业,多年没有和父母联系,但他以对中国核潜艇事业的巨大贡献,报答了父母的养育之恩,是对父母最大的孝。

孝行之道,天之经,地之义,民之行。亲缘是天生的,每一对父母,对延续自己生命的孩子,有一种天生的亲爱;每一个子女,从小在父母的关爱下长大,会跟父母感情深厚,会懂得行孝反哺。行孝是天经地义的事情,而行孝也能"顺天下"。当每个人在家能把家事料理好,在外能把工作做好,能够为国家为社会作出贡献,我们的社会,不就和谐了吗?

孝行之道,为子尽孝道,为弟尽悌道,为臣尽臣道。"君子之教以孝也,非家至而日见之也。"榜样的力量无穷大,要别人行孝,就必须自己把孝道实行好。只有自己能够行孝道,身体力行地来教育别人,让他人也一起行孝道,才能建立起道德标准体系。

孝行之道,行成于内,表现于外,名立于世。行成于内,而名立于后世矣。孩子成人在家庭,成才在学校,成功在社会。没有良好的家庭教育,难以培养出一个优秀的孩子。只有建立和谐家庭,让每一个人在家庭中获得温暖和爱,获得勇气,具备良好的品格,家庭成员进入社会才不会迷失自己的本性,而保持自己的初心,追逐自己的梦想,筑梦未来,共建和谐的社会。

孝行之道,子争于父,臣争于君,不义则争。父母尊长如果有不对的地方,作为子女、下属,一定要指出来,劝他们改正,而不是一味地顺服盲从。只有通过上下互动、共同进步,才能使家、国、财产、名誉、道义不受到损害。古时某些阶段的"孝道",有些是代表官方权力驯化,为统治阶级利益服务的封建礼教所提倡的"道德标准"。这样的"道德标准",极大地抑制了人性的自由,造成了许多社会矛盾和家庭矛盾。真正应该提倡的,是应时而变的学说,是真正有智慧的孝道。

孝行之道,生事爱敬,死事哀戚,生民之本尽。父母生养了子女,子女要反哺父母。生的时候要供养,死的时候要居丧。"生事爱敬,死事哀戚,生民之本尽矣,死生之义备矣,孝子之事亲终矣。"养老送终,由此而来。现在殡葬改革,鼓励选择更加文明的节地生态安葬方式。其实,移减的是有形的仪式,不变的是心中的纪念。关键是子孙后代对祖先的思念,以及对生活对事业的追求和渴望，才是实行孝道的意义。

二、《孝经》所讲，就是需要"辩证理解"的孝道

两千多年来，《孝经》对于中国社会的影响非常大。五四运动以来，《孝经》曾被认为是腐朽、糟粕，后来许多学者对此做了比较客观的研究与评价。但有的学者对于《孝经》"移孝作忠"观耿耿于怀，认为《孝经》就是维护封建帝王统治，愚弄百姓对君王尽忠。此观点失之偏颇。

从宏观的历史观来看，任何历史时期的文学作品都与当时的历史背景、政治、经济、民俗、社会风气有关，不可能脱离所处的时代而独立存在。假设《孝经》的写作目的是响应当时的政治，为封建统治阶级服务，也不应该对它进行全盘否定。站在新的历史时期，对封建社会评判可以，但不能情绪化、不理智。同样，也不应对于封建社会时期的作品进行全盘否定。当时的作品对于当时的政治积极建言献策，是好事。如果我们把《孝经》不加变通，仍然套用在当今社会，必然会存在种种问题，这不是《孝经》本身的问题，而是套用者的问题。

从另一个角度来讲，《孝经》对于当时的社会稳定、和谐起到了积极推动作用。《孝经》中提到的"忠君"，更可以理解为对江山社稷负责，对天下百姓负责。《孝经》中有对于统治者的劝诫："一人有庆，兆民赖之"，意思是天子有善行，天下百姓都信赖他。潜台词是若天子无道，百姓会看在眼里，天子就会失去天下百姓的支持。所以，天子、诸侯等统治者要谨慎小心，不要做违背天道的事，要对得起天下百姓。所以《孝经》的用意不是片面地教导百姓尽忠，而是劝诫天子、诸侯等统治者爱亲、敬亲，培养自己的德行，要为天下百姓做表率。

三、《孝经》所讲，就是强调"教化励行"的孝道

《孝经》的目的是什么？教育。《孝经·开宗明义》有："夫孝，德之本也，教之所由生也。"意思是说：孝，是一切道德的根本，是一切教育的出发点。

第一章 《孝经》的历史经纬

《孝经》中教育形式有三种：一是家庭教育，二是师承教育，三是社会教育。家庭教育在《孝经》中是通过养亲、敬亲、谏亲、丧葬、祭祀等进行论述的。师承教育是在《孝经》中通过孔子与曾子的谈话展现出来的。社会教育是通过"五等之孝""广至德章"来论述的。这三种教育紧密结合，最重要的是家庭教育，而家庭教育的根本是孝道。

《孝经》强调人生于世应该首修孝道。"夫孝，天之经也，地之义也，民之行也。""夫孝，德之本也。""人之行，莫大于孝。"这就确定了孝在传统道德和传统文化中的地位，《孝经》认为人的根本在于孝。

《孝经》提倡采用教育方式普及孝道。通过传授守孝，使家庭和睦，"不肃而成"。《孝经》宣传孝道的目的在于两个方面：一是个人修身养性，保持名节，如"身体发肤，受之父母，不敢毁伤，孝之始也。立身行道，扬名于后世，以显父母，孝之终也"。二是在全社会推广良好的风气，如"先王见教之可以化民也，是故先之以博爱，而民莫遗其亲；陈之以德义，而民兴行。先之以敬让，而民不争；导之以礼乐，而民和睦；示之以好恶，而民知禁"。如果全社会都守孝，天下就安定了。周代将孝道作为人的基本品德，《周礼·地官·师氏》提出教"三德、三行"："以三德教国子：一曰至德，以为道本；二曰敏德，以为行本；三曰孝德，以知逆恶。教三行：一曰孝行，以亲父母；二曰友行，以尊贤良；三曰顺行，以事师长。"

《孝经》鼓励要在事业之中践行孝道。"立身行道，扬名于后世，以显父母，孝之终也。"一个人要想在社会上有所建树，需要多方面的素质和能力。而素质和能力的最初来源在于父母的教育，子女通过对父母尽孝学会照顾自己，学会照顾别人，学会和谐共处，学会奉献自己等。父母通过孝道培养了子女方方面面的能力，而子女通过对父母尽孝而具备了在社会上安身立命的能力。

根据当时的社会背景，《孝经》认为不同的社会角色，应有不同的孝道标准，概括起来有五类孝。一是天子之孝，要求"爱亲者，不敢恶于人；敬亲者，不敢慢于人"。教民守孝，居上敬下，使天下和平，灾害不生，祸乱不作。二是诸侯之孝，要求"在上不骄，高而不危；制节谨度，满而不溢"，达到"保其社稷，而和其民人"。三是卿、大夫之孝，要求"非法不言，非道不行"，不合礼法的话不说，不合道德的事不做，达到守其宗庙的目的。四是士之孝，要求"以孝事君则忠，以敬事长则顺"，侍奉父母以爱，奉事国君以敬，达到保其禄位，守其祭祀的目的。五是庶人之孝，要求"谨身节用，以养父母"，处世恭谨则无耻辱，生活节省则无饥寒，达到充其公赋、不缺私养的目的。

《孝经》在当时的社会背景下，除强调礼法、规范行为外，还倡导君王以孝治天下。《孝经》云："昔者明王之以孝治天下也，不敢遗小国之臣，而况于公、侯、伯、子、男乎？故得万国之欢心，以事其先王。"这句话很能打动君王之心，如果孝果能使"天下和平，灾害不生，祸乱不作"，君王当然乐于采纳和推行。

当代的经学研究很少谈《孝经》，有的著作甚至只字不提《孝经》。这说明对《孝经》的研究还需要加强，在这个领域还有较大的研究前景。

第三节 《孝经》的作者辨析

关于《孝经》的作者，说法不一，历来是一个有争议的问题。主要有四种说法。

第一种，孔子撰写了《孝经》。

《汉书·艺文志第十》中说："孝经者，孔子为曾子陈孝道也。夫孝，天之经，地之义，民之行也。举大者言，故曰孝经。汉兴，长孙氏、博士江翁、少府后仓、谏大夫翼奉、安昌侯张禹传之，各自名家。经文皆同，唯孔氏壁中古文为异。"这里的"孔氏壁"指的是孔子裔孙孔鲋于秦末时所藏，汉武帝时鲁恭王扩建宫舍推倒孔子故居墙壁时发现其中藏有的经书。《汉书》认为《孝经》的作者是孔子。后世信奉此说者，代不乏人。

《孔子家语》中也有"曾参志存孝道，故孔子因之以作《孝经》"的记载。《隋书·经籍一》曰："孔子既叙六经，题目不同，指意差别，恐斯道离散，故作《孝经》，以总会之，明其枝流虽分，本萌于孝者也。"明确指出《孝经》是孔子写的，不过，这也是一家之说。

《孝经》传说是孔子自作，被视为"孔子述作，垂范将来"的经典，但南宋时就已有人怀疑是出于后人附会。国学家杨伯峻说：《孝经》不是孔子所作，

第一章 《孝经》的历史经纬

不待智者而后明,因为翻《孝经》本书便会明白。① 孔子若作《孝经》,不会称他的学生曾参为"曾子",只有后人对前人表示尊敬的时候才会用"子",孔子称其弟子,经常就是"由""求"这样直呼其名的。另外《孝经》中出现了一些孔子以后的书,如《左传》《孟子》《荀子》,孔子不可能知道他死后两个世纪的人说过什么话。和《论语》对比,《孝经》论孝大不相同,甚至有矛盾处,难道孔子前后言行不一? 所以到后代,主张孔子作《孝经》的人便逐渐少了。

第二种,孔子弟子曾子作《孝经》。

司马迁在《史记·仲尼弟子列传第七》中说:"孔子以为(曾参)能通孝道,故授之业。作《孝经》。"他认为《孝经》的作者是曾参。按照《史记》和《汉书》的记载,如果排除了孔子写《孝经》,那么剩下的就只有曾子了。对此,杨伯峻先生在《经书浅说》中的建议是:这说法,在司马迁时未受重视;到两晋以后,附和者渐多。但取《礼记》和《大戴礼记》曾子论孝诸事与《孝经》比较,也有很多不统一的地方,所以这一说法也不可信。

清华大学李学勤教授在《走出疑古时代》中说:"《孝经》文中多称引《诗》《书》,体例与《礼记》所收《中庸》《大学》相似,确为曾子一系儒家作品。《吕氏春秋》曾引《孝经》,证明其书成于先秦。"

第三种,曾子弟子子思作《孝经》。

清代纪昀在《四库全书总目》中指出,《孝经》是孔子"七十子之徒之遗言",成书于秦汉之际。宋代的王应麟《困学纪闻》引宋代冯椅之说:子思作《中庸》,追述其祖之语乃称字,是书当成于子思之手。此认为《孝经》乃曾子弟子子思所作,一些学者较倾向此说,主要理由是《缁衣》《中庸》《坊记》《表记》出自《子思子》,认为已经由郭店楚简的发现得到证明。《孝经》与《缁衣》四篇多在"子曰"之后引《诗》《书》,风格相同,应该属于同一时代、同一作者的作品。

第四种,后人伪造《孝经》。

宋代的朱熹认为《孝经》是后人附会而成。其曾云:《孝经》独篇首六、七章为本经,其后乃传文,然皆齐鲁间陋儒纂取《左氏》诸书之语为之,至

---

① 姚淦铭:《孝经智慧》,山东人民出版社2009年版,第178页。

有全然不成文理处。传者又颇失其次第，殊非《大学》《中庸》之俦也。清代姚际恒《古今伪书考》认为《孝经》是汉儒所伪造。

除此之外，还有人怀疑是其他的作者，以上只罗列了最有代表性的观点。

到底是谁撰写了《孝经》，一直到今天还没有统一的结论。宋代以后，疑经之风盛行，有如司马光的孔门弟子说、胡寅的曾门弟子说，其他还有孟子说、汉儒说，甚至有魏晋儒者作《孝经》之说。隋唐以前，人们遵信孔子说和曾子说，其后遂无统一认识，各取所信。

本书所持观点为，《孝经》应该是先秦儒家集体智慧的结晶，主要由孔子论述，在此基础上由儒家学者们不断整理、充实、完善。黄开国在其《先秦儒家孝论的发展与〈孝经〉的形成》中指出《孝经》一书综合了孔子、曾子、孟子、荀子及乐正子春为代表的孝道派的孝道理论。① 从各种信息来看，不太可能是孔子自作，也不太可能是曾子自作，同样也似乎不太可能是孟子弟子所作，亦然不太可能是汉儒伪造。比较下来可能性大的选择方向是两个：一是孔子弟子所作；二是孔子门人的弟子所作。如果偏重于后者的话，那么有可能是曾子的学生所作；如果再把范围缩小，那么可能是曾子弟子子思所作。但是在还没有确切证据时，不妨采取较宽泛一些的看法，留有余地，有待今后进一步考证、统一认识。

今日，除研究者外，人们无须为此多费精力，知其为先秦儒者所作就足够了。《孝经》的成书时间不晚于战国，是先秦古籍。孔子门人子夏的弟子魏文侯曾作过《孝经传》；此外《吕氏春秋》中的《孝行》《察微》二篇均引用过《孝经》里的句子。因此，《四库全书总目》说：蔡邕《明堂论》引魏文侯《孝经传》，《吕览·察微篇》亦引《孝经·诸侯章》，则其来久矣。儒家经典如《易》《尚书》《春秋》等，在先秦均不称"经"，只有《孝经》在书名内有"经"字。因此，《孝经》是儒典中称"经"最早的一部。

---

① 黄开国：《先秦儒家孝论的发展与〈孝经〉的形成》，《东岳论丛》2005年第3期。

第一章 《孝经》的历史经纬

第四节 《孝经》的名称与版本

关于《孝经》的名称，也是一个长期争论不已的问题。班固在《汉书·艺文志》中说："孝经者，孔子为曾子陈孝道也。夫孝，天之经，地之义，民之行也。举大者言，故曰《孝经》。"

后人对此大有怀疑。《孝经》之"经"，与《易》《诗》《书》称"经"意思并不完全相同。《易经》《诗经》《书经》是汉人把儒家著作奉为经典后加上去的，而《孝经》的"经"是道理、原则、方法的意思。事实上，书名、篇名中的"经"字并不都是"后代俗人"所加，先秦诸子书中其例甚多，出土材料中也有例证。马王堆三号汉墓出土的《老子》乙本卷前古佚书中有《经法》《十六经》等，皆为战国晚期的著作。邢昺《孝经注疏》说"经"是"常行之典"，突出了"典"的意思是不对的。皇侃在《孝经义疏》序中说："经者，常也，法也。"言孝之为教，使可常而法之。故名曰《孝经》。这样诠释就比较妥当。用今天的话说，《孝经》就是"关于孝的道理"，有"行孝的方法"的意思。《吕氏春秋》也引用了《孝经》这一名称，可见它在战国时甚至在最早成书时固已有之，并不是后代将它奉为经典后才加上去的。

当代学者对《孝经》之名，也有专门研究，如舒大刚根据大足石刻《古文孝经·三才章》以"夫孝天之经地之义"为章首的分章情形，结合定县八角廊出土竹简《儒家者言》第二十四章有关《孝经》残文的研究，认为《孝经》命名很可能系取首章关键词组（或第二章首句关键词）构成，这与春秋末、战国初命篇的习惯相合。《孝经》之名不可能有孝为"常道"、"常法"，可以"常行"的意思，《孝经》不可能在其他儒家经典都尚未使用"经"字命名时独居"经典"地位。舒大刚认为，这种认识既纠正了因训"经"为"经典"或"常道"而导致的刻意推迟、贬低《孝经》产生时代的误说，也避免了虽想极力维护《孝经》神圣地位，却因没能解决好其得名与成书二者之间的关系而造成的矛盾现象：一方面人们力图将《孝经》产生时代提前，另一方面又将后世"取义""取事"名篇的方法，以及"经"为"经典"、"经"有"常道""常理"的意义，强加于《孝经》头上。① 由此可证，《孝经》成书于春秋、战国时期的传统说法是可信的。

历史上有许多书籍谈论孝道，《孝经》把先秦时期《尚书》《诗经》《论语》《孟子》等书的孝道思想作了系统的归纳，是上古孝道的集大成。历史上引用、研究、注释过《孝经》的书籍数以百计。早在战国晚期，《吕氏春秋》就引用过《孝经》，《察微篇》直称《孝经》之名。其《孝行览》虽没有明引《孝经》之名，但引有"天子章"的文句。历史上几乎每个家族都有家规族法，每个朝代都有国法，而《孝经》是这些家规国法的总法规。

关于《孝经》的版本问题，主要有今文《孝经》和古文《孝经》两种。今文《孝经》据称出自汉初，河间人颜芝原藏，因为是用通行的隶书字体书写，所以称今文《孝经》。《汉书·艺文志》载："《孝经》一篇，十八章"。郑玄为之作注。古文《孝经》相传出孔子故居壁中，因为是用先秦古文字书写，所以称为古文《孝经》。《汉书·艺文志》载："《孝经》古孔氏一篇，二十二章。"孔安国为之作注。

在先秦，《孝经》曾被《吕览》引用过，秦代因焚书坑儒而不见流传，汉代却又突然出现了《孝经》。《孝经》是从哪里来的？

汉代初年，一个叫颜贞的人献出了《孝经》。汉惠帝看重思想文化建设，废除秦时所定的挟书令，鼓励民间献出所藏的书籍。后来朝廷还派出人员到各地寻访亡佚经典，于是，河间人颜芝的儿子颜贞把自己家私藏的《孝经》献了出来。

后来汉代又出现了《孝经》的另外一个版本，这个版本是用先秦的古文字写成的，也被称为"孔壁古文《孝经》"或"古文《孝经》"。这里的"古文"是相对于秦始皇统一汉字之后而言的。

之所以称"孔壁古文"，与这个古文《孝经》出现的地点有关。相传西汉武帝末年，鲁国的恭王刘余，本是汉景帝的儿子，想要扩大自己的宫室，在扩建时将附近孔子旧宅的房子给毁坏了。在拆除过程中听到了钟磬琴瑟奏乐的声音，就不敢拆除了，但是人们发现墙壁有夹层，里面藏有东西，就从中

---

① 舒大刚：《〈孝经〉名义考——兼及〈孝经〉的成书时代》，《西华大学学报（哲学社会科学版）》2004年第1期。

第一章 《孝经》的历史经纬

得到了藏在其中的《尚书》《礼记》《论语》《孝经》等书简，都是用古文字写成的。据说，这些典籍还是在秦始皇焚书坑儒的时候，由孔子的第九代嫡孙孔鲋偷偷地藏在古宅的墙壁内的。鲁恭王将这批书籍归还了孔家。为了纪念孔鲋的藏书之功，后来人们就在古宅的院子中特意修建了一座具有象征意义的墙壁，称为"鲁壁"，也称为"孔壁"。"孔壁"中的这些用古文写的经典文本，也就被称为了"古文经"。

古文《孝经》比今文《孝经》多一篇"闺门"，也就是给女人尽孝单列的一章。今文《孝经》十八章，而古文《孝经》有二十二章。总体来说，古文《孝经》除多出"闺门章"外，与今文《孝经》其他内容是基本相同的，只不过是分段设章不同而已。

到了汉成帝时，刘向奉命整理古籍，他以今文《孝经》对照互校，最后定了十八章，这个《孝经》的文本一直流传到今天。

第五节 《孝经》的内容简介

《孝经》篇幅虽短，文字不满两千，但内容很丰富，也很深刻。后世言孝之书，其旨很少有能超出《孝经》的。因此有必要对《孝经》的主要内容做简略介绍。

《孝经》通篇谈孝，那么《孝经》之孝是什么呢？《孝经·三才》曰："夫孝，天之经也，地之义也，民之行也。"《孝经·开宗明义》曰："夫孝，德之本也，教之所由生也。"孝是自然规律的体现，是人类行为的准则，是国家政治的根本。这是《孝经》的基本观点，也是全篇的基石。

《孝经》以"孝"为中心，比较集中地阐发了儒家的伦理思想。《孝经》是中华文化的精髓，蕴含着丰富的道德资源，是凝聚着中国亲亲之情的经典著作。认为孝是诸德之本，"人之行，莫大于孝"，孝是人们立身之根，人们能够用孝来立身齐家。

《孝经》对实行"孝"的要求和方法做了系统而详细的阐发。《孝经》主张把"孝"贯穿于人的一切行为之中："身体发肤，受之父母，不敢毁伤"，是孝之始；"立身行道，扬名于后世，以显父母"，是孝之终。它还按照父母生老病死的生命过程，提出"孝"的具体要求："居则致其敬，养则致其乐，病则致其忧，丧则致其哀，祭则致其严，五者备矣，然后能事亲。""生事爱敬，死事哀戚。"也就是要以爱敬之心奉养健在的父母，要以哀戚诚敬之心祭奉亡故的父母。子有爱敬之心，则父母乐；子有哀戚诚敬之心，则在天之灵安。这就是孝。

《孝经》根据不同人的身份差别规定了行孝的不同内容。《孝经》对当时不同社会角色的人分别进行了规范。例如，天子之孝是不仅要对自己的亲人恪尽孝道，还要推而广之，以此教育人民，规范天下。正如《孝经·天子》所说："爱敬尽于事亲，而德教加于百姓，刑于四海。盖天子之孝也。"诸侯之孝则不同于天子，应做到"在上不骄""制节谨度"，这样方能富贵不离其身，"保其社稷，而和其民人"。保住社稷和人民才是诸侯之孝。作为辅佐国君的卿、大夫，他们的孝完全体现在言和行上，言行俱遵行正道："非先王之法言不敢道，非先王之德行不敢行"，这样才可以保住宗庙。士是国家的低级官员，他们的孝可以用忠、顺二字概括，即"忠顺不失，以事其上"。庶人之孝则与上述都不相同，他要做到"用天之道，分地之利，谨身节用，以养父母"。也就是说，按照春生冬藏的规律进行劳作，用度花费，节约谨省，乃庶人之孝。

《孝经》首次将中国伦理思想中的孝亲与忠君联系起来。《孝经》把维护宗法等级关系与为君王服务联系起来，在中国伦理思想中尚属首次。认为孝要"始于事亲，中于事君，终于立身"，把事亲与事君联系起来，将它们归结到一个逻辑系统中；认为"君子之事亲孝，故忠可移于君"，把"孝"与"忠"联系起来，移孝作忠，把孝顺父母之心转移为效忠君王，将人类热爱父母"孝亲"的自然伦理，转化为政治伦理。不仅如此，还把"孝"的社会作用推而广之，认为"忠顺不失，以事其上"，"孝悌之至"就能够"通于神明，光于四海，无所不通"。

《孝经》把社会生活中的孝行为规范与国家治理联系起来。《孝经》极力倡导用孝来规范社会、规范政治生活、协调上下关系，一句话就是"以孝治国"。《孝经》屡屡谈到天子要以孝治国，除"天子章"外，篇中多举先王、明王、圣人之例来加以说明。例如，"先王有至德要道，以顺天下，民用和睦，

第一章 《孝经》的历史经纬

上下无怨"。所谓"至德要道"就是孝。"昔者明王之以孝治天下也……故生则亲安之,祭则鬼享之,是以天下和平,灾害不生,祸乱不作。""圣人因严以教敬,因亲以教爱。圣人之教,不肃而成,其政不严而治,其所因者本也。"这里的"本",还是孝。孝既然对治国有如此重要的作用,天子自当推而广之,以"德教加于百姓,刑于四海",以身作则,遵行孝道,是为天经地义。强调天子以孝治国,是对"教之所由生也"观点的具体阐述。后世对《孝经》中以孝治国和天子要遵行孝道的观点往往不予强调,实际上是忽略了《孝经》在这方面的精髓和价值。

《孝经》对社会生活中的不孝行为进行了列举与阐述。《孝经》倡导孝,在一定意义上讲是针对不孝而言的。《孝经》所说的不孝主要包括如下几个方面:一是只重视物质供养,而不重视对亲人精神上的安慰;二是犯上作乱,骄横妄为,最后导致自身罹祸,如"居上而骄则亡,为下而乱则刑,在丑而争则兵。三者不除,虽日用三牲之养,犹为不孝也";三是对父母只一味顺从,面对父母的错误主张或行为而不去劝阻或制止,这也是不孝,如"故当不义,则子不可以不争于父;臣不可以不争于君;故当不义则争之。从父之令,又焉得为孝乎"。《孝经》用辩证的观点,对孝的内涵做了更全面的阐发,使人们对孝的理解更加深刻。这是后世愚儒所不敢言的。

第六节 《孝经》的文本结构

《孝经》是一部论述封建孝道、孝治和宗法思想的著作。全文不满两千字,分十八章。从《孝经》的文本内在脉络判断,《孝经》应该是一部论证而非立法之书。也就是说,《孝经》是夫子为曾子"陈孝道"之书,只是这里的"陈孝道"所"陈"不是孝之法度规范,而是论证孝是一种可以建构完美秩序的基础德性。

在《孝经》文本中,道和德是两个概念,其重心在论证"道"如何奠基于"德",进一步说就是如何能从"孝"这一基本德性推出有道的秩序。这是对《孝经》文本性质的重新厘定,故首先要弄清两个重要基点,继而厘清文

《孝经》现代解读

本中内在论证逻辑。

一、《孝经》文本的两个重要基点

首先,《孝经》为什么是经?经学史上最重要的两个人,即郑玄和朱子,二者都认为《孝经》是经,但对"经"的理解不同。朱子认为经是圣人真实的思想;郑玄则认为经是圣人所陈法度。不过二人有一个共同点,即突出《孝经》"经"的性质时,贬低了文本中曾子的作用。在朱子看来,曾子只是孔子思想的中介;郑玄也认为,曾子只是千万个应该遵从孔子所立法度中的一人而已。

其次,要弄清曾子的地位。在今本《孝经》中,相对于孔子的"滔滔不绝",曾子显得有些沉默寡言。他一共只说了四句话:"曾子避席曰:'参不敏,何足以知之?'""曾子曰:'甚哉,孝之大也!'""曾子曰:'敢问圣人之德,无以加于孝乎?'""曾子曰:'若夫慈爱、恭敬、安亲、扬名,则闻命矣。敢问子从父之令,可谓孝乎?'"从文本的功能上说,曾子这四句话都是为了引出孔子更经典的论述。仔细品味曾子的话,有助于我们更深刻地理解孔子。我们如果要对《孝经》的性质进行重新勘定,那么应首先从恢复曾子在文本中应有的位置开始,将曾子从一个无关紧要的听众和记录者还原为对话者。从曾子的提问可以发现,《孝经》的核心是如何从"孝"这一基本德性推导出一个完美的社会秩序。

二、《孝经》文本的论证逻辑

《孝经》论证基于德而达道。《汉书·艺文志》说《孝经》是夫子为曾子"陈孝道",而从整个对话场景来看,这个说法与孔子最初的问话有关。我们不妨再回顾一下孔子的说法:"先王有至德要道,以顺天下,民用和睦,上下无怨。汝知之乎?"初看这句话,每个人的疑问都一样:什么是"至德要道"?"至德要道"为何能"以顺天下"?这第一问的回答在前文已经指出。礼乐不是孝悌,后者是一种德行,前者则指向秩序。经文用"安上治民"和"移风易俗"

第一章 《孝经》的历史经纬

形容礼乐的功能,足以说明这一点。所以,德是指个体的德性,而道则指群体的德性,《孝经》的重心就在于论证基于德而达道。这就引出上文所说第二个问题——"至德要道"如何能够"以顺天下",其实也就是如何由德而道。

至德与要道之间的"教化"是一个关键词,是由德而道、顺治天下的枢纽所在。教化,亦可以简称教,是传统文化中人人耳熟能详的概念,可教化所包含的意蕴却未必人尽皆知。说教,首先要区别于政,后世政教并提,容易使人误以为《孝经》重教轻政,甚至有用教涵括政的倾向。文本中并不严格区分二者,但仍有迹可循。文本中提到"教不肃而成,政不严而治",这里政教的区分不明显;但《孝经·圣治》云"成其德教,行其政令",似乎可以说明,教偏向于道德陶冶,而政偏向于行政命令。

《孝经》论证基于以孝达治。《孝经》开篇即表明孝为德之本,教化由孝而生,隐而未明的结论是教化而非刑罚可达致良好的秩序。基于孝的教化,又如何能够塑造好秩序?《孝经》说:"圣人之教,不肃而成,其政不严而治,其所因者本也。父子之道,天性也,君臣之义也。"又说:"故以孝事君则忠,以敬事长则顺。"说明君臣之义是从父子天性中类推而来,故云"资于事父以事君",因为敬是孝中应有之义。在传统社会,君臣关系是父子关系之外最重要的人伦关系,它是自然亲情之外社会秩序的象征,因此,如果从孝亲可以推出敬长,就意味着基于孝可以推出良好的秩序。

至此,我们可以下结论说:《孝经》是一部论证孝为基础德性的经典,这是基于《孝经》文本内在脉络的判断,表现在:孝是一种自然而然、与生俱来的德性;孝含爱敬,子之孝父可推出臣之敬君;基于孝的教化可以塑造完美的秩序,即孝治天下。

三、《孝经》文本的结构脉络

第一章为"开宗明义章",表明全文的主旨:"夫孝,德之本也,教之所由生也。""身体发肤,受之父母,不敢毁伤,孝之始也。立身行道,扬名于后世,以显父母,孝之终也。夫孝,始于事亲,中于事君,终于立身。"

第二章至第六章分别为"天子章","诸侯章","卿、大夫章","士章"

和"庶人章",将当时社会上各种阶层的人士——上至君王,下至平民百姓,分为五个层级,并规定了不同社会角色的人的孝道标准。

第七章为"三才章",强调了孝的地位和作用:"夫孝,天之经也,地之义也,民之行也。天地之经,而民是则之。则天之明,因地之利,以顺天下。是以其教不肃而成,其政不严而治。"第八章为"孝治章",讲圣明的君王如何以孝治天下。第九章为"圣治章",讲圣人如何用孝道教化百姓。第十章为"纪孝行章",讲孝子应如何孝敬父母。第十一章为"五刑章",讲不孝为诸罪之首。

第十二章为"广要道章",讲孝为什么是重要的道理。第十三章为"广至德章",讲孝为什么是最高的德行。第十四章为"广扬名章",讲孝道与扬名后世的关系。第十五章为"谏诤章",讲父母有了过错孝子应该怎么办。第十六章为"感应章",讲孝道与神明的关系,孝道达到极点就可以感应神明。第十七章为"事君章",讲孝子与事君的关系,孝子事上,"进思尽忠,退思补过"。第十八章为"丧亲章",讲父母去世孝子应该怎么办。

《孝经》从文本自身的脉络追问经典本身的性质。可是,在经典解释史上,经典文本从来都不是以单独形式存在的,一种解释范式的确立意味着一种新的经典系统的确立。在经典系统中确立某一经典文本的位置,是经典解释学的基本要求。然而,一代有一代之学问,一代有一代之范式,如果当下可能复兴经学的话,那么今天的经学亦必是检讨汉、宋经典解释范式后确立的新经学。我们期待一种新经典系统的确立,只不过在此之前需要做的是回到文本本身。

第七节 《孝经》的御注定本

《孝经》在秦始皇焚书时,与其他儒典同遭厄运。汉初,河间人颜芝及其子颜贞献所藏《孝经》十八章,世称颜芝本。该本为当时通行的文字书写故称今文本。此外,《孝经》还有古文的孔壁本,是鲁恭王得自于孔子旧宅壁中之本。所以《孝经》有今文、古文之分。古文《孝经》二十二章,内容略多

第一章 《孝经》的历史经纬

于今文本。今文《孝经》发现在先，给这个版本作注释的就有好几家，其中以东汉北海高密人郑玄的注释版本最有名。古文《孝经》发现在后，给这个版本作注释较为著名的是孔安国。

古文《孝经》和今文《孝经》在刘向统一版本之后，版本问题也没有解决。支持今文经者和支持古文经者各执一词，互相不让。当时设立了经学博士，把每一门经的权威请到朝廷中去做官讲学，很多人都想成为专门的权威，因此就要提出一些自己的独特见解，显得与众不同。古文《孝经》和今文《孝经》的支持者中，任何一方成为《孝经》的博士，就意味着另外一方的失败和倒台。

古文《孝经》传到梁代的时候就失传了，隋朝时，有一个叫刘炫的人就伪造了孔安国注释的《孝经》，但没有得到大多数人的认可。

儒学家法各异，流派众多。在汉代有今文古文之争，家法师法之别。东汉末，郑玄企图统一今古，建立兼包并采的"郑学"体系。三国两晋，王肃创立"王学"，起而与郑学为敌。南北朝时期，随着政治的分离，而有南学与北学的纷争。至于儒学内部群经异说，诸师异论，更不下数十百千。纷纷攘攘，有互为水火之势。"五经"越解越暗，圣学越讲越糊涂，十分不利于儒学的经世致用和发扬光大。

唐代，人们开始重新整理经典文献，尤其是传承下来的经书，国家组织一些有学问的人重新整理和评估经典，这个工作主要由孔颖达来完成。在注疏编纂过程中，义例的制定，是非的考论，皆由孔颖达定夺。首先，孔颖达在众多的经书章句中，选择一家优秀的注释作为标准注本，然后对经文注文详加疏通阐释。孔颖达主持整理了很多重要的经书，其中当然也包括《孝经》。当时，唐玄宗也参与了经书的注释工作，他主要注释的就是《孝经》。

唐玄宗李隆基是唐睿宗的第三子，在位四十多年，改元三次，分别是先天、开元、天宝。史书上记载，他英武有才略，善骑射，知音律，通历象，善书法，是一个多才多艺的皇子。李隆基即帝位之后，励精图治，唐朝政治走向清明，这就是可比"贞观之治"的"开元盛世"。

唐玄宗曾经历政变迭出的时期。他反思此前历朝历代的风风雨雨，提出了"以孝治天下"的理念，从而重视《孝经》的注释、教化与治国，并亲自为《孝经》作注。

天宝四载（745年）九月，大臣李齐古上《石台孝经表》，奏请唐玄宗"特建石台"，"以垂百世"。玄宗自己亲自注书，并以此御制刻石于太学，谓之京兆《石台孝经》，至今还很好地保存于西安碑林中。四块高大的碑石聚成方形，上有盖，立于多层石台上。四面刻字，前三面为隶书，各十八行，每行五十五字。末一面，前半部分为隶书七行，后半部分上截为楷书写的表文九行、行书写的批答三行，下截为诸臣题名四列。李亨篆额书"大唐开元天宝圣文神武皇帝注孝经台"。

"十三经"是儒学的基本典籍，是中华传统文化中影响至深至远的重要文献之一。在中国古代，堪与"十三经"比肩的唯有"二十四史"。《孝经注疏》是《十三经注疏》中篇幅最小的一部经典。汉代有今文古文两种版本，分别由郑玄作注和孔安国作注。到唐代唐玄宗李隆基融合今文古文两家，亲自为《孝经》作注，并命元行冲作疏，颁行天下。郑、孔两家之注逐渐消亡。

唐朝以后，今古文经的争论基本上平息了，后世主要对经文进行注释，而不再纠结于今文经还是古文经。《孝经》自从唐玄宗御注开始，走向了定型。到宋代邢昺以元行冲之疏为基础，重新作疏，遂成《十三经注疏》中《孝经注疏》之定本。因此，唐宋以后最为流行的是唐玄宗于开元年间依今文《孝经》撰注的御注本。

第八节 《孝经》的研究情况

自《孝经》问世以来，人们对它的研究历代不绝。从皇帝到士大夫，热衷于此道者甚众，注、疏、章句解诂，可谓洋洋大观矣。

建元五年（前136年），汉武帝接受了董仲舒"罢黜百家，独尊儒术"的建议，设五经博士。虽然《孝经》被置于"五经"之外，但《孝经》的地位并没有就此下降，《孝经》仍然是太子、诸王的必读书目，地方学校也必须设置《孝经》讲师一人。到东汉时，朝廷仍然提倡《诗》《书》《礼》《易》《春秋》"五经"的重要性，《论语》《孝经》也是必读之书。不过，东汉开始有了"七

第一章 《孝经》的历史经纬

经"的说法,《后汉书·张曹郑列传》中提到:"纯以圣王之建辟雍,所以崇尊礼义,既富而教者也。乃案七经谶、明堂图、河间《古辟雍记》、孝武太山明堂制度,及平帝时议,欲具奏之。未及上,会博士桓荣上言宜立辟雍、明堂,章下三公、太常,而纯议同荣,帝乃许之。"

据张纯传来看,他的学问非同一般,以博学著称,"纯在朝历世,明习故事。建武初,旧章多阙,每有疑议,辄以访纯,自郊庙婚冠丧纪礼仪,多所正定。帝甚重之,以纯兼虎贲中郎将,数被引见,一日或至数四"。朝廷中关于宗庙祭祀等活动,其仪式都是出自张纯之手。奇怪的是,在"七经"的注释中,所注是"七经谓诗、书、礼、乐、易、春秋及论语也"。其中没有《孝经》一书,显然,这里是写错了,其中的《乐》本该是《孝经》,因为《乐》早就失传了。

西汉时,《孝经》研究共有十一家,五十九篇,主要是研究今文经,其重要人物有长孙氏、博士江翁、少府后仓、谏大夫翼奉、安昌侯张禹等。汉武帝末,鲁恭王欲广其宫而坏孔子宅,而得《古文尚书》及《礼记》《论语》《孝经》凡数十篇,皆古。古文《孝经》因此而出现,这样,就有了今文、古文《孝经》之间的争论。西汉时,《孝经》研究虽然有十一家,但其成果少传下来。到了东汉,在对《孝经》的注释之中,最为引人注目的是翟酺的《孝经纬》一书,此书虽然已经失传,但其中的《孝经援神契》《孝经钩命诀》两部分内容,被后世广泛地引用,其为我们理解东汉时孝经学研究的特征,提供了重要依据。《后汉书》载:"翟酺字子超,广汉雒人也。四世传诗。酺好老子,尤善图纬、天文、历算。以报舅雠,当徙日南,亡于长安,为卜相工,后牧羊凉州。遇赦还。仕郡,征拜议郎,迁待中。……著《援神》《钩命解诂》十二篇。"

翟酺的《孝经纬》是东汉时产生的七纬之一,当时影响较大的七纬是《易纬》《书纬》《诗纬》《礼纬》《乐纬》《春秋纬》《孝经纬》。东汉时,对于几部著名的经书,都有经有纬的说法,纬就是对经文的解释,只是这种解释带有谶纬的迷信色彩。谶纬的解释,有着强烈的时代性,是汉朝时所特有的解释经学著作的方式。汉朝以后,鲜有用谶纬的方式来解释经学的了。虽然后世将谶纬之学视为迷信,但有时也引用这些谶纬著作来说明问题。从总体的情况来看,《孝经》在汉朝的研究成果,大都没能传下来。

《孝经》现代解读

魏晋南北朝之时，《孝经》的研究，达到中国历史上的第一个高潮，这一时期最重要的特征是，皇帝参与研究《孝经》。皇帝积极参与《孝经》的研究，主要有晋元帝的《孝经传》、晋孝武帝的《总明馆孝经讲义》、梁武帝的《孝经义疏》、梁简文帝的《孝经义疏》、北魏孝明帝的《孝经义记》等。《梁书·武帝纪》载，中大通四年三月，"侍中领国子博士萧子显上表，置制旨《孝经》助教一人、生十人，专通高祖所释孝经义"。可见，梁武帝的《孝经义疏》成为一门独立的学问。除了积极参与研究《孝经》外，有的皇帝亲自去讲《孝经》。《晋书》记载有两个皇帝曾讲《孝经》，如晋穆帝讲《孝经》："（永和十二年）二月辛丑，帝讲《孝经》。""（升平元年）三月，帝讲《孝经》。壬申，亲释奠于中堂。"许多皇帝除亲自讲习《孝经》外，还经常要求皇太子讲习《孝经》。

北魏孝文帝南迁，是中国历史上一个意义重大的事件。北魏南迁到洛阳后，孝文帝命人将《孝经》翻译成鲜卑文。《隋书》卷三十二载：北魏人将首都迁到洛阳，对当时国民使用的语言（即汉语）还不精通，孝文帝拓跋弘命令侯伏、侯可、悉陵等懂汉语的人，用他们的语言翻译《孝经》的精华部分，教给全国的民众，称为《国语孝经》。

至于唐朝的《孝经》研究，前面已经谈到了唐玄宗注《孝经》一事，此处就不再赘述。

宋朝时期，《孝经》研究进入了一个新高潮。中国学术在宋朝进入疑古时代。此时的学术，不同于唐朝之前的学术，唐朝之前就是我们通常所说的信古时代，对古典文献中的记载坚信不疑。自宋朝始，学术界开始对文献古籍的记载产生了怀疑，这一学术风格，无疑也影响到了对《孝经》的研究。宋朝研究《孝经》最重要的成就，主要体现在古文《孝经》的研究上。在谈这个问题之前，有必要简单地回顾一下古文《孝经》的传播情况。自从汉武帝末期出现了古文《孝经》以来，提倡的人主要有刘向、刘歆父子，之后是东汉桓谭、班固、许冲等人。东汉桓谭《新论》载："《古孝经》一卷二十章，千八百七十二字，今异者四百余字。"那么，今文、古文《孝经》到底区别在哪里呢？前文已大致说明，此处详细阐述。大致有三个方面的不同。第一是在章节的划分上，今文十八章，而古文二十二章，其中古文的"庶人章"一

第一章　《孝经》的历史经纬

分为二、"曾子敢问章"（即今"圣治章"）一分为三；再就是古文较今文多出一章（即"闺门章"）。第二是在字数上的差别：今文1799字，古文1872字。第三在内容上有小差别，《汉书·艺文志》说"父母生之，续莫大焉""故亲生之膝下"两句"古文字读皆异"。正是由于《孝经》存在今古文之分，这就涉及使用哪个版本的问题。唐玄宗使用的是今文《孝经》，至今还保存在《十三经注疏》中。宋朝开始，学者则将重点放在古文《孝经》的研究上。

北宋司马光是第一个为古文《孝经》作注的人。据《钦定四库全书》载：谨按《古文孝经指解》一卷，宋司马光撰，范祖禹又续为之说。宋中兴《艺文志》曰：自唐明皇时，排毁古文，以《闺门》一章为鄙俗，而古文遂废。至司马光，始取古文为指解，又范祖禹进孝经说札子曰：仁宗朝司马光在馆阁为《古文指解》表上之。司马光作《古文孝经指解》后，又有范祖禹续写，范祖禹曾与司马光一同撰写过《资治通鉴》，两人在学术观点上较为一致。司马光在其《古文孝经指解序》中，交代了为何要撰写《古文孝经指解》：司马光有幸见到朝廷秘阁中所藏郑玄注《孝经》、唐玄宗御注《孝经》，独独古文《孝经》没有注文，故司马光就特为古文《孝经》作注。

宋人主要以研究古文《孝经》而著称，除了司马光的《古文孝经指解》外，其他还有多人对古文《孝经》作注，如洪兴祖的《古文孝经序赞》、季信州的《古文孝经指解详说》、袁甫的《孝经说》及冯椅的《古孝经辑注》等。

在宋朝众多的古文《孝经》研究著作中，朱熹的《孝经刊误》是有必要探讨的。朱熹的《孝经刊误》，是历史上《孝经》研究的一个里程碑。该书于孝宗淳熙十三年（1186年）、朱熹年五十七时，主管华州云台观时作。朱熹取古文《孝经》，分为"经"一章，"传"十四章，又删削经文二百二十三字。自此以后，讲学家黜郑而尊朱，不得不黜今文《孝经》而尊古文，酿为水火之争者，遂垂数百年。这话应当怎样理解呢？原来，司马光虽然早在北宋时，就给古文《孝经》作了注文，但并没有说今文《孝经》的是非，只是客观注释而已。到了朱熹作注之时，朱熹就干脆指出，今文《孝经》是伪书，古文《孝经》才是真经。朱熹将古文《孝经》前七章（今文为前六章）合并，作为经文。他对今文《孝经》提出了怀疑：疑所谓《孝经》者，其本文止如此……盖经之首统论孝之终始，中乃敷陈天子、诸侯、卿大夫、士、庶人之孝，而

《孝经》现代解读

末结之曰："故自天下以下至于庶人，孝无终始而患不及者，未之有也。"首尾相应，次第相承，文势连属，脉络贯通，同为一时之言，无可疑者。故今定此六、七章为一章。至于剩下的十五章，朱熹将它们划分为十四传，以为这十五章"则或者杂引传记以释经文，乃《孝经》之传也"。最后的结果是，朱熹建议将整部《孝经》进行结构性调整。朱熹的做法，得到了部分人的认同。这就难免引起了今文《孝经》与古文《孝经》之争。

元朝时，朱申著《孝经句解》，他的目的就是调和今文与古文《孝经》两派的矛盾，可惜做得不是很成功，其首题晦庵先生所定古文《孝经》句解，而书中以今文章次标列其间，其字句又不从朱子刊误本，糅杂无绪。而在元朝学术上自成一家的、被称为"草庐先生"的抚州崇仁人吴澄，则对朱熹的《孝经刊误》持否定态度，吴澄著有《孝经定本》，以为"本今文，以疑古为伪故也"。

朱熹之《孝经刊误》可视为南宋时期《孝经》研究的代表作，吴澄的《孝经定本》可视为元朝《孝经》研究的杰作。两人的著作之出名，还有一个因素，他们两人分别是宋、元时代学术上的巅峰人物。到了清初，浙江萧山出了一个好辩驳的学术名家，这就是毛奇龄，他以新论、怪论而著称。他著有《孝经问》一书，朱熹和吴澄两人的观点，毛奇龄都不能认同。

《钦定四库全书》称：是编皆驳诘朱子《孝经刊误》及吴澄《孝经定本》二书，设为门人张燧问，而奇龄答。凡十条，一曰《孝经》非伪书；二曰今文古文无二本；三曰刘炫无伪造《孝经》事；四曰《孝经》分章所始；五曰朱氏分合经传无据；六曰经不宜删；七曰《孝经》言孝不是效；八曰朱氏、吴氏删经无优劣；九曰闲居侍坐；十曰朱氏极论改文之弊。然其第十条，乃论明人敢诋刘弦，不敢诋朱、吴附，及朱子之尊二程过于孔子，与所标之目不相应，盖目为门人所加，非奇龄所自定，故或失其本旨也。

虽然毛奇龄以好辩驳著称，毛的观点也未必就是正确的，但不同的观点，总体上有助于将问题弄清，故《孝经》之是非，还有必要进一步探讨。

清代《孝经》研究者众多，著作丰富，涉及的研究方面广泛，成就突出。清对《孝经》的研究，可分为三个时期：前期包括顺、康、雍三朝，是《孝经》研究全面发展的时期。这一时期《孝经》研究文献大量出现，并呈现出政治

第一章 《孝经》的历史经纬

化研究倾向。中期包括乾、嘉两朝,《孝经》文献研究所取得的成果质量高,各方面的研究都取得了很大成绩。后期包括道、咸、同、光、宣五朝,是《孝经》研究的衰落期。受各种思想的冲击,这一时期经学研究从内部衰落,《孝经》研究仍局限在传统经学的范围内,没有突破。清代《孝经》文献主要涉及四大类训诂体式,包括随文注释体、总论体、翻译体及凡例体。其中随文注释体又包括疏体、证体、广补体、集解体等十余个小类。这一时期对《孝经》的研究,创新之处有以下几点。一是根据时代背景、文献本身的内容及研究状况等,将清代的《孝经》研究分为前期、中期、后期三个时期,并力图展示各个时期《孝经》研究的内部发展轨迹。二是从训诂体式入手,对清代所出现的《孝经》研究著作作了一次比较全面、系统的梳理和介绍,力图对清代《孝经》文献的全貌能有所展示,并为今后开展对历代《孝经》文献的研究打下基础,希望能够为学界在这方面的研究提供一定的借鉴和帮助。三是对成就比较突出的辑佚体《孝经》文献的体例、内容、特点作了重点研究和论述,大致反映了清儒《孝经》辑佚工作的概况、成就和贡献。

第九节 《孝经》的历史地位

《孝经》在中国思想史上有着不容忽视的地位,特别是西汉统治者宣扬"以孝治天下"之后,在漫长的封建社会里,它成为人们修养的必读书目之一。《孝经》是儒家文化的基本著作,就传统观念而言,《易》《诗》《书》《礼》《春秋》谓为"经";《左传》《公羊传》《谷梁传》属于《春秋经》之"传";《礼记》《孝经》《论语》《孟子》均为"记";《尔雅》则是汉代经师的训诂之作。这十三种文献,当以"经"的地位最高,"传""记"次之,《尔雅》又次之。

一、《孝经》取得儒家文献"经"的地位

《孝经》是儒家学说的经典,历代研究经学的书和研究《孝经》的书汗牛充栋。历代关于孝的书特别多,而其中《孝经》是唯一的经书,是孝道的理论基石，在其基础上建立了孝文化大厦。

《孝经》是专门论"孝"的理论著作。《孝经》的贡献主要在于对"孝"这个道德的全面论述。《孝经》专门讲孝，这是与其他书明显不同的。《孝经》讲了天子之孝、诸侯之孝、卿大夫之孝、士之孝、庶人之孝，讲了孝子如何事君、事亲等，这是中国封建社会最重要的事情，是一切伦理道德行为的出发点，因而尤为重要。其他的经书也讲孝，如《论语》，但很零散，且角度不一样。当代有些学者认为，《孝经》不仅开创了中华民族伦理发展史的新纪元，还是先秦儒家解决社会问题的思想结晶，它适应了当时社会生产力的发展和生产关系的更新，因此具有历史进步意义。

《孝经》曾被列入"七经"和"十二经"。文化的载体主要是书籍，书籍的核心是经典。儒家经典包括"十三经"及其相关的书籍。从经典的"六经"到"十三经"，有一个逐渐演变的过程。《孝经》先后被列于"七经"或"十二经"，仅此就可以说明《孝经》在经学中是有相当地位的。东汉有了"七经"，但"七经"是哪几部，至今没有定论。有说是"六经"加《论语》，有说是"五经"加《周礼》《仪礼》，有说是"五经"加《论语》《孝经》。唐朝有"九经"之说，有的认为其中有《孝经》，有的认为其中没有《孝经》。晁公武在《郡斋读书记》中说，唐文宗太和年间刻"十二经"，有《孝经》。中国历史上在民间影响很大的《论语》《孝经》都是很晚才确立其地位的。

《孝经》被列为"十三经"之一。汉代以《易》《诗》《书》《礼》《春秋》为"五经"，官方颇为重视，立于学官。唐代有"九经"，也立于学官，并用以取士。唐文宗开成年间于国子学刻石，所镌内容除"九经"外，又益以《论语》《尔雅》《孝经》。五代时蜀主孟昶刻"十一经"，排除《孝经》《尔雅》，收入《孟子》，《孟子》首次跻入诸经之列。南宋硕儒朱熹以《礼记》中的《大学》《中庸》与《论语》《孟子》并列，形成了今天人们所熟知的"四书"，并为官方所认可，《孟子》正式成为"经"。至此，儒家的十三部文献确立了自己的经典地位。清乾隆时期，镌刻《十三经》经文于石，阮元又合刻《十三经注疏》，从此，"十三经"之称及其在儒学典籍中的尊崇地位更加深入人心。

第一章 《孝经》的历史经纬

二、《孝经》得到统治阶级高层的重视

《孝经》在古代政治生活中受到高度的重视，历代施政者对它都加以极力提倡。汉平帝时，地方学校设置《孝经》讲师。唐代规定，在官学中学习的人必须兼通《孝经》和《论语》。一些帝王还亲自为《孝经》作注疏，并颁行天下，如梁武帝曾作《孝经义疏》十八卷、唐玄宗作《孝经注》一卷、清雍正皇帝作《御纂孝经集注》等。影响最大的注本则是唐玄宗李隆基注，宋邢昺疏。尤其在魏晋南北朝，《孝经》的地位大大提升。

从西晋建立开始，历朝皇帝都重视对《孝经》的研究，不仅经常让精通儒家学说的大臣讲授《孝经》，而且有时还在宫中亲授《孝经》，有的还为《孝经》作注。在皇帝的身体力行之下，这一时期兴起了一股研究《孝经》的热潮。南朝梁武帝是一个卓越的经学家，他不仅亲自同群臣讲《孝经》，撰写《孝经义疏》作为讲授《孝经》的工具书，还令太子师傅为年幼的昭明太子讲授。梁武帝与大臣们讨论《孝经》，说明了他对《孝经》的重视。不仅仅是汉族统治者对《孝经》十分重视，魏晋南北朝时期的北方少数民族也同样重视对《孝经》的研究，并将之作为汉化的重要手段之一，如北魏孝文帝令人将《孝经》译成本民族语言，以教民众。经过历代统治者的提倡，《孝经》已成为统治者最重视的儒家经典之一。

国家统治者的一言一行都被人关注，为臣民所效仿，所以重孝不仅仅体现在政策之上，还需要皇帝做民之典范亲自践行。孔子说："政者，正也。子帅以正，孰敢不正？"即要求执政者必须以身作则，率先垂范，这样才能上行下效，标榜天下。所以，统治者需要竭尽所能赡养父母，践行孝道。魏晋南北朝这个时期的孝子皇帝特别多。《魏书·礼志四》载文明太后崩，孝文帝"至孝发衷，哀毁过礼，欲依上古，丧终三年"。历代统治者也遵循了孝治天下的政策，从自身到国家政策都向孝行倾斜，在魏晋南北朝时期各个朝代都能找到天子践行孝道，垂范天下的例子。

三、《孝经》成为"以孝治国"的理论依据

孝文化是中华优秀传统文化的重要组成部分，可以说是中国传统文化的一个核心观念，是中国文化的显著特色之一。早期社会所产生的孝，是子女对父母感情的自然流露，不带有修饰性和目的性，而进入了阶级社会之后，孝经过统治者的层层修饰，已经由子女对父母的自然真情转变为统治者治国平天下的政治工具，由一种感情转变成有一定规范的伦理道德准则，孝道开始走出家庭，上升为政治理论。将传统孝道和忠君思想联为一体，是曾子对于传统孝道理论的一个重大发展。集儒家孝道文化之大成的《孝经》的出现，标志着儒家孝道理论创造的完成，它是对孔、曾、孟孝道思想的全面继承和阐发。《孝经》的出现，为后世以孝治国的实施提供了理论依据，以后各王朝孝治的实施，无不以《孝经》为范本。

四、《孝经》得到理论界知名学者们的重视

古代帝王亲自讲授、研究《孝经》给当时的学术潮流带来极大影响，统治者不仅研读《孝经》，还把《孝经》作为治国之宝，皇帝也会同大臣就《孝经》的治国功用进行热烈的讨论。南齐高皇帝萧道成践阼，召刘瓛入华林园谈语，问以政道，对曰：政在《孝经》。刘瓛把《孝经》上升到治国之宝的地步，高帝也大为赞同，可见在魏晋南北朝时期《孝经》地位之高。统治阶级对《孝经》的大力提倡，加上孝廉制的推行，使得讨论、研究《孝经》成为社会潮流。

自汉武帝"罢黜百家，独尊儒术"，儒家思想逐渐成为中国的统治思想，一统中国两千年。《孝经》作为儒家的伦理思想，对儒家核心思想"礼"进行了进一步阐释，有效地调和了人际关系、社会关系，起到了稳定社会、规范秩序的作用。一直以来，人们都认为《孝经》是孔子所作，但后来经考证，清代纪昀认为是孔子"七十子之徒之遗言"，在秦汉之际才成书。之所以假托孔子所作，足以说明其在儒家思想中的重要地位。从西汉到南北朝，一大批

第一章 《孝经》的历史经纬

知名学者研究《孝经》,为《孝经》做注,社会出现《孝经》百家注现象,孝文化呈现一派繁荣发展的景象,由此可见人们对《孝经》的重视和推崇。

五、《孝经》得到文化教育领域的重视

魏晋南北朝时期的孝文化不仅体现在政治领域、生活领域,而且在文化教育领域也有体现。尤其在学校教育、文学作品和史学著作中都有不少孝文化的内容。《孝经》是儒家的重要经典之一,魏晋南北朝时期对孝道教育的重视首先表现在对《孝经》的重视上,《孝经》在经学中的地位提升。

作为儒家伦理的经典,《孝经》在魏晋南北朝时期被大力推崇,这主要得益于当时以孝治天下的治国思想,统治者带头研读《孝经》,为《孝经》做注,民间也形成了一股学习《孝经》的风潮,《孝经》已成为当时教育的主要教材之一,即使是儿童也能熟读《孝经》,深知《孝经》的重要性。这标志着魏晋南北朝时期孝文化的发展达到了一个新的高度。我们在看到魏晋南北朝时期孝文化繁荣发展的同时,也应看到传统孝文化的一些弊端也开始显现,孝文化中过度渗透政治因素,孝上升为国家意志,成为政治生活的一部分,已经逐渐丧失了"善事父母"的基本含义,开始打上阶级的烙印,成为统治阶级争权夺势、相互倾轧的工具。

第十节 学习《孝经》的要点把握

《孝经》以孝为中心,系统而集中地论述了儒家的伦理思想,对源远流长的中华孝文化,尤其是中国人的孝意识、孝行为及其具体的内容与方式,加以概括、总结和升华,是儒家"十三经"之一。《孝经》中贯穿着两个基本观念,一个是"孝",一个是"忠"。

《孝经》现代解读

一、"孝"的观念源远流长

早在殷商的甲骨文中,就已出现"孝"字,其汉字构成是,上为老、下为子,意思是子能承其两亲,并能顺其意。《孝经》开篇第一章就指出:"夫孝,德之本也,教之所由生也。""孝"的观念作为中华文化的始发性观念和文化精神,广泛深入地渗透于中国人社会生活的方方面面,是我们民族用以衡量人品行的根本标准,是指导人们处理人际关系的基本依据。"孝"的意识和行为涉及肉体与精神、亲亲关系和家族荣耀等多个侧面,是全面而深刻、辩证而统一的。由于近代以来对传统文化的片面性否定,人们对"孝"的认识存在许多误区。因此,我们对《孝经》的古为今用,就是要丢掉盲目性,去掉片面性,坚持实事求是、全面辩证的思想方法,对"孝"的观念进行再认识,赋予其新的时代内涵。

一是要全面把握"孝养"与"孝敬"的关系。在许多人看来,能够赡养父母,让他们生活好,就算尽到了孝心。应当肯定,在物质上、生活上赡养父母,这是子女尽孝最基本的一条。但正如孔子所说:"今之孝者,是谓能养。至于犬马,皆能有养;不敬,何以别乎?"这就是说,仅仅做到物质上的"能养"是不够的,更为重要的是要在内心深处真正地尊敬父母,让他们享受到精神上的快乐。"敬",是对父母真诚无私的爱。孔子论孝,更为强调的是这个"敬"字。"孝敬",乃是传统孝道的核心要义。在现实生活特别是在城市中,多数退休的父母已经"不差钱",他们最怕的是孤独,最需要的是子女在精神上的体贴和关爱。因此,在注重"孝养"的基础上,突出强调"孝敬"的重要性,是十分必要的。一曲《常回家看看》被争相传唱,长盛不衰,就是因为它表达了父母在情感上对儿女的渴望和真情呼唤。

二是要全面把握"孝顺"与"谏诤"的关系。"孝顺","顺"就是孝。这种把"孝"理解为一切顺从、听命于父母的观点,流传甚广,影响颇大。其实,孔子不赞成子女一切顺从于父母。他所主张的父子关系,是父慈子孝。他所主张的兄弟关系,是兄友弟恭。双方之间是相互的、平等的,而不是一方绝对地服从另一方。《论语》中明确记载,孔子所说的孝就是"无违",指的是"无

第一章 《孝经》的历史经纬

违于礼",子女对父母不符合礼的言行,要"几谏",也就是委婉地规劝。《孝经》在"谏诤"一章中,更是明确地提出了"故当不义则争之"的原则,认为"父有争子,则身不陷于不义"。据此可知,孝顺之"顺",绝不是一切顺从的意思,而是指父子和顺、家庭伦理关系顺畅。我们要把孔子提倡的父慈子孝、兄友弟恭精神,与现代法治的权利、义务平等精神结合起来,创造出父母爱护儿女、儿女尊敬父母的民主平等、和顺融洽的新型家庭伦理关系。

三是要全面把握"孝"与家族荣耀的关系。"孝"体现着继承前人遗志、发展前人事业的积极进取精神,是促进社会不断前进的重要因素,而绝不是什么"封建余孽"。儒家把自己能够建功立业而使父母受到尊敬称为"大孝",把自己不能修身立德而使父母受到辱骂称为"不孝",这无论对于家庭教育、学校教育还是社会教育来说,都具有积极的借鉴意义,因为它符合亲情这个人类的天性。《孝经》指出,抓住孝道这个根本去推行教化、实施政治和社会治理,容易收到好的效果,讲的就是这个道理。家庭是人生的第一所学校,《孝经》系统阐述了家庭伦理,高度关注家庭和谐、家教和家风,至今依然是对青少年进行立德树人教育不可或缺的基本教材。如何从孝敬父母入手,加强青少年教育,使他们从小懂得做人的道理,坚守立身行道,建功立业,光宗耀祖的孝道,是一个重要而紧迫的时代课题。

二、"忠"的观念意义重大

《孝经》说"以孝事君则忠",告诫士要懂得移孝作忠的道理。可见,儒家关于"忠"的观念是由"孝"的观念迁移而来的。那么,"忠君"就是对君王绝对服从吗?历史上,随着君权的逐渐强化,的确有过诸如"君叫臣死,臣不得不死"之类的愚忠思想。然而,这并非孔子的思想,而是对孔子儒学关于"忠"的观念的曲解,必须予以澄清。如今,时代变了,我们更应当与时俱进,对"忠"这一观念进行再认识。

首先,要把握"忠"的本质内涵。何为"忠"?《说文解字》的诠释是:"忠,敬也,从心中声。"这就是说,一个人,能做到竭诚尽责就是忠。《孝经》强调,把对于父母的孝心用来奉事君王,就是尽忠。提出"吾日三省吾身"的曾参,

《孝经》现代解读

日日反省的头一件事,就是"为人谋而不忠乎?"在孔门师徒的眼里,"忠",就是真诚地为他人办事。这个"他人"是泛指,并非专指君王一人。只是到了专制主义发展到登峰造极的时期,"忠"字才成为皇帝的专属。

《论语》中,孔子对"忠"还有两个重要说明。

其一,"君使臣以礼,臣事君以忠"。孔子认为,君与臣是双向的、互尽义务的关系。君王对臣子要以礼相待,臣子对君王要尽忠。这是他在君臣关系上"执两用中",以求君臣和衷共济、风雨同舟的主张。《孝经》所体现的,也是这个精神。如同"父慈子孝"一样,"君礼臣忠"也是相互的、对等的。把《孝经》关于"谏诤"的问题联系起来,就可以更加清楚地看到,把"忠君"解释为对皇帝的绝对服从,绝非孔子所主张。

其二,"孝慈则忠"。季康子问,要使百姓对当政的人忠心,该怎样去做呢?孔子答之以"孝慈则忠"四字。季康子问的是怎样使百姓对当政的人忠心,重在要求百姓怎样做。而孔子的回答则是对当政者自身的道德行为提出要求。当政者要想得到百姓的忠心,自己首先要孝敬父母、友爱兄弟。这与孔子在《孝经》中论述天子、诸侯、卿大夫和士如何尽孝道,如何得到百姓的忠心,出发点和落脚点是一致的,思维的逻辑关系也是一致的。

辛亥革命废除帝制,从根本上瓦解了封建统治基础。那么,"忠"的观念是不是也就过时了呢?答案是没有。这是因为,"忠"字的本质内涵,是人对天地、真理、信仰、职守、国家及他人至公无私、始终如一、尽心竭力地完成分内义务的美德。这一本质内涵是贯通古今的,并不会因为时代的变迁而过时。今天,封建制度已经被送进历史博物馆,我们讲"忠",就是要倡导和弘扬忠于职守、忠于祖国、忠于人民、忠于党所领导的伟大事业的精神。"人之忠也,犹鱼之有渊。"在同中央办公厅各单位班子成员和干部职工代表座谈时,习近平总书记曾引用诸葛亮《兵要》中的这句名言,指出绝对忠诚的重要性。一个人,如果丧失了"忠"的美德,也就丧失了众人对他的信任,丧失了值得人们托付重任的资格。

孔子讲"忠",常常和"信"字连在一起。他说:"言忠信,行笃敬,虽蛮貊之邦,行矣。"他认为,言语忠实诚信、行为坚定敬业的人,即便是到了尚未开化的地方,也能事业顺利。"忠"包含有诚信的意思,它是一个人的立身

第一章　《孝经》的历史经纬

之基。在社会主义市场经济的背景下，讲诚信，守信用，更是一个人最亮丽的名片，是他在社会上立足和通达的"通行证"。

其次，要把握"移孝作忠"的深刻含义。"移孝作忠"，对于加强干部的培养与管理具有借鉴价值。《孝经》态度鲜明地鄙视那种不爱自己的父母而去"爱"他人、不尊敬自己的父母而去"尊敬"他人的人，认为这种违背道德人伦、专门逢迎拍马的无耻行径，虽然可能一时得逞，但并不是君子所为。在现实社会中，我们也能经常看到这种人，他们在家中不孝敬父母，不顾及夫妻关系，而在官场上却凭借投机钻营的本事青云直上。当然，这类人最终会受到应有的惩罚。这足以说明，《孝经》关于孝是人一切品德之根本的认识，是非常深刻的。因为孝道所体现的是人性、人伦，在它的面前，各种骗人伎俩，都将被识破；各种华丽外衣，都将被撕掉。古人倡导"举孝廉"，不是完全没有道理的。我们强调在干部任用上坚持"以德为先"的原则，在干部考察中仔细查一查他们"八小时之外"的表现，特别是看一看他们如何对待父母、对待妻儿的所谓私德，这对于全面、客观、正确地识别和使用干部，是十分必要的。

最后，要把握"立身行道"的积极意义。"立身行道"，对于养成健康向上的生活情趣具有积极意义。《孝经》认为，谨慎行事，保重自己的身体，爱惜自己的名誉，不给父母造成伤害，这是尽孝的起点。"立身行道，扬名于后世，以显父母"，这是尽孝的终极目标，是"大孝"的行为。"百善孝为先"，在对外开放和市场经济条件下，在经济快速发展和人们生活水平显著提高的同时，也到处充斥着诱惑和陷阱。一个人，尤其是掌握某种权力的人，如果心中有父母、有妻儿、有组织的重托和群众的期望，就能常怀律己之心，慎独、慎初、慎微，从而增强拒腐防变的免疫力，不被心怀不轨的人所"围猎"，不被声色犬马、灯红酒绿的奢靡生活所击倒。

总之，在当代社会，《孝经》仍然是每一个中国人必读的经典。坚守孝道这个道德之源，坚守《孝经》中贯穿的"家国一体"的观念，对于造就大批勇于担当民族复兴大任的时代新人，动员亿万群众同心同德，共圆中华民族伟大复兴的中国梦，仍然具有重要的价值。

第十一节 《孝经》的当代意义和价值

以《孝经》为代表的中华孝文化，作为传统家族社会的精神支柱，是具有中华民族特色的文化现象，具有家庭的和社会的双重意义。它既是伦理学，又是道德哲学。在古代社会中，《孝经》一方面适应了维护家族制度稳定、协调以亲亲关系为轴心的各种关系的需要；另一方面，又被历代统治者利用来为其专制政权服务。当今社会，君王专制的时代已经成为历史，《孝经》中与之相适应的某些思想观念、道德规范也不再适用。但是，《孝经》中包含的体现人类亲情，符合民众意愿，倡导孝老爱亲，主张家庭和谐、社会和谐的思想精华，永远值得我们珍视。

目前，我国面临老龄化时代的严峻挑战，深入研究、挖掘、继承和弘扬《孝经》的当代意义和价值，结合实际将中华孝文化进行创造性转化和创新性发展，对于深入贯彻落实党的十九大、二十大精神，培养具有社会公德、职业道德、家庭美德、个人品德的时代新人，弘扬孝老爱亲的优良传统，解决好亿万老年人安度晚年这一重大民生问题，维护社会和谐和国家长治久安，具有重要而深远的意义。

一、行孝是实践养成的教育

孝道，不是天生就具有的，而是需要教育。《孝经》对于如何尽孝做了很多叙述。"孝子之事亲也，居则致其敬，养则致其乐，病则致其忧，丧则致其哀，祭则致其严，五者备矣，然后能事亲。""事亲者，居上不骄，为下不乱，在丑不争。"《孝经》中这些论述，正是描写了一个孝子在日常生活中，应如何对父母尽孝。所以，行孝需要教育，而且要从小教育。如何教会子女尽孝，最重要的是父母的熏陶，当然还有老师的教导，正如孔子教育曾子一般。另一方面就是社会行政教育。《孝经》有云："君子之教以孝也，非家至而日见之也。教以孝，所以敬天下之为人父者也……《诗》云：'恺悌君子，民之父母。'"

第一章 《孝经》的历史经纬

这一段是讲从国家、行政角度如何推行孝道。不是挨家挨户去教人家如何尽孝，而是当政者以身作则，为人民做表率。贤明的君王犹如人民的父母，他的行为会得到人民的效仿。因此，当代领导干部应以身作则，并利用国家力量推行新时代的孝道。如此一来，上行下效，作为中华民族传统美德的孝道必然很容易推广开来。

在今天，绝大多数子女也同样无条件地深爱着父母，但是由于社会生活压力大等种种原因，在处理问题时有时可能会比较自我。在教育人上，要重身教次言教，要找到适合的教育方法。

北魏时，房景伯担任清河郡太守。一天，有个老妇人到官府控告儿子不孝，回家后，房景伯跟母亲崔氏谈起这事，并说准备对那个不孝子治罪。崔氏是一个知书达理、颇有头脑的人，她得知情况后，说道："普通人家子弟没有受过教育，不知孝道，不必过分责怪他们。这事就交给我来处理。"

第二天，崔氏派人将老妇人和儿子接到家里，崔氏对不孝子一句责备的话也没说。崔氏每天与老妇人同睡一床，一同进餐，让不孝子站在堂下，观看房景伯是怎样侍候两位老人的。不到十天，不孝子羞愧难当，承认自己错了，请求与母亲一起回家。崔氏背后对房景伯说："这人虽然表面上感到羞愧，内心并没有真正悔改。姑且再让他住些日子。"又过了二十几天，不孝子为房景伯的孝顺深深打动，真正有了悔改的诚意，不断向崔氏磕头，答应一定痛改前非，老妇人也替儿子说情，这时崔氏才同意他们母子回家。后来这个不孝子果然成了乡里远近闻名的孝子。

崔氏很聪明，她相信每个人心中都会有仁，其中之一就是孝心。她以身教代替言传，让不孝子心中潜在的"仁"能在外因的触动之下得以彰显。崔氏"身教"的方法在今天依旧有借鉴意义。

孟子说，世间不孝有五。四体不勤，不养活父母，一不孝也；耽于下棋喝酒，不养活父母，二不孝也；贪婪财货，溺爱妻子，不养活父母，三不孝也；纵情于声色，使父母蒙羞，四不孝也；好勇斗狠，使父母处于危险之中，五不孝也。这五种"不孝"值得我们警觉。

孝是一种人类普遍的情感，孝道弘扬的也是一种心怀感恩和敬畏的觉悟，这种觉悟在今天不仅需要，而且是迫切需要。

二、行孝是触动心灵的教育

当今社会存在老人被遗弃的现象，因为财产问题而兄弟反目父子决裂的新闻也时有报道。我们除了深深的心痛之外，也发觉今天的社会也许比以往更加需要信仰和原则。而对父母长辈、兄弟姊妹的爱惜之情，本身是一种自然产生的情感。亲人之间的关系应如何处理，也是普遍存在的问题，孝道作为一种伦理思想，是永远不会过时的。

儒学大家梁漱溟先生说，我们讲孝悌与讲礼乐有相关联的话可说。礼乐的根本是无声之乐、无体之礼，即生命中之优美文雅。孝悌之根本还是这一个柔和的心理，亦即生命深处之优美文雅。礼乐原本就是以人之心为源的，孝悌亦然。

《礼记·孔子闲居》提到，孔子曰："无声之乐，无体之礼，无服之丧，此之谓三无。"子夏曰："三无既得略而闻之矣，敢问何诗近之？"孔子曰："'夙夜其命宥密'，无声之乐也。'威仪逮逮，不可选也'，无体之礼也。'凡民有丧，匍匐救之'，无服之丧也。"

无论是乐，还是礼，都是用来教化百姓的，只是方式有所不同。音乐当然要用声音来表示，礼仪自然要触及身体，他人有难时应有服丧之举才是常理，但是孔子说"三无"。子夏也和我们一样疑惑，于是又进一步询问。孔子的回答其实是超越了具体的礼乐仪式，将问题引到了关于"礼乐之源"的思考，那就是这三者殊途同归，最后走向的都是心灵的触动。

孔子认为，礼是从心里出来的，心到情到是最重要的。教化非生硬地指点他人，而是以化为教，是一种随风潜入夜、润物细无声的感染和熏陶。

家庭生活是中国人生命中最核心的一个部分，家人之间特别重情感，而人在感情盛的时候，常常是只看见对方而忘记了自己，所以他能够尊重对方，以对方为重，处处是一种"让"的精神。因此在所有的礼之中，必须牢记孝悌在其中是最为重要的。

古语有云，百善孝为先，中国古代的帝王多以孝治天下。父母死后，子女按礼须持丧三年，其间不得行婚嫁之事，不预吉庆之典，任官者必须离职。

第一章 《孝经》的历史经纬

因特殊原因国家强招丁忧的人为官,叫"夺情",从名称即可看出,不守孝是何等不近人情。

三、行孝可以培养自身品德

行孝,不仅仅是一种外在的实践活动,还是一种内在的精神塑造工程。行孝,可以改变我们的内心世界,培养我们高尚的思想道德。《论语》中有言:"今之孝者,是谓能养。至于犬马,皆能有养;不敬,何以别乎?"孔子为什么这么强调行孝的态度呢?满足父母的物质需要动物尚可做到,而尊敬父母是一种由内而发的态度,是人与动物的区别。行孝是一种教育,一个人敬爱自己的父母,他就可以把爱心推广到别人身上。《孝经》曰:"爱亲者,不敢恶于人;敬亲者,不敢慢于人。爱敬尽于事亲,而德教加于百姓,刑于四海。"相反,一个对父母没有爱心的人,对别人也不会有爱心。正如《孝经》所说:"故不爱其亲而爱他人者,谓之悖德;不敬其亲而敬他人者,谓之悖礼。"对父母尽孝,其实就是以父母为对象来塑造自己的爱心,使自己成为一个具备爱和恭敬品德的人。

爱、恭敬是每个人都应该具备的品德。爱别人、恭敬别人,不是别人需要,而是自己需要。所以,父母一定要让子女学会行孝,学会爱与恭敬的必修课。

四、行孝可以理顺家庭关系

许多家庭,家庭重心已出现了偏移,不少家庭中家长都围着孩子转。爱孩子的方式有很多种,可是纵容、溺爱,极不利于孩子的成长。孔子说:"君君、臣臣、父父、子子。"意思是说做君王的就要扮演好君王的角色,做臣子的就要扮演好臣子的角色,做父亲的要扮演好父亲的角色,做儿子的要做好儿子的角色。这是告诉大家,人要明白自己的位置,各尽其责。父母需要承担起教育孩子的职责,而不应一味溺爱孩子。

父母是孩子的第一任老师,家庭是孩子的第一所学校。老幼顺序的颠倒,势必会为孩子社会关系的颠倒埋下隐患。无数事实已经表明，错误的爱不会造就一个优秀的孩子。理顺家庭关系，从小培养孩子的孝心，更有利于孩子的身心健康。

《孝经》是一本经典之作，在今天，《孝经》并不过时。《孝经》中所描述的"五等之孝"虽然不复存在，但是我们整个社会仍然需要孝道。如果我们对《孝经》灵活变通加以应用，《孝经》对于个人、家庭、社会都有重要的意义。

第二章

《孝经》的元典解读

第一节 《开宗明义章第一》解读

【原文】

　　仲尼居，曾子侍。子曰："先王有至德要道，以顺天下，民用和睦，上下无怨。汝知之乎？"曾子避席曰："参不敏，何足以知之？"

　　子曰："夫孝，德之本也，教之所由生也。复坐，吾语汝。身体发肤，受之父母，不敢毁伤，孝之始也。立身行道，扬名于后世，以显父母，孝之终也。夫孝，始于事亲，中于事君，终于立身。《大雅》云：'无念尔祖，聿修厥德。'"①

【原文通讲】

　　本章开宗明义，阐述本书宗旨，说明孝道的义理。本章定名"开宗明义"，就是开门见山地指明《孝经》的宗旨和孝道的义理。

　　《孝经》本无章名，邢昺《正义》云，梁代皇侃给天子至庶人等五章"标其目而冠于章首"；后来唐玄宗为《孝经》作注时，才由儒官集议"题其章名"。《隋书·经籍志》说，古文《孝经》长孙氏"而有《闺门》一章"。按，这是

---

① 本书所引《孝经》原文均出自胡平生、陈美兰译注《孝经》，中华书局2012年版。此后不再注释。

用章首二字称呼该章，乃古书篇章命名惯例，不应与现有的章名混为一谈。①

本章说明孝经的宗旨，认为以孝为政，则上下无怨；以孝立身，则显亲扬名。表明孝道的意义，历代的孝治法则，万世的政教规范，列为本经的首章。

一、"仲尼居……何足以知之"，孔子指出了至德要道的重要性

仲尼居，曾子侍。仲尼，是孔子的字。《史记·孔子世家》记："生而首上圩顶，故因名曰丘云。字仲尼，姓孔氏。"字为人的别名，号为名和字以外另起的别号。居，就是闲居。曾子，名参，字子舆，尊称为曾子，春秋时鲁国南武城（今山东省费县西南）人。孔子弟子，事亲至孝，日三省其身，悟一贯之道，后世称为宗圣。侍，卑幼者陪从在尊者之侧。此指侍坐，在尊长座席旁边陪坐，即指曾参侍坐于孔子之侧。这句话的意思是说："孔子在家里闲坐，他的学生曾子侍坐在旁边。"短短六个字，交代了孔子述作《孝经》的地点、人物和场景，引出了下文中师生问答的体例。

子曰："先王有至德要道，以顺天下，民用和睦，上下无怨。汝知之乎？"曾子避席曰："参不敏，何足以知之？" 这里的"先王"，指古代圣明的君王。如尧、舜、禹、文王、武王等。至德，指至美之德。要道，指切要的道理。此处指孝道。以顺天下，使天下人心顺从。以，用来。民用和睦，指人民因此相亲相爱。用，因此。避席，就是站起身来，离开自己的座位。古礼说："师有问，避席起答。"这里描述的，正是师生之间的礼仪。

这两句话的意思如下。孔子说："先代的圣帝明王有一种最崇高的品德和最重要的治世之道，可以使天下人心归顺，人民和睦相处。人们无论是尊贵还是卑贱，上上下下都没有怨恨不满。你知道那是什么吗？"

曾子站起身来，离开自己的座位回答说："学生我不够聪明，哪里会知道呢？"意思是请老师来教诲。

这里再现了孔子与弟子曾子对话的情景，而主题是关于孝的问题。孔子用启发式问题诱导曾子，向他提问先王"顺天下"的"至德要道"。曾子非常

---

① 本章节"原文通讲"部分借鉴胡平生、陈美兰译注《孝经》，中华书局2012年版通讲内容。此后章节同，不再注释。

第二章 《孝经》的元典解读

恭敬、礼貌地在座席上陪侍、侍候着，聆听老师孔子的教诲。孔子把孝道升华为先王至高的德行、重要的道德，指出用此来治天下，便会使得民众和睦，君与臣之间没有怨恨。

二、"子曰：'夫孝，德之本也……复坐，吾语汝'"，揭示了既简单而又深奥的真理——孝为德之本

子曰："夫孝，德之本也，教之所由生也。复坐，吾语汝。"《御注孝经》："人之行莫大于孝，故为德本。言教从孝而生。"[①] 德之本，德行的根本。人之行莫大于孝，所以说是"德之本"。教之所由生，一切道德和教化产生的根源。教人亲爱，莫善于孝，所以说是"教之所由生"。孔子的意思是："这就是孝。它是一切德行的根本，也是教化产生的根源。你回原来的位置坐下，我告诉你。"

孔子首先揭示，孝之所以重要与关键，其中最紧要的有两点：一是孝为德的根本。大树的根本是根蒂，从人的心灵深处所生长出来的道德大树，它的根就是孝；二是教化是由孝而生成的。孝是人性之根，由此生长出道德之枝叶。唯其根深，才能叶茂而花盛；唯其务本，才能本立而道生。古人认为，只要抓住了孝道的教化，那么其余的道德教化也就推而知之了；在众多的道德教化中以孝为至要。

三、"身体发肤……终于立身"，孔子给曾子讲明孝道的大纲

"身体发肤，受之父母，不敢毁伤，孝之始也。"《注》："父母全而生之，已当全而归之，故不敢毁伤。"意思是说，人的身体四肢、毛发皮肤，都是父母赋予的，不敢予以损毁伤残，这是孝的开始。

这句话看似简单，实则蕴含着深刻的道理。一是身体是孝行的载体。身体不全或没有身体何以尽孝？身体是行孝之本，因此要全之。二是保全身体有特定含义。保全身体，不受伤害，指不要犯罪受到刑罚，不要在与他人斗狠之中受到伤害，不要在声色犬马之中糟蹋自己，不要不爱惜生命不知节制

[①] 此处参考程德明标点、注释《御注孝经》，海南出版社2012年版。后文中凡标注《注》，则出自本书唐玄宗注部分；凡标注《疏》，则出自本书宋邢昺疏部分。

而早逝，死于非命。三是保全身体为国家服务，在当时表现为"事君"，这是孝的延伸。四是保全身体为家族传宗接代。对保全身体，孔子是非常辩证的，《论语·里仁》中孔子曰："朝闻道，夕死可矣！"虽然保全身体十分重要，但面对道义，可以赴汤蹈火，在所不惜。这些才是孔子所说的大道理。

孔子、曾子一生谨慎，注重德性修养，不做违法之事。《论语·里仁》中孔子说："君子怀刑，小人怀惠。"君子注重的是道义和自身品德的修养，因而心里总是装着德行，装着法度，只怕自己违反德性，触犯法律。《论语·公冶长》中孔子说，南容这个人，"邦有道，不废；邦无道，免于刑戮"。南容能做到国家有道时不会被废弃不用，国家无道时也能善于自处，免受刑戮和杀身之祸。所以孔子很欣赏他，把自己的亲侄女嫁给他。曾子在病危时告知弟子们，自己平日里小心戒惧，总怕有失检点，触犯法律，受刑戮毁伤。如今，自己将要走到生命的尽头了，所以庆幸自己可以免于刑戮毁伤了。因为在君子看来，刑戮毁伤对于自己，是莫大的羞辱；对于父母，是莫大的不孝。曾子临终前提醒弟子们要记住他的话，正是表达了对孝道的坚守。

"立身行道，扬名于后世，以显父母，孝之终也。"《注》："言能立身行此孝道，自然名扬后世，光显其亲，故行孝以不毁为先，扬名为后。"意思是说，人在世上遵循仁义道德，有所建树，扬名声于后世，从而使父母显赫荣耀，这是孝的终极目标。孔子提出更高层次孝道的内涵，那就是孝不仅是保全身体，使其不被毁坏就行了，这仅仅是一个开始而已。在此之后，须立身行道，从而扬名后世，以显父母。反过来说，如果子女辱没先祖先宗，那就是最大的不孝了。

"夫孝，始于事亲，中于事君，终于立身。"《注》："言行孝以事亲为始，事君为中，忠孝道著，乃能扬名荣亲，故曰终于立身也。"意思是说，所谓孝，最初是从侍奉父母开始，然后效力于国君，最终建功立业，功成名就。这也就是说，侍奉父母，是一个人尽孝最基本的体现；为君王效力，是一个人移孝作忠最重要的体现；立身行道，建功立业，是一个人坚守孝道的终极目标。当然，这是孔子所描述的一种理想的行孝道的完美人生。这种目标很高，一般人也许达不到；但是这种理念却深入人心，一般人都很向往。

第二章 《孝经》的元典解读

四、"《大雅》云……",引诗来教诲曾子勿忘祖先,勤于进德修孝

本章的最后一句,是孔子引用《诗经·大雅·文王》中的诗句:"《大雅》云:'无念尔祖,聿修厥德。'"《大雅》是《诗经》的一部分。《诗经》的内容,根据音乐性质可分为"风""雅""颂"三种,"雅"又分为小雅、大雅。《大雅》共三十一篇。"无念尔祖,聿修厥德"是《诗经·大雅·文王》中周公告诫成王的话,诗的大意是,你能不思念你的先祖文王吗?那就要修持好自己的德行,以继承和弘扬先王的美德。这里运用《诗经》来教诲曾参,要勿忘祖先,勤于进德修孝。

孔子喜欢引《诗经》来说话、修辞、表意、明理,不仅证明他所讲的孝道是述而不作,而且这成为他的一种言谈方式,表现了他的修养与风范。他引用《诗经》中的诗句,是为了说明孝道的文化渊源,也是要告诉人们,孝道所坚守的,正是中华文化源远流长的立身行道、建功立业、光宗耀祖的思想;孝的精神不仅体现在孝敬父母上,而且体现在以孝治国平天下之中,这是更为重要、更为远大的目标。

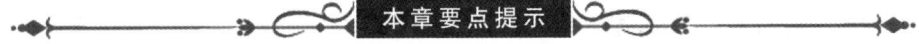
本章要点提示

第一,"夫孝,德之本也,教之所由生也",揭示了朴素简单却深刻的真理,即孝是德行的根本,是教化的生发点。孔子为整个中华民族找到了道德延伸与教育的逻辑起点。

第二,"身体发肤,受之父母,不敢毁伤,孝之始也",这句话看似简单,实则蕴含着深刻的道理。这里的"不敢毁伤",含有多种指向,尤其指"刑戮"所造成的毁伤。"刑戮"就是受刑罚或被处死。在君子看来,刑戮毁伤对于自己,是莫大的羞辱;对于父母,是莫大的不孝。

第三,"立身行道,扬名于后世,以显父母,孝之终也",这里的"立身",就是要立于礼,不为外界各种利益和诱惑所动摇;"行道",就是一切行为都遵循仁义道德,不违规,不逾矩。一个人,只有立于礼,行于道,才能有所建树,扬名于后世,从而使父母显赫荣耀,受到世人的尊敬。由此可见,建功立业,光宗耀祖,才是孝道的最终体现。

《孝经》现代解读

第四,"夫孝,始于事亲,中于事君,终于立身",意思是说,所谓孝,最初是从侍奉父母开始,然后效力于国君,最终建功立业,功成名就。这也就是说,侍奉父母,是一个人尽孝最基本的表现;为君王效力,是一个人移孝作忠最重要的体现;立身行道,建功立业,是一个人坚守孝道的终极目标。

拓展阅读

虞舜"孝感动天"

虞舜,传说中的远古帝王,三皇五帝之一,姓姚,名重华,字都君,受尧帝的禅让而称帝,国号"有虞"。又称帝舜、大舜、虞帝舜、舜帝,后世简称他为舜。

舜小的时候,母亲不幸去世了,父亲娶了后妻,生了弟弟象。继母非常偏心,对象百依百顺,养成了象自私自利的性格。

象和继母想害舜,但又不能让舜的父亲知道,因此一直没有机会下手。有一天,父亲出门了,继母觉得这是一个好机会,就让舜修补漏雨的屋子。舜二话不说,顺着梯子爬上仓屋,认真地修补起来。

继母又叫象悄悄地把梯子扛走,自己则放了一把火。顿时,茅草燃烧起来,浓烟滚滚,舜寻找梯子想下来,但找不到。于是他两眼一闭,从屋顶跳了下来,幸好没有大碍。

继母见一计不成,又生一计。这次她叫舜去修井。舜答应了。下井后,他先在井壁上挖了一个洞,这个洞紧挨着邻居家另一口井。舜刚挖好,井口的泥团和石块就像下雨一样落了下来,一会儿就把井填满了。舜躲进洞里,才没有遇害。

过了一会儿,舜从邻居家的井口爬了出来。想到继母的本意,无非是不想让自己继续留在家里,于是,他只身来到历山脚下,开荒种地过日子。

有一年,发生了自然灾害,舜的父母生活十分困难。父亲想念儿子舜,常常一个人哭泣,慢慢地把眼睛哭瞎了。

有一天,继母挑了一担柴,到集市上换米。正巧舜在卖米,他把米给了继母,却没有收柴。一连几天都是这样。继母把这件事告诉了父亲。父亲想:

第二章 《孝经》的元典解读

难道是我的儿子舜吗？

父亲坚持要去看一看。第二天，继母和象扶着父亲来到集市，他们故意站在舜的身边。父亲听了一会儿，对舜说："听你的声音像是我儿子。"舜回答说："我就是舜啊！"他上前抱住父亲哭了。父亲也放声大哭起来。于是，舜把父母和弟弟都接到了自己的家中。

帝尧在位期间，天下各族和睦相处，人人敬天畏地，重德律己。帝尧老了，他认为自己的儿子丹朱德行不够，不想让其继承帝位。便问身边的臣子四岳："我在位已经七十年了，谁能顺应天命，接替我的帝位？"四岳向他推荐了鲧，尧认为他能力不够；后来四岳又推荐了虞舜。虽然虞舜的父亲愚昧，母亲顽固，弟弟傲慢，但舜却能与他们和睦相处，尽孝悌之道，把家治理得很好。这说明舜具有非凡的品行。

为了考察舜的德行，尧把两个女儿娥皇、女英嫁给了他，以观察他的德行。舜让她们降下尊贵之心住到妫河边的家中去，遵守为妇之道。尧让舜试着担任司徒之职，舜谨慎地理顺父义、母慈、兄友、弟恭、子孝这五种伦理道德，人民也都遵从不违。尧让他参与百官的事，舜处理得有条不紊。舜在明堂四门接待宾客，四门处处和睦，从远方来的宾客都恭恭敬敬。尧派舜进入山野丛林大川草泽，尽管遇上暴风雷雨，舜也没有迷路误事。尧认为舜十分聪明，很有德行，便希望舜登临天子位。舜推让说自己的德行还不够，不愿接受帝位。直到正月初一，舜才在文祖庙接受了尧的禅让。这就是历史上有名的"禅让"。后来，舜又将帝位禅让给了禹。

【评点】

虞舜之孝，体现出对家人祸心而不嫉恨的一种宽恕精神，一种隐忍精神。有了这种精神，于是就有"忍人之所不能忍"，最终"成人之所不能成"的人生智慧。这是一个很必要的基本素质条件。一个人显赫的身份固然可以使人敬畏，但是高尚的品德和节操却更加能够令人敬佩。孝道是中华民族传统思想和品格一个不可或缺的部分，一个普通人的孝心可以感动身边的人，而榜样的孝行更可以引领整个社会的正气。

《孝经》现代解读

> 【讨论】
> 1. 谈谈你对"夫孝,德之本也,教之所由生也"的理解与启示。
> 2. 孔子把"身体发肤,受之父母,不敢毁伤"确定为孝之始,把"立身行道,扬名于后世,以显父母"确定为孝之终,为什么?

第二节 《天子章第二》解读

【原文】

子曰:爱亲者,不敢恶于人;敬亲者,不敢慢于人。爱敬尽于事亲,而德教加于百姓,刑于四海。盖天子之孝也。《甫刑》云:"一人有庆,兆民赖之。"

【原文通讲】

本章是讲天子的孝道。天子,统治天下的帝王。《礼记·曲礼下》:"君天下,曰天子。"旧说帝王受命于天,天为其父,地为其母,故称"天子"。《白虎通》:"王者父母天地,为天之子也。"此处应指周王,是周王朝的最高统治者。《孝经》从这一章起,按尊卑次序分述自天子至庶人的五种孝行,照唐玄宗的说法,叫作"百行之源不殊","五孝之用则别"(《御注孝经·序》)。但此处所论"天子之孝",其实只是一种祈愿,并不是道德的规范。

天子处于至尊的地位,天子应当竭尽孝道,博爱广敬,感化人民,起榜样和示范的作用,故为"五孝"之冠,列为第二章。

一、"子曰……不敢慢于人",是说天子之孝要本着博爱广敬推己及人之意

子曰:**爱亲者,不敢恶于人;敬亲者,不敢慢于人**。《注》:"博爱也。""敬亲者,不敢慢于人"为"广敬也"。这里的"亲"字,指父亲和母亲。爱亲,是指天子对父母的爱;敬亲,是指天子对父母的敬。"爱"和"敬",正是"孝"

第二章 《孝经》的元典解读

的基本内涵和要义。"爱亲者,不敢恶于人;敬亲者,不敢慢于人",讲的是天子要推己及人。

孔子认为,天子自身关爱、敬重父母,那么这也就是天子在施教化,使天下的人都关爱、敬重父母,不敢憎恨厌恶、侮慢于他人了。这就是说,天子要先从自己做起,从自己家庭做起,否则谈不上博爱、广敬。

二、"爱敬尽于事亲……盖天子之孝也",说明天子之孝对百姓之孝的典范作用

爱敬尽于事亲,而德教加于百姓,刑于四海。盖天子之孝也。《注》:"刑,法也。君行博爱广敬之道,使人皆不慢恶(慢恶:轻忽、讨厌)其亲,则德教加被天下,当为四夷之所法则也。"

孔子这里是说:能够亲爱自己父母的人,就不会厌恶别人的父母;能够尊敬自己父母的人,也不会怠慢别人的父母。以亲爱恭敬的心情尽心尽力地侍奉双亲,而将德行教化施于黎民百姓,使天下百姓遵从效法,这就是天子的孝道。强调天子竭尽爱与敬来侍奉父母,并将道德教化施加到百姓,使天子成为四海之内效法的榜样、表率。

三、"《甫刑》云……",引用论证天子行孝之意义

《甫刑》云:"一人有庆,兆民赖之。"《注》:"《甫刑》,即《尚书·吕刑》也。一人,天子也。庆,善也。十亿曰兆,义取天子行孝,兆人皆赖其善。"甫刑,《尚书·吕刑》的别名。此句是说,天子一人有善行,万邦民众都会仰赖和效法他。孔子引用《甫刑》中"一人有庆,兆民赖之"这句话,进一步突出了天子尽孝的重要作用。

就是说,天子的思想行动,为万民的表率,他如能实行孝道,尽其爱敬之情于他的父母,那么,全国的民众,也会跟着他敬爱他们自己的父母,并且更敬爱他们的国君。《论语》中有:"君子之德风,小人之德草。草上之风,必偃。"这就是证明天子之德行感化民众之意义重大了。

《孝经》现代解读

本章要点提示

第一，指出天子的孝道就是要把"爱"和"敬"推己及人。天子首先要心存忠恕，克己复礼，躬行对父母的爱敬之情；同时，还要将心比心，换位思考，以亲爱自己父母的心情去亲爱别人的父母，以尊敬自己父母的心情去尊敬别人的父母。

第二，强调天子尽孝的职责和榜样、感化作用。天子之孝，不仅仅局限于自己带头，还应当设教施令，使天下之人都不会厌恶、怠慢自己的父母。这样，才能把至德要道传播于天下，使四海之内皆仰慕于天子的榜样而效法之。强调天子要把亲爱恭敬的孝心尽到父母身上，并且施教于普天下的百姓之中，他的德行教化就能产生巨大的感化效应，使天下百姓遵从效仿。

拓展阅读

汉文帝"亲尝汤药"

公元前202年，刘邦建立了西汉。刘邦的四儿子刘恒，即后来的汉文帝是一个有名的大孝子。刘恒对他的母亲皇太后很孝顺，从来也不怠慢。

有一次，他的母亲患了重病，这可急坏了刘恒。他母亲一病就是三年，卧床不起。刘恒亲自为母亲煎药汤，并且日夜守护在母亲的床前。每次看到母亲睡了，才趴在母亲床边睡一会儿。刘恒天天为母亲煎药，每次煎好，自己总先尝一尝，看看汤药苦不苦、烫不烫，自己觉得差不多了，才给母亲喝。

他以仁孝之名，闻于天下，侍奉母亲从不懈怠。母亲卧病三年，他常常目不交睫，衣不解带；母亲所服的汤药，他亲口尝过后才放心让母亲服用。刘恒孝顺母亲的事，在朝野广为流传。人们都称赞他是一个仁孝之子。

刘恒在位期间，重德治，兴礼仪，注意发展农业，使西汉社会稳定，人丁兴旺，经济得到恢复和发展，他与汉景帝的统治时期被誉为"文景之治"。

己亥日，刘恒病死于长安未央宫。死后的庙号为太宗，谥号为文帝。后人为了纪念他的伟业和仁政以及他的孝道，将其列为《二十四孝》之一。

第二章 《孝经》的元典解读

【评点】

　　天之大，孝为先。刘恒"亲尝汤药"的仁孝传闻于天下。从今天来看，虽然这些历史的记载可能有夸大阿谀之处，但是他的孝行却确实被人们一代代认可了。如果对照《孝经》来解读此故事，刘恒应该说尽到了一个"天子之孝"。他做到了"爱敬尽于事亲，而德教加于百姓，刑于四海"。他由对亲人的孝、爱、敬，延伸到对百姓的"爱亲者，不敢恶于人""敬亲者，不敢慢于人"，自己成为一个榜样，也教育了百官与百姓。

【讨论】

　　试谈对"爱亲者，不敢恶于人；敬亲者，不敢慢于人"的理解。

第三节 《诸侯章第三》解读

【原文】

　　在上不骄，高而不危；制节谨度，满而不溢。高而不危，所以长守贵也。满而不溢，所以长守富也。富贵不离其身，然后能保其社稷，而和其民人。盖诸侯之孝也。《诗》云："战战兢兢，如临深渊，如履薄冰。"

【原文通讲】

　　本章讲的是诸侯的孝道。诸侯，天子所分封的各国的国君。西周开国时，周天子曾依亲疏与功勋分封诸侯，有公、侯、伯、子、男五等爵位，可以世袭。《礼记·王制》孔颖达疏："此公、侯、伯、子、男，独以侯为名而称诸侯者，举中而言。"一说称"诸侯"而不称"诸公"，是为了避免与辅佐天子的"三公"（太师、太傅、太保）相混淆。

　　诸侯地位仅次于天子，因此，孔子在讲述了天子如何行孝之后，紧接着讲述诸侯行孝的要点。要求诸侯应以谦逊戒慎的态度，"在上不骄"，"制节谨度"，"长守富"，"长守贵"，"保社稷"，和睦百姓。

一、"在上不骄……满而不溢"，是说诸侯孝道重点之所在

在上不骄，高而不危；制节谨度，满而不溢。《注》："诸侯，列国之君，贵在人上，可谓高矣。而能不骄，则免危也。费用约俭，谓之制节；慎行礼法，谓之谨度；无礼为骄，奢泰（奢泰：奢侈）为溢。""在上不骄"的"上"字，突出了诸侯尊贵的地位。高者易倾危，贵者易自骄。诸侯若能做到"在上不骄"，则虽处高位，终不至于身陷倾危的境地。"制节"的"节"字，指费用的节约和生活的俭朴。"制节"就是节省开支。"谨度"的"度"字，指礼法。谨度，就是行为举止谨慎而合乎礼法。满而不溢，指财物充裕而不浪费。诸侯若能俭省，谨慎地遵守法度，则虽然府库充满也不至于滋长奢侈的恶习。

孔子认为，身为诸侯，在众人之上而不骄傲，其位置再高也不会有倾覆的危险；生活节俭、慎行法度，财富再充裕丰盈也不会损溢。居高位而没有倾覆的危险，所以能长久地保持自己的尊贵地位。孔子针对诸侯的特殊地位，指出他们的孝道：一是，诸侯虽在众人之上，但若能做到不骄傲，那么就虽居高位而没有危险。二是，控制并节约费用，谨慎礼仪法度，财富充盈而不僭礼奢侈。

诸侯的权能，是上奉天子之命，以管辖民众；下受民众拥戴，以服从天子。一国的军事、政治、经济、文化等各项要政，他有管理的权限。在这种地位上，极容易犯凌上慢下的错误，犯了这种错误，不是天子猜忌，便是民众怨恨，那他危险的日子就快到了。如果用谨慎的态度处理一切事务，那么，他对上可以替天子行道，对下可以替人民造福，其地位自然可以得到保证而不至于危殆。财物处理得当，财政金融稳定，收支平衡，库存充裕，人民生活丰足。那么，社会将会国富民康，更不用谈个人的荣禄了。

二、"高而不危……长守富也"，是说"不危不溢"，乃诸侯立身行远的长久之计

高而不危，所以长守贵也。满而不溢，所以长守富也。孔子又进一步分析，居高位而没有倾覆的危险，所以能长久地保持自己的尊贵地位；财富充裕而

第二章 《孝经》的元典解读

不奢靡挥霍，所以能长久地守住自己的财富。

孔子认为，身处高位之人不能有丝毫的傲慢，他要时时保持慎重，哪怕是一个念头、一句话都不可以开玩笑，以前的天子跟国君，身边都有史官记录其言行，左史记动，右史记言。吕氏春秋上记载桐叶封弟的故事，讲周成王有一次跟他一个弟弟叔虞在玩耍，成王把一片桐叶削成圭状送给叔虞，说把这个封给他。周公就问成王，天子是要封叔虞吗？成王说，我是跟叔虞说着玩的，周公说，天子无戏言，最后真的封叔虞于晋。所以，位愈高愈要谨慎。

三、"富贵不离其身……盖诸侯之孝也"，是说诸侯之孝的效果

富贵不离其身，然后能保其社稷，而和其民人。盖诸侯之孝也。《注》："列国皆有社稷，其君王而祭之。言富贵常在其身，则长（长久稳定地）为社稷之主，而人自和平也。""和其民人"指使人民和睦相处。"和"此处为使动用法。孔子又揭示，能够保持富有和尊贵，然后才能保住家国的安全，与其黎民百姓和睦相处，这大概就是诸侯的孝道吧。

社稷，社是土神，稷是谷神。帝王、诸侯，必设立社庙稷庙，以奉祀社稷之神；灭人之国，必变置其社稷，因以社稷为国家的代称。诸侯自己能够长期守住富与贵，那么也就能长久地作为社稷的主人，而民众也获得和平；若守不住富与贵，那只能作一个短命社稷之主。

四、"《诗》云……"，引诗以证谨慎才是诸侯尽孝的真正要道

《诗经》云："战战兢兢，如临深渊，如履薄冰。"《注》："战战，恐惧。兢兢，戒慎。临深恐坠，履冰恐陷，义取为君恒（常）须戒慎。"战战，恐惧的样子。兢兢，戒慎的样子。诗的大意是说，战战兢兢，就像身临万丈深渊随时有可能掉下去一样，就像脚踩薄冰之上随时有可能陷进去一样。孔子引此诗，就是要告诫、规劝诸侯们，身为高官，一定要谨慎，时时警惕，常怀戒慎之心。后世也爱用此名句来教诲鞭策，要律己公廉，执事谨慎，昼夜孜孜，如临深谷，便无他患害。

《孝经》现代解读

本章要点提示

第一,要"在上不骄",保持荣耀。诸侯处于高位,如果不能修身立德,以谦恭的态度处理上下左右之间的关系,而是放纵骄横,就会有倾覆之危,就会受刑戮毁伤,不仅会使自己身败名裂,而且还会对父母造成极大的伤害。孔子说:"身体发肤,受之父母,不敢毁伤,孝之始也。"因此,诸侯行孝,首先要修身立德、谦逊行事,否则,就是不孝。只有"在上不骄",才能"高而不危";只有"高而不危",才能"长守贵也"。这是保持自己荣耀,守住自己尊贵地位的唯一正确途径。

第二,要"制节谨度",守好祖业。诸侯继承祖业而拥有财富,又凭借着赋税,而使府库充盈而丰满。《礼记·中庸》有:"夫孝者:善继人之志,善述人之事者也。"他把能够继承先人遗志,把先人的事业发展下去,称之为"达孝"。诸侯如果不能厉行节俭,谨慎行事,遵守礼法,而是奢靡挥霍,肆意乱为,就会败掉祖上的基业,这是不孝。只有"制节谨度",才能"满而不溢";只有"满而不溢",才能"长守富也"。这是继承先祖事业,守住自己现有生活的唯一正确途径。

第三,要立身行道,扬名后世。孔子说:"立身行道,扬名于后世,以显父母,孝之终也。"诸侯应怎样为政治国呢?《论语·学而》载:"道千乘之国:敬事而信,节用而爱人,使民以时。"其要点一是要尽职尽责,二是要言而有信,三是要节约财用,四是要爱惜民众,五是要依照农时使用民力。这几点,集中体现了孔子关于"为政以德"的思想,指明了治国理政的基本要求。依此则国治,违此则国危。诸侯若能奉行"节用而爱人"的为政治国之道,就能"保其社稷","和其民人",建功立业,光宗耀祖,这是行孝的终极目标。

拓展阅读

诸葛亮"鞠躬尽瘁"

诸葛亮少年丧父,依靠豫章郡太守的叔父诸葛玄。诸葛玄去世后,诸葛亮寄住隆中(今湖北襄阳),躬耕务农为主。诸葛亮身高八尺,常自喻为管仲、

第二章 《孝经》的元典解读

乐毅,胸怀以天下为己任的大志。

在东汉末年群雄并起、逐鹿中原之际,刘备接受了徐庶的推荐,专门拜访诸葛亮,三顾茅庐,向他请教天下事,并诚心请他出山。诸葛亮辅佐刘备,联吴抗曹,形成了三国鼎立局面。之后,他接受刘备的托孤,忠心耿耿辅佐刘禅。他既能运筹帷幄、决胜千里,又能亲率军队、指挥作战。在内政上励精图治,在外交上纵横捭阖。一生行事谨慎,事必躬亲,不辞辛劳。在蜀汉后期,在知其不可为而为之的时候,仍殚精竭虑,连年征战,为实现复兴汉室的理想而奋斗。

当时,荆州(治所在今湖北襄阳)刺史刘表长子刘琦十分器重诸葛亮。刘琦因父亲喜欢弟弟刘琮,不喜欢自己,常想请教诸葛亮如何自保。但诸葛亮总是拒绝,不替他出主意。于是刘琦请诸葛亮到自家后花园游玩,一同登上高楼,饮酒中途,命人将楼梯抽走,然后对诸葛亮说:"现在我们上不着天,下不着地,您口中说出的话,只进入我的耳中,可以指教一下吗?"诸葛亮说:"您没有看到晋公子申生留在宫内,遭受谋害,而重耳在外却得到安全吗?"刘琦茅塞顿开,于是便策划乘机脱身,出为江夏郡太守。诸葛亮还与周瑜一起谋划了历史上著名的以少胜多的赤壁之战。诸葛亮善于巧思,曾构思并指导改进弓弩使之连射,制造木牛流马作为运输工具。他推演兵法,设计八卦图阵,无不深得要领。

诸葛亮也是一代廉吏。诸葛亮一生,多数时间都在南征北战,戎马倥偬,其衣食所需,全靠军中供应,没有什么特别的享受,生活异常艰苦。他临终前遗言,命令部下将自己葬在汉中定军山,依山势修建坟墓,墓穴只需容纳进棺木就行,穿日常衣服入殓,不用其他器物陪葬。

当初,诸葛亮曾向后主表明自己的心迹:"臣在成都有桑树八百株,薄田十五顷,子孙们的日常衣食费用已有宽余。至于臣在外任职,没有额外的花费安排,随身衣物饮食全由公家供应,无须再置其他产业来增添家财。待臣离开人世时,不让家有多余衣物,外有多余钱财,以不辜负陛下的恩宠和信任。"

《孝经》现代解读

【评点】

　　后人对诸葛亮的忠诚大加赞扬，最具代表性的要数清康熙帝和唐朝著名诗人杜甫。康熙帝曾说，诸葛亮云：鞠躬尽瘁，死而后已。为人臣者，惟诸葛亮能如此耳。杜甫对诸葛亮甚为欣赏，曾作过数首关于诸葛亮的诗，《蜀相》的"三顾频烦天下计，两朝开济老臣心。出师未捷身先死，长使英雄泪满襟"，已成为日后讲述诸葛亮一生的名句。诸葛亮才能过人，一生勤劳、节俭，品德高尚，成为万世之楷模。他的名字在民间，几乎成了"智慧"和"忠诚"的代名词，他的名言"鞠躬尽瘁，死而后已"，成为他一生的写照而流传千古，正是"在上不骄""制节谨度"的表现。

【讨论】

　　结合现代社会实际谈谈对"在上不骄，高而不危；制节谨度，满而不溢"的理解。

第四节 《卿、大夫章第四》解读

【原文】

　　非先王之法服不敢服，非先王之法言不敢道，非先王之德行不敢行。是故非法不言，非道不行；口无择言，身无择行。言满天下无口过，行满天下无怨恶。三者备矣，然后能守其宗庙。盖卿、大夫之孝也。《诗》云："夙夜匪懈，以事一人。"

【原文通讲】

　　本章讲的是卿大夫的孝道。卿大夫是卿、大夫的统称，为古时官制。《礼记·王制》载天子有三公、九卿、二十七大夫、八十一元士。卿的地位次于诸侯，大夫的地位次于卿。卿，又称"上大夫"，地位比大夫略高。周代各诸

第二章 《孝经》的元典解读

侯国中也有卿、大夫，他们佐理政事，地位比周天子朝中的卿、大夫低一等。清雍正皇帝《御纂孝经集注》认为，此"卿、大夫"兼包王国及侯国，"章中乃统论其当行之孝，不必泥引《诗》'以事一人'之词，而谓专示王国之卿、大夫也"。此处论卿大夫之孝是一切遵循先王的礼法，"保其禄位"，"守其宗庙"，更多的是在讲忠君。

卿大夫是辅佐天子和诸侯的官员，事君从政，承上启下，担负着决策和行政的重要职责，地位较高，但不负守土治民之责。他的孝道，就是要在言语上、行动上、服饰上，一切都要合于先王所制定的礼法，示范民众，起领导作用。

一、"非先王之法服不敢服……非先王之德行不敢行"，是说卿大夫要"三不敢"

非先王之法服不敢服，非先王之法言不敢道，非先王之德行不敢行。《注》："服者，身之表也。先王制五服，各有等差（等差：等级之差别）。言卿大夫遵守礼法，不敢僭上偪下。""法言，谓礼法之言。德行，谓道德之行。若言非法，行非德，则亏（违背）孝道，故不敢也。"法服，合乎礼法的服饰。法言，合乎礼法的言论。就是说，卿大夫对于不是先王礼法规定的服饰，不敢穿用。不符合先王礼法的话，不敢言说。不符合先王规定的道德行为，不敢行动。这是他们孝道的内涵之一。

孔子在这里说的"先王"是指古代明君，他们都是足具智慧与德能的得道之人。这个"先王之德"，也是比较宽泛的，有学者认为就是仁义礼智信的德行。

在春秋战国时期，因为礼崩乐坏，许多人在礼法上出现了僭越，比如使用不符合自己身份的称谓，穿着过于奢侈华丽的衣服，享受不应该享受的礼乐、食物、祭祀等。这些僭越的活动意味着人们失去了对秩序与天道的敬畏之心，一个安定太平的时代，不应有这些现象。

对角色的定位和设定一方面有助于让每一个人找准自己的定位，我们处于什么地位，该说什么话，该做什么事，该行什么礼，都有了规范；另一方面它也约束了人的自由发展，我们应辩证看待这一点。

《孝经》现代解读

"非先王之法服不敢服",是说穿衣用度,应符合自己的社会角色。"非先王之法言不敢道",是说我们每个人所说出的话都应该是经过深思熟虑的,符合道义,否则就会招致厌恶甚至是灾祸。这既是一种德行对我们的要求,也是人情物理,《孝经》在人情世故上,显然有很深刻的理解。"非先王之德行不敢行",是说能在所作所为上遵守礼制,说出符合德行的言论,做出有德行的事情,这样才能让大家信服、崇拜,才能真正成为一个优秀的人。

古代明君的德行都是人性本善的自然流露,可以作为万世师表。卿大夫应按照先圣的德行来为人处世,不做违背道德的事。

以上说了"三不敢":"不敢服""不敢道""不敢行",这是从反面说的;下面转入正面来说。

二、"是故非法不言……行满天下无怨恶",重点阐述卿大夫的语言行为"三非三不"的重要性

是故非法不言,非道不行;口无择言,身无择行。言满天下无口过,行满天下无怨恶。《注》:"言必守法,行必遵道。言行皆遵法道,所以无可择也。礼法之言,焉有口过,道德之行,自无怨恶。"

这句话的意思是,因此不合礼法的就不言说,不合道德的就不行动;既然言必守法,行必遵道,那么口中言说就自然而然不用再选择言语,自身行动就自然而然不用选择做法。言论传播天下,也不会有过错;行为影响天下,也不会招致厌恶和怨恨。

孔子这一段话说理巧妙,意蕴深邃,可以从如下三个层次来理解。此说由"三不敢"转化为"非法不言""非道不行"。先从规定的法度、法则来主动地限制自己的言与行,这时的言与行都处于一种不自由的状态中,此为第一层。然而正因为一切都循规蹈矩,合法遵法,所以又能动地转化为一种自由的言与行的状态,那就是"二无",即"口无择言""身无择行",此为第二层。然后又由此而至于更大的自由状态、更佳的效果状态,那是更高级的自由与效果的"二无"状态,即"言满天下无口过""行满天下无怨恶",此为第三层。

第二章 《孝经》的元典解读

三、"三者备矣……盖卿、大夫之孝也",是说卿大夫的"三非三不"齐备,则能长守宗庙之祀,这是卿大夫之孝

三者备矣,然后能守其宗庙。盖卿、大夫之孝也。《注》:"三者:服、言、行也。《礼》:'卿大夫立三庙,以奉先祖。'言能备此三者,则能长守宗庙之祀。"这是说,以上三者具备了,然后就能守护住他的宗庙,这大概就是卿大夫的孝道。

由上文可以看到,孔子由表及内、由内及深地揭示出卿大夫的孝道要点。首先,是外表上,即衣着上,要合法度;其次,是由内心生发出的言语,要合法度;再次,是所行的深层的道德理念,要合德行。这三者之所以是卿大夫孝道的主要内涵,是因为只有这样才能彰显应尽的职责与道义,而不会给自己招来罪过、带来祸殃,才能保全自己,又能不辱没先祖,"然后能守其宗庙"。这就是他们最重要的孝道了。

四、"《诗》云……",引诗以证卿大夫之孝

《诗》云:"夙夜匪懈,以事一人。"《注》:"夙,早也。懈,惰也。义取为卿大夫能早夜不惰,敬事其君也。"即早晚不懈怠,以奉事天子。诗句出自《诗经·大雅·烝民》,写周宣王派仲山甫到齐国去筑城,大臣尹吉甫赠诗送别,一是赞美仲山甫才高德重,二是赞美周宣王任贤使能。仲山甫是周宣王的大臣,是鲁献公的次子,分封在樊。

《诗经·大雅·烝民》说:"肃肃王命,仲山甫将之。邦国若否,仲山甫明之。既明且哲,以保其身。夙夜匪解,以事一人。"天子命令整肃,仲山甫去执行。邦国的善恶,仲山甫都能明白。既能明哲,又能保身。早晚不懈怠,奉事君王。成语"明哲保身"就出自此诗。我们会发现,孔子引此诗句来说明卿大夫的孝道非常吻合,一是身份符合,二是内容符合,这是孔子巧妙地移花接木之引《诗经》的艺术。

本章最后用《诗经》的内容点题,要积极进取,夙兴夜寐地努力奋斗。这里面又暗指事君之道,所以孝道最后又有向忠道转变的空间。

在劝说的思维上,《孝经》宣扬的孝道,还是归结到了利益、权势等角度,

《孝经》现代解读

以此劝人行孝,这与传统儒家的理路大有不同。

本章要点提示

第一,强调卿大夫在服饰、言语、行动上必须合于先王之法。

"先王之法服",是先代圣明君王依据天子、诸侯、卿、大夫、士的不同身份、地位所制的五类服饰,尊卑有别,等差分明。卿大夫为官从政,服饰是其身份、地位的标识,必须合乎礼度。若服饰超过规制,就是僭越于上;若服饰过于俭朴,就是逼迫于下。只有合乎礼度,才能既不僭上,又不逼下。"先王之法言",是先王所定的礼法之言。"先王之德行",是先王所传下来的道德之行。如果卿大夫的言论违背"先王之法言",行动违背"先王之德行",也就背离了孝道。因此,"非先王之法言不敢道","非先王之德行不敢行"。

第二,指出言语和行动对卿大夫为官从政,尤其重要。卿大夫一言一行都须遵从礼法和道德,不合乎礼法的话坚决不说,不合乎道德的事坚决不做。开口说话没有违背礼法的地方,躬身行事没有违背道德的地方。这样,所说的话即使传遍天下也不会有过失,所做的事即使传遍天下也不会招致怨恨和厌恶。

第三,阐明卿大夫遵守礼法的重要性与利害关系。卿大夫在法服、法言、德行三个方面,都应做到遵从先王的礼法准则。而在服、言、行三者之中,服饰穿在身外,是外表可见之物,故而孔子只讲了一句警戒的话。而言与行则不然,卿大夫的一言一行,都出乎己而加乎人,发乎迩而见乎远。如果其言语、行为不善,恶劣的影响就会传遍千里,从而招致耻辱,累及父母亲友。这是君子所最应当谨慎的。在本章中,孔子只用一句话讲法服,而反复强调言行,足见"立身行道"之不易。

拓展阅读

包拯"改革弊政"

包拯(999—1062),字希仁,庐州(今安徽合肥)人,北宋天圣五年(1027年)进士。中进士后,因父母年事已高,不忍远去为官,直到双亲相继

第二章 《孝经》的元典解读

去世,守孝完毕,才在亲友的劝说下为官,故以孝闻于乡里。他头戴乌纱帽,身穿衮龙袍,打坐开封府,怒铡陈世美,是一个刚直不阿、铁面无私、断案如神、为民做主、除暴安良的清官。因其为官清廉,铁面无私,史称"包青天"。

包拯自身清廉,而且所到之处,都深入体察民情,兴利除弊,为百姓做好事。例如他知端州时,发现老百姓由于饮用江水,身体多病,他就发动群众,在端州城内打了七眼水井。百姓改饮井水,健康状况大为改善。这些井被称为"包公井",有的至今尚存。

根据张希清《历史上的包公》,包拯为民造福,不仅停留在打井、修桥、补路这样一类具体的事情上,更重要的是改革弊政,施行新法。包拯虽然没有像范仲淹和王安石那样,提出和推行一整套系统的新政和变法,但他也是一个改革派的官员,在自己的职权之内,提出和实行了许多具体的改革措施,实实在在地兴利除弊,为民造福。在包拯的仕宦生涯中,担任最多的一类官职是属于理财方面的。如他担任过掌管一县一州财政的知县、知州,先后担任过京东、陕西、河北路转运使,并担任过三司户部判官、户部副使,直至掌管全国财政的三司使。在担任这些官职期间,他都提出了许多有关赋税、商业等方面的改革措施。宋初,鉴于五代之弊,制定了相对较为合理的赋税标准。宋仁宗时,官府不便改变原定的赋税标准,即采用"支移折变"等名目额外增加赋税量。"支移",就是要求纳税户将应缴纳的税粮税物无偿地送到指定的别州别县的仓库,实质上是一种附加的劳役。"折变",就是官府以各种借口,临时改变原定税物品种,按价折成现钱或其他物品缴纳。这种额外加征,成为宋代赋税的主要弊政。包拯多次上疏指出:"持政之仁暴,惟在薄赋敛、宽力役、救灾患,慎行三者,则衣食滋殖,黎庶蕃息矣。"为此,他多次提出免除"支移折变"。例如庆历三年(1043年),陈州(今河南淮阳)地区大雪成灾,桑、枣树木多被冻死;第二年春蚕及大小二麦均大为减产。知州上书要求免除"支移折变"。转运使只免除支移,而照样将夏税大小麦每斗折变为缴纳现钱一百四十文。而当时小麦的市价每斗才五十文,这样一折变,就使百姓的纳税负担增加了近两倍。包拯奉命亲自到陈州察访,了解到这些情况,立即上疏,请求宋仁宗特降诏书,令陈州百姓按大小二麦的市价缴纳现钱，或直接缴纳大小二麦。这一请求得到批准，使陈州的百姓在大灾之年不致再受折变之苦。元代的杂剧《陈州粜米》以及后来的戏剧《包公下陈州》、民间故事《包公放粮》，大概都是从包拯体察民情，为民请命，请求免除陈州折变一事演化而来的。

包拯还多次上疏，请求支义仓米赈济灾民，使他们不至于流离失所，并请求真正免除民户欠负的赋税等。《孝肃包公墓志铭》称："公所莅职，常急吏宽民，凡横敛无名之入，多所蠲除。"另外，他还提出了一些裁减冗官、冗兵、冗费的建议。

包拯对亲戚朋友也十分严格。有的亲戚想利用他做靠山，他一点也不照顾。日子一久，亲戚朋友知道他的脾气，也不敢再为私人的事情去找他了。

包拯一生廉洁，铁面无私，在临死前，还留下遗嘱说：后代子孙做了官，如果犯了贪污罪，不许回老家；死了以后，也不许葬在包家的坟地上。

【评点】

我国古代历朝历代，无论盛世还是乱世，朝廷中时常有皇亲国戚特权横行，欺压忠良。在社会上，也有贪官污吏，土豪劣绅，他们官商勾结，鱼肉乡民，荼毒百姓……一旦有清廉好官为民喉舌，为民伸冤，锄奸去恶时，必定大快人心，人人喝彩。包拯，毫无疑问是黎民所期待的清廉好官。他效忠宗室，判案公正严明，铁面无私，断案如神，明如镜，清如水，直比青天，故有"包青天"的美誉。铁面无私当中，亦包含着一颗悲天悯人的仁者之心，法理之外尚有人情，他深知民间疾苦，不畏强权，直言敢谏，为民请愿，大胆改革弊政，造福于民，并以法理精神为依归，为民"警恶惩奸，除暴安良"，感冒改革招祸的风险，"杀身成仁，舍生取义"，重塑一个清明世界，令世人为敬为鉴。

【讨论】

联系社会实际，谈谈作为一名官员，应如何做才不愧对父母，不辱没祖先，做一个真正的孝子。

第二章 《孝经》的元典解读

第五节 《士章第五》解读

【原文】

　　资于事父以事母，而爱同；资于事父以事君，而敬同。故母取其爱，而君取其敬，兼之者父也。故以孝事君则忠，以敬事长则顺。忠顺不失，以事其上，然后能保其禄位，而守其祭祀。盖士之孝也。《诗》云："夙兴夜寐，无忝尔所生。"

【原文通讲】

　　本章讲的是士的孝道。士，古时的一种官名，分上士、中士、下士三等，地位在卿大夫之下，庶人之上，相当于现在的一般公务员。此处论士人之孝，归结到"夙兴夜寐"，强调事君尽忠的责任。

　　士应对君王忠顺，朝夕惕厉，不可辱及父母。其孝道一要尽忠职守，二要尊敬君王。

一、"资于事父以事母……而敬同"，说明移孝作忠的诚心所本

　　资于事父以事母，而爱同；资于事父以事君，而敬同。《注》："资，取也。言（说的是）爱父与母同，敬父与君同。"资，取、拿。这句话的意思是，士要将对父亲与母亲的爱戴等同起来，即将侍奉父亲的那种爱戴取来侍奉母亲，则对父亲的爱戴和对母亲的爱戴是相同的。士还要将侍奉父亲的那种敬重取来奉事君王，则对父亲的敬重和对君王的敬重是相同的。

　　"资于事父以事母，而爱同。"为什么对母亲只是爱戴，而不提敬重呢？而为什么对父亲又爱又敬呢？因为在当时的家族关系里，父亲是最珍贵者，《礼记·丧服四制》曰"家无二尊"，所以对母亲只是"爱"，而不提"敬"；然而对父亲是又爱又敬了。父亲与母亲的情感待遇是不相等的，因此孔子强调，要把爱敬父亲的爱心移来以爱母亲，那种爱的心思是相同的。

　　"资于事父以事君，而敬同。"孔子在这里指出的孝道，是由对父母的"爱

63

敬",转化为对君王的"爱敬",进而实现对君王的"忠"。孔子经过逻辑推演之后,把父与君、孝与忠联系起来了,呈现出移孝作忠的本意。一方面我们要看到封建社会提倡忠君以实践"孝治天下"的伦理观,其根本目的在于维护自己的统治,对此我们应有清醒的认识。另一方面,我们要看到孝敬父母长辈,是我国自古以来的优良传统,是必须传承与弘扬的。

二、自"故母取其爱……兼之者父也",说明父兼爱敬之义

故母取其爱,而君取其敬,兼之者父也。《注》:"言事父兼爱与敬也。"即母亲取得儿子的爱戴,而君王取得臣民的敬重,兼有爱戴与敬重这两者的是父亲。也就是说,对母亲要重视爱,对君王要重视敬,对父亲则是两者兼备。

士人的孝道,包括爱敬,就是要把爱敬父亲的爱心移来以爱母亲,那爱敬的心思是相同的;再把爱敬父亲的敬心,移来以敬君王,那恭敬的态度是相同的。所以,爱敬的这个孝道,是相关联的,不过对母亲方面,偏重在爱;对君王方面,偏重在敬。爱敬并重的,就是父亲。这里反映的是历史事实,在封建社会,父亲的地位比母亲高,是由当时父亲所承担的义务与责任所决定的。

三、"故以孝事君则忠,以敬事长则顺",说明忠顺二字的道理

故以孝事君则忠,以敬事长则顺。《注》:"移事父孝以事于君,则为忠矣。移事兄敬以事于长,则为顺矣。"此句意为,以孝奉事君王,那么就会忠诚;以敬重侍奉长辈,那么就会顺从。也就是说,用孝道之心奉事君王就表现为忠诚,用恭敬之心侍奉尊长就表现为和顺。

士的孝道,一要把家中的孝移用为对君王的尽忠,二要把家中的孝移用为对尊长的顺从。对上忠诚有担当,尽心尽力;对长者和悦顺从,谦虚学习。那么,他的忠顺二字不会失掉,自然可以巩固他的禄位。光宗耀祖的祭祀,也可以保持久远,不至于失掉。

第二章 《孝经》的元典解读

四、"忠顺不失……盖士之孝也",说明士的孝道,以保持忠顺二字为主要条件

忠顺不失,以事其上,然后能保其禄位,而守其祭祀。盖士之孝也。《注》:"能尽忠顺以事君长,则常安禄位,永守祭祀。"此句说,忠诚与顺从都能做到没有什么过失,以用来奉事他的上级,这能保住他的俸禄地位,维持对祖先的祭祀。这大概就是士的孝道。

士是周朝以来的一个贵族等级,是贵族的最下层。虽然士是社会的中坚,拥有自己的专长,但如果想要实现自己的价值,必须投靠在别人的门下,被重用之后才能真正实现自己的价值。所以应在奉事有道德、有地位、有身份的君王时诚心尽力,规规矩矩地对待君王,常怀一颗谦逊的心。如果一个士做事诚心尽力,又能与环境相适应,以此奉事上级,就能保住自己的俸禄与爵位,守住自己的祖庙去祭祀,这就是士的孝行。

另外,古人对祭祀是很在意的,至孝至亲除了父母还包括已经过世的祖先,有家庙、有传承、有地位、有条件才能祭祀敬祖。要想把祭祀活动承传下去,就需要有一定的社会地位、社会贡献,这也是士要完成的工作。

五、"《诗》云……"引诗作证,说明不要懒惰而有伤父母的面子

《诗经·小雅·小宛》:"夙兴夜寐,无忝尔所生。"《注》:"忝,辱也。所生,谓父母也。义取早起夜寐,无辱其亲也。"夙兴,早起。夜寐,晚睡。忝,羞辱,侮辱。此诗句是说,早起晚睡多勤勉,不要辱没生养你的父母。此诗引用在此篇中,也颇贴切。

本章要点提示

第一,告诫士要懂得如何行孝,即移孝作忠的道理。士级别的人大多年纪轻轻就离开父母,走上仕途,来到朝堂之上,承办具体事务。因此,孔子讲士如何行孝,是针对他们的上述特点,从事父开始,推及事母、事君,告诉他们出仕为官,一定要移孝作忠,孝则不匮。

第二,指出士要懂得对母爱、对君敬以及对父孝。"母取其爱"就是说对

母亲尽孝要用爱心。"君取其敬"就是说对国君尽孝要用敬心。"兼之者父也"就是说对父亲尽孝既包含着爱，又包含着敬。为什么讲士的孝道，要从"事父"说起呢？此句就已经告诉了我们其中的道理。

第三，强调士要懂得事上之道，在于忠顺的道理。"以孝事君则忠"就是说，把对父亲的孝心转移到侍奉君王身上，就是忠。"以敬事长则顺"，长，指上级、长官。这句话是说，把对兄长的敬心转移到奉事长官身上，就是顺。"忠顺不失，以事其上"，讲的是事上之道，"上"，包括君王与长官。孔子告诫士，事上之道，在于忠顺，只有以忠顺事上，然后才能保其俸禄和职位，而长久地守住他们对先祖的祭祀。

拓展阅读

花木兰"替父从军"

花木兰"代父从军"的故事发生在北魏时期，当时中原人民为抗击北方少数民族侵略，涌现出了许多英雄人物，花木兰就是其中之一。北朝民歌《花木兰诗》赞美了花木兰的英雄气概，花木兰也被看作女性自强自立的典范。

北魏末年，北方的柔然、契丹等少数民族日渐强大，他们经常派兵侵扰中原地区，抢夺财物。为了加强边防，朝廷开始大量征兵。开始还只是征召青壮年，后来由于战事紧张，不得不连一些身体健康的老人也一起征召。花木兰代父从军的故事就是在这种背景下发生的。

花木兰是家中的小女，她还有一个姐姐和一个弟弟，都从小跟着父亲读书写字。父亲年轻时是有名的武士，精通骑马射箭，现在年龄大了，很少再做这些事情，也不希望子女们学这些东西。没想到花木兰最喜欢的就是骑马射箭，还要求父亲教自己。父亲拗不过她，只得指导她习武，因此花木兰练了一身好武艺。

有一天，衙门里的差役送来了征兵的通知，要征花木兰的父亲去当兵。差役走后，花木兰的心里久久不能平静，她认为，父亲年老体迈，弟弟还太小，只要自己穿上男孩子的衣服就可以让父亲免于上战场了。

花木兰把自己的想法跟父母说了，父母虽然舍不得女儿，但又没有别的

第二章 《孝经》的元典解读

办法，只好同意她去了。

花木兰跟着队伍，跨过黄河，越过高山，终于来到了边境。这里时而大风飞扬，黄沙漫天，时而鬼哭狼嚎，白骨森森。花木兰咬紧牙关，克服恐惧心理，自己给自己壮胆。白天行军，她紧紧地跟上队伍，生怕掉队。夜晚宿营，她从来不敢脱下衣服。躺在床上，她含泪思念着父母、姐姐和小弟。在战场上，她冲杀在前，屡建奇功。同伴们看到她虽然身材瘦小，但作战却这么勇敢，都对她十分敬佩。

战争结束后，皇帝召见有功的将士，论功行赏。但花木兰既不想做官，也不要财物，只要求得到一匹快马，好让她快些回家。皇帝答应了。于是花木兰和当初一起参军的伙伴们结伴还家。

听说花木兰回来了，父母非常欢喜，赶到城外去迎接。姐姐梳妆打扮好，着急地等待着妹妹的归来。弟弟在家里杀猪宰羊，以慰劳凯旋的姐姐。花木兰回家后，脱下战袍，换上女装，梳好头发，出来见一起回来的同伴们。同伴们见到花木兰，都惊呆了，怎么也想不到共同战斗了多年的战友竟然是女郎。

【评点】

《礼记·中庸》载："夫孝者：善继人之志，善述人之事者也。"这里的"志"和"事"，就是先人的遗愿、事功和经验。作为孝子应在先人的基础上更加有所建树，以此扬名显亲，为父母增添光彩。花木兰在军情十分紧急的情况下，面对家中年幼的弟弟和衰老的父亲不能远征杀敌可是祖国的召唤又义不容辞的情况下挺身而出——"愿为市鞍马，从此替爷征"。是什么一直支撑和支持着花木兰呢？是对父亲的孝心与对祖国的忠心而凝聚成的一种强大的精神力量和坚定的必胜信念。花木兰"替父从军"的故事把中华民族孝忠美德演绎得淋漓尽致，所以能流传千古。

【讨论】

这种"移孝作忠、家国一体"的观念你赞同吗？为什么？

第六节 《庶人章第六》解读

【原文】

用天之道,分地之利,谨身节用,以养父母。此庶人之孝也。故自天子至于庶人,孝无终始,而患不及者,未之有也。

【原文通讲】

本章讲的是庶人的孝道。庶人,平民,一般指具有自由身份的农业劳动者。《孝经》为不同等级的人规定不同内容的"孝"。《礼记·祭统》《正义》引《孝经援神契》概括"五孝"说:"天子之孝曰就,诸侯曰度,大夫曰誉,士曰究,庶人曰养。"又说:"五孝不同,庶人但取畜养而已。"

本章是天子、诸侯、卿大夫、士、庶人"五孝"的最后一章。"庶人章"之"庶",《说文解字·广部》载"屋下众也",也就是广大平民百姓。庶人的孝道,或曰一般平民的孝道,必须配合天时地利,尽力生产,节制用度,以奉养父母。平民,指国家社会组织的基本成员。《尚书》中说:"民惟邦本,本固邦宁。"因此列为"五孝"之末章。

一、"用天之道,分地之利",说明取法于天,获利于地

用天之道,分地之利。《注》:"春生、夏长、秋敛、冬藏,举事顺时(举事顺时:行事要顺应时机),此用天道也。""分别五土,视其高下,各尽所宜,此分地利也。"天之道,自然之理,指气候寒暑、季节变化。这就是说,老百姓要利用春温(生)、夏热(长)、秋凉(收)、冬寒(藏)四季变化的自然规律,把握生产环境,根据土质的肥瘠和地势的高低等不同特点进行劳动生产,种植收获。什么是"分别五土"?《周礼》有分辨"五土"之说:一曰山林,二曰川泽,三曰丘陵,四曰坟衍,五曰原隰。百姓要耕种好,就得分辨土地的情况,然后按照土质情况以及相应环境,因时因地进行种植,充分利用好

第二章 《孝经》的元典解读

土地。

孔子强调，百姓应该明天道，识地利，进行农业产品开源。要因时因地，各尽所宜，以获取最好的收成，赡养自己的父母。孔子是抓住平民的特点来论说孝道的，当时的平民一般是农耕者，便要顺应天之道，尽力做好自己本分的耕种收获工作，这也是孝道的一种体现。

二、"谨身节用……此庶人之孝也"，说明谨慎自身，节俭用费，才算是尽了孝道

谨身节用，以养父母。此庶人之孝也。《注》："身（为人）恭谨，则远耻辱；用（花销）节省，则免饥寒。公赋既充，则私养（私养：私人生活）不阙。""庶人为孝，唯此而已。"这就是说，能按照天时、地利的规律勤勉地耕种，自己又谨慎，又节约用度，然后以此来赡养父母，这就是平民的孝道了。

"谨身节用，以养父母"，强调不仅应该开源，还必须节流。在外面慎言慎行，用度节俭，不该花的钱不乱花，以此来供养父母，绝不能让自己的父母遭到饥寒与非议。这就是一般平民百姓应尽的孝道。所以，上自天子，下至平民百姓，孝道是不分尊卑，超越时空，永恒存在，无始无终的。

三、"故自天子至于庶人……未之有也"，是对上面五章的"五孝"进行小结

故自天子至于庶人，孝无终始，而患不及者，未之有也。《注》："始自天子，终于庶人，尊卑虽殊，孝道同致，而患不能及者，未之有也。言无此理，故曰未有。"此处总结以上各章之辞，说明上自天子，下至平民百姓，虽有尊卑之分，但事亲尽孝的道理并无二致。所以上始自天子，下终至百姓，如果孝没能被自始至终地施行，而想要不遭到祸患，那是不可能的。孝是自然法则，是人世间最基本的道德，这个法则适合于一切人，任何人都要遵守这一法则，不然就会对家庭、对社会造成危害，自己也会遭受祸端。这就强调了孝的普遍性，也进一步强调了孝的重要性。

有意思的是，相比前四章，对"庶人"的孝道，在表达上有两处不同，一是以上几章都会用上"盖"字，二是都引用《尚书》或《诗经》来深化旨意，

然而本章却都没有。这是为什么？因为作为普通人，能够做到"用天、分地、谨身、节用"等这些，就是很好的尽孝道了。而天子、诸侯、卿大夫、士，其职位越高，孝道就越是宏大，各章只能略述职责纲要，所以文中用"盖"，表示大略而已，还不足以囊括之。古代经典用字是非常讲究的，需要读者细细品味。

本章要点提示

第一，指明了平民尽孝的基本点和支撑点，是要学会农事。"用天之道，分地之利"，这是农业社会中普通百姓对父母尽孝的物质保障和基础条件。百姓种庄稼，从事农牧，要学会顺应四时之气，春生则耕种，夏长则锄苗，秋敛则收割，冬藏则储存。举事顺时，此用天之道也。百姓还要学会分辨不同类型的土地，根据其不同的特性，适宜长什么，就随其所宜播种什么，从而获得好收成。

第二，指明了平民尽孝的关键点和立足点，就是要谨身节用。"谨身"，就是谨慎行事，保重自己的身体，爱惜自己的名誉，不给父母造成伤害。恰如《论语·学而》所说："恭近于礼，远耻辱也。"自身恭谨行事，就会远离耻辱。"节用"，就是勤俭持家，节省衣服、饮食、丧祭等费用的支出，克勤克俭地过日子。只有这样，才能在缴纳公家的赋税之后仍有节余，从而使一家人免受饥寒之苦。

第三，指明了平民尽孝的出发点和落脚点，是要赡养父母。《援神契》云：庶人行孝曰畜。这里的"畜"字，指畜养，就是说能躬耕田亩，力行农事，蓄积其德行，谨身节用，以赡养父母。以上环环紧扣，完整地讲述了平民尽孝的方方面面，故而孔子说"此庶人之孝也"。

孔子在讲述了天子、诸侯、卿大夫、士、庶人的孝道之后加以总结。上述五种人，尊卑虽然各异，但孝道本于人性，在侍奉父母这一点上，其道理是没有区别的，只要立足于自己的本分，尽到自己的责任，人人都可以做到。所谓"孝无终始"，就是强调从天子到平民，其孝道是没有终始贵贱之分的。天子尽孝，须爱亲敬亲；诸侯尽孝，须不骄不溢；卿大夫尽孝，须言行无择；士尽孝，须资亲事君；庶人尽孝，须谨身节用。上述种种，只要他们各自用

第二章 《孝经》的元典解读

心,努力践行其道,就可以做到。"患不及者,未之有也",是进一步指出,如果有人担心自己不能尽孝,那是根本不会有的事。孔子这样讲,是为了勉励人们自觉行孝。

拓展阅读

仲由"负米养亲"

仲由,字子路,春秋时期鲁国人,孔子得意门生,政治、军事才能卓越。早先为人耿直、鲁莽,后来在孔子的教导下,好学知礼,勇于改过,答应别人的事情绝不拖延,孔子对他非常喜爱。

仲由非常孝敬父母。年轻时,家境贫寒,父母已年老,靠他在外给人打工挣钱赡养父母。他饭量大,经常吃些谷糠和野菜充饥,但他从不让父母吃一顿谷糠和野菜。

他家经常没有米,为了让父母吃到米,他要走很远的路去买米,再背着米赶回家里。一年四季,不论寒风烈日,经常如此,然而仲由却甘之如饴。

冬天,冰天雪地,天气非常寒冷,仲由顶着鹅毛大雪,踏着河面上的冰,一步一滑地往前走,脚被冻僵了,抱着米袋的双手实在冻得不行,便停下来,放在嘴边暖暖,然后继续赶路。

夏天,烈日炎炎,仲由都不停下来歇息一会,只为了能早点回家给父母做可口的饭菜。遇到大雨时,仲由就把米袋藏在自己的衣服里,宁愿淋湿自己也不让大雨淋到米袋。

有一次,父母想吃米饭,但大米比糠菜、杂粮贵得多。为了让父母吃上米饭,他就天天在工地背石块,这样可以多挣一点。拿到工钱后,再步行到很远的镇子上买米,回家后给父母蒸白米饭吃。父母连声说道:"米饭真好吃!"仲由听了,十分高兴,但他自己仍然吃糠菜、杂粮。

后来,仲由拜孔子为师,学习诗书礼乐。每隔一月,他总要向老师请假回家。一天,他又来请假,孔子问他:"难道是你父母生病了吗?"仲由回答:"老师,不瞒您说,我父母最爱吃米饭,所以我经常要到五十里外的镇上背米。请老师原谅!"

孔子听了，对周围的学生说："仲由真是一个大孝子啊！"

在仲由的父母去世之后，楚王请仲由去做官。他有了上百辆马车，还有很多粮食。当他端起香喷喷的米饭，想起过去为父母背米的往事，不由叹道：虽然我现在富贵，但想要像之前那样吃糠咽菜，为父母买米，终究是不可能了。

【评点】

孝，善事父母也。孝，首先是赡养好父母。满足父母基本的物质要求，是为人子女应尽的首要义务和责任，也是对孝行的起码要求。虽尽孝不能用物质来衡量，而是要看对父母是不是发自内心的诚敬，但如果连起码的赡养责任都不能承担，就谈不上孝道了。仲由对父母的孝，是发自内心的，他不仅在他父母生前用实际行动尽孝，在他父母去世以后，他也没有因为物质条件好了而感到高兴，反而时常感叹，希望父母能够在世和他一起过好生活。常言子欲养而亲不待，尽孝道应该趁早。我们应在父母在的时候，及时孝养，不要等到追悔莫及的时候才思亲，痛亲之不在。

【讨论】

读完以上"五孝"，谈谈对孔子孝内涵的理解，以及对现代社会有何启示。

第七节 《三才章第七》解读

【原文】

曾子曰："甚哉，孝之大也！"子曰："夫孝，天之经也，地之义也，民之行也。天地之经，而民是则之。则天之明，因地之利，以顺天下。是以其教不肃而成，其政不严而治。先王见教之可以化民也，是故先之以博爱，而民莫遗其亲；陈之以德义，而民兴行。先之以敬让，而民不争；导

第二章 《孝经》的元典解读

之以礼乐,而民和睦;示之以好恶,而民知禁。《诗》云:'赫赫师尹,民具尔瞻。'"

【原文通讲】

本章进一步阐述孝道的意义。三才,天、地、人,合称"三才"。《易·说卦》:"立天之道,曰阴与阳;立地之道,曰柔与刚;立人之道,曰仁与义。兼三才而两之,故《易》六画而成卦。"又,《易·系辞》:"《易》之为书也,广大悉备,有天道焉,有人道焉,有地道焉,兼三材(才)而两之。"本章说孝道是"天之经,地之义,民之行",圣王能遵天地之道,顺人性人情,因此篇题拟为"三才章"。

孔子对"五等之孝"进行阐述,强调上至于天子,下至于庶民都当行孝之后,接着进一步给曾子讲了孝是天经、地义、人行的事。

一、"曾子曰……民之行也",孔子把孝道的本原讲给曾子听

曾子曰:"甚哉,孝之大也!"《注》:"参闻行孝无限高卑,始知孝之为大也。"上至于天子,下至于平民,孝道博大精深。曾子聆听了孔子的"五等之孝"以后,始知孝之为大,情不自禁发出感叹。这种赞叹,也引发了孔子再度的循循善诱,继续为他深入讲述孝道之广大、博大、重大。

子曰:"夫孝,天之经也,地之义也,民之行也。"《注》:"经,常(经久不变)也。利物为义。孝为百行之首,人之常德(常德:永恒的品德),若(如同)三辰运天而有常,五土分地而为义也。"三辰,上天的日月星辰。五土,山林、川泽、丘陵、水边平地、低洼之地,区别五土的性能,使万物各得所生之宜。

在此段话中,孔子用了一个生动的比喻来说明孝的重大意义。上天的日月星辰运行有规律,这是"经";大地五土利于万物生长,这是"义",这就是天经地义。人秉承天地之气而生长,人也效法天地而存在,孝就是天经、地义、人行之事,孝就是民众的行为常德,孝贯通了天、地、人。

古人云:"孝为百行之首。"先人又云:"孝,乃百行之本。"这其中的意思也就明白了。正如郑玄注《论语》所云:孝为百行之本,言人之行,莫先于孝。

二、"天地之经……其政不严而治"，就是要把孝道作为教化民众的准则

"天地之经，而民是则之。则天之明，因地之利，以顺天下。是以其教不肃而成，其政不严而治。"《注》："天有常明（圣明），地有常利（资源），言人法则（法则：以之为规范效法）天地，亦以孝为常行（常行：日常行为为准则）也。""法（效法）天明以为常，因地利以行义，顺此以施政教，则不待严肃而成理也。"则，效法。因，依据，利用。正如郑玄《注》所说：天有四时，地有高下，民居其间，当是而则之。

这是说，人们应该去效法天与地的经常法则，效法天的常明来行孝，效法地的常利来行义，以此来顺化天下。因此那些教化不必严肃说教，而自成道理；那些政治不必严酷管理，而自行被治理。社会角色地位越高，越要"则天之明，因地之利，以顺天下"，这才能收取"其教不肃而成，其政不严而治"的绩效。

三、"先王见教之可以化民也……而民知禁"，就是说明孝道有如此的妙用，故先王以身作则，率先倡导

孔子又总结揭示出五条法则。

"先王见教之可以化民也，是故先之以博爱，而民莫遗其亲。"《注》："见因（效仿）天地教化人之易（容易）也。君爱其亲，则人化（受感化）之，无有遗（遗弃）其亲者。"孔子又作了进一步解读。先王通过教育感化人民，这第一条，就是博爱，这样民众就不会遗弃他们的亲人了。这也就是说先王先对自己父母敬爱，而后民众就效法他，不会遗弃他们的父母了。

"陈之以德义，而民兴行。"《注》："陈说德义之美，为众所慕（思慕，向往），则人起心（起心：动念头，想要做）而行之。"第二条，是向民众陈说道德义理之美，让民众羡慕之，感动之。民众知道德义的美好与作用，心中欣然而向慕，那么也就会行动起来，便有好的行为。

"先之以敬让，而民不争。"《注》："君行（亲自躬行）敬让（敬让：恭敬谦让），则人化而不争（争斗，对抗）。"先，领先，表率。第三条，君王要以身作则，谦敬礼让，做出表率，那么民众就跟着被教化，就不争相抢夺了。

第二章 《孝经》的元典解读

"导之以礼乐,而民和睦。"《注》:"礼以检(约束)其迹(行为),乐以正(匡正)其心(心智),则和睦矣。"第四条,君王用礼乐来引导民众,那么民众就会用礼来约束自己的行为,用乐来端正自己的心志,也就和睦相处了。

"示之以好恶,而民知禁。"《注》:"示(教导)好以引(引导)之,示恶以止(制止)之,则人知有禁令,不敢犯也。"第五条,用好恶之分来明示引导民众,知道禁令、禁条,懂得善事、善举、善行,使得民众向善而不趋恶,走正道而不走邪路。

四、"《诗》云……"引诗作结,就是证明只要身体力行,都会被民众景慕瞻仰,何况一国之君呢?

孔子引用《诗经·小雅·节南山》中的诗句,进一步证明君民一心的深远影响。"《诗》云:'赫赫师尹,民具尔瞻。'"赫赫,形容光明盛大的样子。师尹,指周太师尹氏。诗的大意是:威严而显赫的太师尹氏,人民都望着你。

《孝经》把这句诗引在这里,意在承接上文,强化圣王率先垂范,大臣助君为政的意涵。《王言解》:"孔子曰:'昔者,帝舜左禹而右皋陶,不下席而天下大治。'"这正是儒家所推崇的"无为而治",也称"垂拱而治"。《诗经·小雅·节南山》中描述的周太师尹氏助君行化,为人模范,故而人皆瞻之的情形,也是此意。

这里引的《诗》与他章不同,他章是从正面来赞美的,此处用反面典型的师尹来警世人。身居高位者,在"孝治天下"中本应该做出表率,然而尹氏却在那里为非作歹,因此遭到民众的反感、警惕。此处引用诗句着重强调"民具尔瞻",实际上是正话反说。古人引书常出现断章取义的情况。

本章要点提示

第一,指出孝道践行要"上应天地,下顺民心"。人生天地之间,禀天地之气节,人所效法的,正是"天之经""地之义"。孝,乃百行之首,也是人之常德。孔子强调:孝道,犹如天有日月普照,四时运行,泽被万物;犹如地有广阔沃野,承载万物,哺育万物。人从天的法则中领悟到父亲般的慈爱,又从地的法则中领悟到母亲般的柔顺,从而以孝道为自身的法则,并在行动

《孝经》现代解读

上自觉地遵循它。

第二，指出孝道教化要"顺应规律，施以政教"。孔子强调，天地的法则，是生于其间的民众效法的准则。遵循天的日夜运行去劳动、休息，利用地的有利条件去耕耘、收获，应顺应天地的自然规律对天下民众施以政教。因此，这样的教化不必严肃惩戒就可以成功，这样的政治不必严厉推行就可以治理。

第三，指出孝道推行要"先王率下，大臣助君"。孔子指出，从前的贤明君王看到通过教育可以感化民众，形成良好风俗。所以，他首先以博爱之心孝敬父母、恩泽天下，因而民众也不会遗弃他的双亲；他带头宣扬陈述道德礼义，因而民众就兴起而实行；他率先以恭敬和谦让待人处世，因而民众就不会相互争斗；他用礼乐去教化和引导，因而民众就会和睦相处；他明确地告示什么是美好的行为、什么是丑恶的行为，因而民众就知道什么是可以做的、什么是不能做的，就不会去触犯禁令了。这里的"先之"，是圣王身体力行，率先垂范之意；"陈之""导之""示之"，都含有大臣助君为政之意。

拓展阅读

曾国藩"三省吾身"

曾国藩（1811—1872），初名子城，字伯涵，号涤生，谥文正，湖南省长沙府湘乡县人。晚清重臣，湘军的创立者和统帅者。清朝军事家、理学家、政治家、书法家，文学家。兄妹九人，曾国藩为长子。祖辈以务农为主，生活较为宽裕。祖父曾玉屏虽文化水平不高，但阅历丰富；父亲曾麟书为塾师秀才。作为长子长孙的曾国藩，自然得到二位先辈的伦理教育了。

中国传统的主流文化对大成功有一个评价体系，那就是立功（完成大事业）、立德（成为世人的精神楷模）、立言（为后人留下学说）"三不朽"之说，而真正能够实现者却寥若晨星，曾国藩就是其中之一。曾国藩有大功劳，有大德行，有大文章，实现了"修身、齐家、治国、平天下"的事业。

曾国藩把修身作为日常很重要的一个部分。对自己的人生修炼，总结了五个字。第一个字是诚，诚实、诚恳，为人表里一致，自己的一切都可以公之于世；第二个字是敬，所谓敬就是敬畏，人要有畏惧，人不能无法无天，

第二章 《孝经》的元典解读

表现在内心就是不存邪念，表现在外就是持身端庄，严肃有威仪；第三个字是静，是指人的心、气、神、体都要处于安宁放松的状态；第四个字是谨，指的就是言语上的谨慎，不说大话、假话、空话，实实在在，有一是一，有二是二；第五个字是恒，是指生活有规律、饮食有节、起居有常。

这五个字的最高境界是"慎独"，就是人应该谨慎地对待自己的独处，也就是在没有任何监督的情况下，都要按照圣人的标准，按照最高准则来对待。这是修身的最高境界。

曾国藩慎独的手段是记日记，他每天记日记，对自己一天的言行进行检查、反思，对自己在修身方面的不足作检讨。《曾文正公家书》提到，他有一晚做了一个梦，梦到别人得到一笔额外的好处，自己很羡慕；醒来之后对自己痛加指责，说自己好利之心如此严重，做梦居然梦到，这是不能容忍的。中午到朋友家吃饭，席间得知某人获得一项额外收入，心里又是羡慕。他在日记里写道，早晨批判了自己，中午又犯了，真可谓卑鄙下流。可以说，"三省吾身"是曾国藩事业成功最重要的原因之一。

【评点】

古人讲孝，"始于事亲，中于事君，终于立身"，这是儒家修身齐家治国平天下伦理道德的一个重要核心内容。曾国藩遵从"为人之子，安亲为上"的古训，不仅带头事亲至孝、以身垂范，而且反复告诉家人：今人都将学字看错了，若细读"贤贤易也"一章，则绝大部分学问即在家庭日用之间，讲"孝悌"也是大学问。对人有一颗仁爱之心，对长辈孝顺，对子弟关切，对同事友善，对下属爱护，勤于修身，终成一番大事业。

【讨论】

1. 子曰："夫孝，天之经也，地之义也，民之行也。"孔子回答了为什么要行孝。请你也谈谈孝的意义。

2. "其教不肃而成，其政不严而治。"如何能够"其教不肃而成"，而不是"肃而不成"？如何能够"其政不严而治"，而不是"严而不治"？

第八节 《孝治章第八》解读

【原文】

子曰:"昔者明王之以孝治天下也,不敢遗小国之臣,而况于公、侯、伯、子、男乎?故得万国之欢心,以事其先王。治国者,不敢侮于鳏寡,而况于士民乎?故得百姓之欢心,以事其先君。治家者,不敢失于臣妾,而况于妻子乎?故得人之欢心,以事其亲。夫然,故生则亲安之,祭则鬼享之,是以天下和平,灾害不生,祸乱不作。故明王之以孝治天下也如此。《诗》云:'有觉德行,四国顺之。'"

【原文通讲】

本章说明以孝治理天下的道理。孝治,即以孝道治理天下,就能使"天下和平,灾害不生,祸乱不作"。后代夸大"孝治"功能,说"天子孝,天龙负图,地龟出书,妖孽消灭,景云出游"(《太平御览》卷四——引《孝经左契》),已是谶纬家的荒诞之言了。

英明的天子、诸侯、大夫,若能用孝道治理天下国家,便能得到人民的忠心,那才是孝治的本意,也就是不敢恶于人、不敢慢于人的实在表现。"三才章"中孔子揭示孝道的本源,说先王上应天地,下顺人情,以教化世人,本章接着阐述圣明君王以孝而治,因此称为"孝治章"。

一、"子曰……以事其先王",说明天子应该怎样尽孝

子曰:"昔者明王之以孝治天下也,不敢遗小国之臣,而况于公、侯、伯、子、男乎?故得万国之欢心,以事其先王。"《注》:"言先代圣明之王,以至德要道化人,是为(是为:称作)孝理(以孝治理)。小国之臣,至卑(至卑:很低微)者耳。王(君王)尚(尚且)接之以礼(接之以礼:以礼待之),况于五等诸侯?是广敬也。万国,举(表示)其多也。言(说的是)行(施行)孝道以理(治理)天下,皆得欢心(皆得欢心:皆大欢喜),则各以(根据)其职(职位大小)来助祭也。"公、侯、伯、子、男,是周朝分封的五等爵位

第二章 《孝经》的元典解读

名,由周天子分封。

本章一开始就举出古代的典范,历史上的明王"以孝治天下"。"明王"就是圣明之君王。明王自己行孝,因此博爱臣民,这种施爱哪怕是小国使臣也不敢遗漏,更不用说遗忘和疏忽公、侯、伯、子、男了。

"故得万国之欢心,以事其先王。"从浅层上说,是诸侯都来助天子祭祀先王;从深层上说,反映了天子与各诸侯之间和睦、和谐的关系。

这里讲了孝治的过程,那就是以身作则,把孝子之爱延伸出去;也有孝的结果,那就是收获到回馈的欢心、爱心,从而达到上下和睦、举世和谐。这一章提出了"孝治天下"理念,对后世影响较大。

二、"治国者……以事其先君",说明诸侯应该怎样尽孝

"治国者,不敢侮于鳏寡,而况于士民乎?故得百姓之欢心,以事其先君。"《注》:"理国,谓诸侯也。鳏寡,国之微(卑微)者。君(君王)尚不敢轻侮,况知礼义之士乎?诸侯能行孝理,得所统(所统:部下,属下)之欢心,则皆恭事(恭事:恭顺地侍奉)助其祭享也。"

此处由天子之"孝治天下"转而阐述诸侯"孝治其国"。鳏,老而无妻的人。寡,失去丈夫的人。这是说,治理诸侯国的人,对鳏寡这样卑微的、孤苦无依的弱势群体尚且不敢欺侮,何况对于知道礼义的士民呢?所以他们用孝道来治理,就能得到百姓的欢爱之心,而侍奉诸侯的先君。

"以事其先君",同上文所说的一样,也是从帮助祭祀上来说的。诸侯能以孝道来治理其国,则得士民之欢心,因此士民都来帮助诸侯祭祀其先王。这里与前文逻辑一样,从浅层上看,是帮助祭祀;从深层上看,是一国民心的凝聚,上下彼此的融洽。

三、"治家者……以事其亲",说明卿大夫等应该怎样尽孝

"治家者,不敢失于臣妾,而况于妻子乎?故得人之欢心,以事其亲。"《注》:"理家,谓卿大夫。臣、妾,家之贱者。妻、子,家之贵(家之贵:家中地位高)者。卿大夫位以材进,受禄养亲。若能孝理(孝理:以孝道来治理)其家,则得小大之欢心,助(有助于)其奉养。"

此处由诸侯之"孝治其国"转而阐述卿大夫"孝理其家"。《说文》曰:"家,居也。"家是居住的地方。但是"家"在古代还指卿大夫的采地食邑。《论语·八佾》:"三家者以雍彻。"朱熹《四书章句集注·八佾第三》注:"三家,鲁大夫孟孙、叔孙、季孙之家也。"

唐玄宗《注》说,卿大夫治理其家,对于地位较低的仆与妾都不敢有过失,更何况对于尊贵的妻与子呢?所以能够得到人们的欢爱之心,帮助侍奉他们的父亲。

"以事其亲",这里有两层意思,一是生前奉养其亲,二是死后帮助祭祀其亲。卿大夫能以孝道来治理其家,则得家人之欢心,因此家人都来奉养其亲,也帮助诸侯祭祀其亲。这里的逻辑,从浅层上看,是帮助奉养与祭祀;从深层上看,是卿大夫之家能够相处融乐。

关于这里所说的"家",唐玄宗认为是卿大夫之家,也有论者认为此是泛指,不仅是卿大夫,还包括士、平民之家。如吕维祺《孝经本义》云:以此教卿大夫、士、庶人,而治一家者。此也可说通。

四、"夫然……故明王之以孝治天下也如此",说明明王以孝治天下的最大效验

"夫然,故生则亲安之,祭则鬼享之。"《注》:"夫然(表示肯定)者,上孝理,皆得欢心,则存安(存安:活着时安享)其荣,没享其祭。"鬼,指去世父母的灵魂。"生则亲安之,祭则鬼享之":父母在世的时候,安心接受儿女的孝养;去世了之后,成为鬼魂,也乐享子孙的祭祀。这是说,天子、诸侯、卿大夫能够做到上面所说的那些,父母活着时就安泰,父母去世后灵魂也可安享祭奠。

"是以天下和平,灾害不生,祸乱不作。"《注》:"上敬下欢,存安没享,人用(才)和睦,以致太平,则灾害祸乱,无因(缘由)而起。"作,发生。这是说,因为有此层层孝治,所以得到了极大的福应,福者天下和睦太平,应者灾害不发生,祸乱不发生。

"故明王之以孝治天下也如此。"《注》:"言明王以孝为理,则诸侯以下化

第二章 《孝经》的元典解读

（受感化）而行之，故致如此福应（福应：幸福吉祥的征兆）。"此句是说，所以圣明君王用孝道来治理天下，就是这样的。

五、"《诗》云……"，强化国君德行修养的重要意义

"《诗》云：'有觉德行，四国顺之。'"此出自《诗·大雅·抑》，此诗相传是卫武公所作，表面上是写诗自警，其实是讥刺周王不遵行先王法度，朝政昏乱，并劝谏其勤政修德。后人把这一首诗看作铭箴之祖。这里所说的周王，也有不同的说法，《毛诗序》曰："《抑》，卫武公刺厉王，亦以自警也。"或说讥刺周平王。觉，正直，正大。《诗集传》："觉，正大也。"四国，此指天下。这句诗的意思是，国君有伟大德行，天下都来归顺他。

本章要点提示

第一，指出古代圣明的君王怎样尽孝道。这里所说"明王之以孝治天下"，也就是"开宗明义章"中所说以"至德要道"教化世人，这是孝道义理的精髓。圣明之王不敢遗小国之臣，对他们尚能接之以礼，更何况是对待公、侯、伯、子、男呢？这是以礼敬待人的道理，故而能得到万国的欢心。人心换人心，圣明之王以礼敬待人，换来了万国各以其职来助祭他的先王。

第二，指出古代封国的诸侯怎样尽孝道。"治国者，不敢侮于鳏寡，而况于士民乎？故得百姓之欢心，以事其先君。"治国者，指诸侯。治理自己封地的诸侯，即便是对失去妻子的男人和丧夫守寡的女人也不敢欺侮，更何况对待士人和民众呢？所以会得到老百姓的欢心，使他们以同样的孝心侍奉他的祖先。

第三，指出古代乡邑的卿大夫怎样尽孝道。"治家者，不敢失于臣妾，而况于妻子乎？故得人之欢心，以事其亲。"治家者，指卿大夫。治理自己乡邑的卿大夫，即便对自己的仆人和小妾也不敢失礼，更何况对待妻子呢？所以会得到众人的欢心，使他们以同样的孝心侍奉他的父母。

第四，阐释圣明君王以孝治天下的效果。孔子说，如果能像上面所讲的那样，就会使天下的父母在世时安乐地接受儿女的孝养，去世后也能享受到后代的香火祭祀。这样，就可以使天下祥和太平，自然灾害不会发生，人为

的祸乱不会出现。所以，圣明的君王以孝道治理天下就是这样的景象。

总之，先王以身示范，诸侯、卿大夫随之效法，这样上敬下欢，则天下的父母在世时能安享其荣，死后也能享受后人的祭祀。这种"存安没享、人用和睦"的景象，必然会带来天下太平的局面。这都是明王以孝治天下带来的福应。

> 拓展阅读

唐太宗"以民为本"

李世民（599—649），唐代第二位皇帝，高祖李渊次子。唐太宗李世民不仅是唐朝极负盛名的皇帝，也是中国历史上最著名的帝王之一。他在位的贞观时期，成为一代太平盛世，唐太宗也因此被称为一代"明主""英主"。

唐朝时期，农民种地主要是看天吃饭，即"望天收粮"。秉持着"人误地一时，地误人一年"的认识，为了让农民都有饭可吃，唐太宗李世民一向注重农业问题。他曾指出：让百姓从事农业生产，则饥饿寒冷的灾难可以制止；禁绝华丽物品的生产，则赖以获取丰厚物质的农业就会兴盛。

他在位时期，以国家稳定为政策要务，以稳定求发展，居安思危，终使天下大乱之后达到了大治。

李世民不仅将"天地之大，黎元为本"作为自己的治国思想，对晚辈也要求非常严格。《贞观政要·教戒太子诸王》提到，唐太宗自立太子之后，对太子常有教诲。见太子吃饭，跟太子说，凡是耕种、收获等农业劳动都很艰难辛苦，这些活儿全靠农民努力。只有不去耽误他们劳作的时间，才会常有这样的饭吃。看到太子骑马，又说，马能够代替人劳动，只有让它们适时休息，不耗尽它们的气力，我们才能常有马骑。看到太子在弯曲的树下休息，问他："你知道这弯曲的树如何能直立吗？"太子回不知。于是教导他说："这棵树虽然是弯的，用绳约束它之后则可变直。君王有时虽然可能做出一些无道之事，但只要虚心接受谏诤就可以变得圣明。这是傅说讲的道理，可以对照自己的行为进行鉴戒。"

第二章 《孝经》的元典解读

【评点】

　　唐太宗乃一代明君，开创了"贞观之治"。这个时代，正如孟宪实教授所描述的：同心同德的君臣关系、理智成熟的执政方针、人人胸怀天下的丰沛气概、莫以善小不为的主流价值观。后世君王纷纷效仿，但遗憾的是，很少有皇帝能够达到此种境界。"贞观之治"作为中国历史上少有的繁荣盛世，出现在李世民治理时期绝非偶然。李世民居安思危，任用贤良，虚怀纳谏，实行轻徭薄赋、减轻刑罚的政策，并且进行了一系列政治、军事改革，终于促成了社会安定、生产发展的繁荣景象，同时他坚持以民为本、以人为镜、以才为贵、以诚待人、以礼警人，这是他能大得臣民之心、造就封建时代罕见的君臣同心同德关系的重要原因。

【讨论】

1. "以孝治国"对现代社会精神文明建设有何启示？
2. "孝理其家"对现代家庭建设有何启示？

第九节 《圣治章第九》解读

【原文】

　　曾子曰："敢问圣人之德，无以加于孝乎？"子曰："天地之性，人为贵。人之行，莫大于孝。孝莫大于严父，严父莫大于配天，则周公其人也。昔者，周公郊祀后稷以配天，宗祀文王于明堂，以配上帝。是以四海之内，各以其职来祭。夫圣人之德，又何以加于孝乎？故亲生之膝下，以养父母日严。圣人因严以教敬，因亲以教爱。圣人之教，不肃而成，其政不严而治，其所因者本也。父子之道，天性也，君臣之义也。父母生之，续莫大焉。君亲临之，厚莫重焉。故不爱其亲而爱他人者，谓之悖德；不敬其亲而敬他人者，谓之悖礼。以顺则逆，民无则焉。不在于善，而皆在于凶德，

《孝经》现代解读

虽得之，君子不贵也。君子则不然，言思可道，行思可乐，德义可尊，作事可法，容止可观，进退可度，以临其民。是以其民畏而爱之，则而象之。故能成其德教，而行其政令。《诗》云：'淑人君子，其仪不忒。'"

【原文通讲】

本章阐述圣人以孝治天下的道理。圣治，圣人之治，即圣人对天下的治理。此处所说明堂祭祀制度，与其他儒家经典不全相合，在各朝制定礼仪制度时或依据《孝经》之说，如晋武帝太康十年（289年）就颁诏按《孝经》制定祭祀天地及配祀制度（《宋书·礼志》三）。《孝经》影响由此可见一斑。

孔子回答了曾子又一个疑问：圣人的德行中有没有超过孝的？曾子听到孔子讲明王以孝治天下而天下很容易实现和平以后，再问圣人之德有没有更大于孝的。孔子因问而说明圣人以德治天下，没有再比孝道更大的了。圣人之治天下，以出自人类天性的孝道，感化人民，所以德教能够成功，政令能够顺利推行。孝治主德，圣治主威，德威并重，方成圣治，列为第九章。

一、"曾子曰……莫大于孝"，说明孝德的地位："人之行，莫大于孝"

曾子曰："敢问圣人之德，无以加于孝乎？"《注》："参闻明王孝理以致和平，又问圣人德教更有大于孝不。"敢，谦辞，冒昧的意思。加，超过的意思。这是说，冒昧地问，圣人的道德就没有超过孝的吗？这是听了孔子对孝的阐述以后，曾子产生的疑惑，也是很多人的疑惑，于是孔子作了进一步剖析。

子曰："天地之性，人为贵。人之行，莫大于孝。"《注》："贵其（在于人）异于万物也。孝者，德之本也。""天地之性，人为贵"：天地万物所禀赋的性，以人为最尊贵。性，指万物得诸自然的禀赋。天地万物之性中，只有人是和其他物性不同的，是最尊贵的。比如说，人不是被动地活着，而是主动地创造世界。再说，在孔子看来，正因为孝是德行之本，所以人的行为，没有比孝道这一根本更重大了。

第二章 《孝经》的元典解读

二、"孝莫大于严父……则周公其人也",说明周公的显要:"配天之礼,始自周公"

"孝莫大于严父,严父莫大于配天,则周公其人也。"《注》:"万物资始(资始:借以发生、开始)于乾(天),人伦资(以)父为天,故孝行之大,莫过尊严(尊严:尊敬)其父也。谓父为天,虽无贵贱,然以父配天之礼,始自周公,故曰'其人也'。"严父,有两个意思。一是指父亲,常与慈母对称,因为父严而慈母。古时尊称父亲为"严君",也单用"严"称之。二是尊称的意思。严,敬也。《礼记·学记》:"凡学之道,严师为难。"本章是指第二个意思,即尊敬、崇敬、尊崇父亲。

配天,有两个意思。一是与天相配,相比。比如《礼记·中庸》:"高明配天。"圣人功业高明,与天同功。二是指帝王祭祀天时以祭祀先祖来配祭。《礼记》称万物本于天,人本于祖。俱为其本,可以相配,故王者皆以祖配天。本章就用这一意思。最后指出,"则周公其人也",指周公就是这样实行孝道的,以父配天之礼。

孔子这几句话的意思是说,孝没有比尊敬父亲更重大的了。对父亲的尊敬,没有比在祭天时以父祖先辈配祀更加重要的了,周公就是那样的人。

三、"昔者,周公郊祀……又何以加于孝乎",说明祭祀的隆重:"严配之礼,圣治尽孝"

"昔者,周公郊祀后稷以配天,宗祀文王于明堂,以配上帝。是以四海之内,各以其职来祭。夫圣人之德,又何以加于孝乎?"这段话比较难理解,需要疏通,其中有一些历史、人物、词语要简单解释一下。

1.周公。姓姬,名旦,亦称叔旦,是周武王姬发之弟。因其采邑在周(今陕西岐山),故称为周公。他曾经帮助武王灭商。武王死后,成王年幼,由他来摄政。他曾平息三监之乱。他还建立了周朝的典章制度,从政治上思想上加强了统治。孔子对他非常赞扬,尊崇他为理想的政治家。

2.郊祀。《注》:"郊,谓圜丘祀天也。周公摄政(摄政:代国君处理国政),因行郊天之祭,乃尊始祖以配之也。"郊祀,指古代帝王每年冬至时在国都郊外建圜丘作为祭坛祭祀天帝。

3. 后稷。《注》："后稷，周之始祖也。"传说由邰氏之女姜嫄踩踏巨人脚印怀孕而生，因一度被弃，故名弃。善于种植各种粮食作物，曾在尧舜时代做农官，教民耕种。周公郊祀时，因为尊崇周代始祖，而让稷来配享祭祀。

4. 宗祀。指聚宗族而祭。

5. 文王。此即周文王，姬昌。商纣时期，他为西伯，亦称伯昌。曾被商纣王囚禁于羑里，后得释归，益行仁政，天下诸侯多归之。

6. 明堂。《注》："明堂，天子布政之宫也。周公因祀五方上帝于明堂，乃尊文王以配之也。"指古代帝王宣扬政教的地方，凡教会、祭祀、庆赏、教学等大典，均在其中举行。《礼记·祭义》："祀乎明堂，所以教诸侯之孝也。"

7. 各以其职来祭。《注》："君行严配（严配：祭天时以先祖配享）之礼，则德教刑于四海。海内诸侯，各修其职来助祭也。"这意思是说，正因为周公尊崇祖先后稷、文王，有配天享祭的德行，于是其德教成为四海的典范；周王祭祀的时候，各地诸侯也均按照规定的职责进贡方物，来帮助祭祀。《周礼·秋官·大行人》记载由邦畿而外，由近而远，分为"六服"：侯服，进贡祀物；甸服，进贡嫔物；男服，进贡器物；采服，进贡服物；卫服，进贡财物；要服，进贡货物。

孔子这段话的意思是，古代周公将孝道进行了创造性提升，在郊祀上天时，让周代始祖后稷来配享祭祀。周公又创造性地在明堂祭祀五方上帝时，让文王配享祭祀，把孝道推向极致。让祖先"配天"，这就是周公孝文化的一大建设。正因为尊崇祖先、配天享祭之德，所以周公的德教便成为四海的典范，也正是在这样的感召之下，四海之内的诸侯，各修其德，以其职责来助祭。这就形成了一种融洽、亲密且平安的政治与社会的景象。

周公所行"严配"之礼，有如此效果，因此孔子说："夫圣人之德，又何以加于孝乎？"圣人的德行，又有什么超过孝的呢？

四、"故亲生之膝下……其所因者本也",说明政教的推行:"不肃而成,不严而治"

"故亲生之膝下,以养父母日严。"膝下,指在亲人膝下承欢的幼儿时候。严,指肃敬、尊重。这是说,爱还是从膝下孩幼时候就自然产生的,后来渐长渐大知道了事理道义,而对父母的奉养也就日益尊敬。

"圣人因严以教敬,因亲以教爱。"因,凭借、顺应。《注》:"圣人因其亲严(亲严:亲爱和尊敬)之心,敦(劝勉、督促)以爱敬之教。故出以就傅(就傅:从师),趋而过庭,以教敬也;抑搔(抑搔:按摩抓搔)痒痛,悬衾箧枕,以教爱也。"关于这些内容《礼记·内则》里有非常详细的描述,可参见。孔子这是说,圣人依据子女对父母的尊重,而教诲人们要恭敬;依据子女对父母的亲爱,而教诲人们要关爱。

"圣人之教,不肃而成,其政不严而治,其所因者本也。"圣人是顺应众人之心而来制定礼,并推行这种敬与爱的政教的。因此,孔子提出了三个论断:"不肃而成""不严而治""所因者本"。圣人的教诲不需严肃而能成就,圣人的政治不需严酷而能太平。这是因为,他所顺应的是根本,那就是人的孝心。

五、"父子之道……厚莫重焉",说明父子的关系:"天性之常,君臣之义"

"父子之道,天性也,君臣之义也。"《注》:"父子之道,天性之常;加以尊严,又有君臣之义。"孔子这是说,父子之间的道德,是自然的本性,又有君臣之间的道义。

"父母生之,续莫大焉。君亲临之,厚莫重焉。"《注》:"父母生子,传体相续(传体相续:生命延续)。人伦之道,莫大于斯。谓父为君,以临于己,恩义之厚,莫重于斯。"关于父母与子女的关系,又如《周易·家人》:"家人有严君焉,父母之谓也。"父母就是严君,因此古人往往把父子关系推演为君臣关系。

孔子这是说,父母生了子女,延续了后代,没有比这种人伦之道更大的了。父母就像君王亲临,恩义之深厚,没有比此更重要的了。

六、"故不爱其亲而爱他人者……君子不贵也",说明孝行的表率:"悖其德礼,不以为贵"

"故不爱其亲而爱他人者,谓之悖德;不敬其亲而敬他人者,谓之悖礼。"《注》:"言尽(努力做到)爱敬之道,然后施教于人,违此则于德礼为悖也。"

悖,违背、相冲突。悖德,违背仁德。悖礼,违背礼法。这是说,所以不敬爱自己的父母,而去爱其他的人,就称为悖逆道德。不敬重自己的父母,而去敬重其他的人,就称为悖逆了礼。

以上这两句深层意思是说,如果君王连自己都不敬爱其亲人,而要天下的人去施行对亲人的敬爱,那就是有悖于德和礼了。孔子强调做君王的人要先行孝道,做出表率来,然后才能引导下面的官吏,才能教化民众。

"以顺则逆,民无则焉。不在于善,而皆在于凶德,虽得之,君子不贵也。"《注》:"行教以顺人心,今自逆之,则下无所法则(法则:效法)也。善,谓身行爱敬也。凶,谓悖其德礼也。言悖其德礼,虽得志于人上,君子之不贵也。""以顺则逆"一句,是"以之顺天下则逆"的省略。

孔子的意思是,要以教化来顺人心,如今君王自己悖逆而不爱敬亲人,那么民众就没有了准则,而会无所适从,不知应效仿什么。若不能用善行,而用违背道德的手段治理天下,就算一时得志,也会为君子所不齿。

七、"君子则不然……而行其政令",说明君子的作风:"示范人群,推行政教"

"君子则不然,言思可道,行思可乐,德义可尊,作事可法,容止可观,进退可度,以临其民。""君子则不然",《注》:"不悖德礼也。"君子不这样,他们既不"悖德",也不"悖礼"。可,可以、合宜、适宜。容止,威仪。临,面对、监视、统治的意思。

孔子这句话的意思是,君子却不这样,君子做到六个方面:说话思考合乎道德,行为合乎人心,德义合乎尊敬,做事合乎法则,威仪合乎观瞻,进退合乎法度,以此面对他的民众。

第二章 《孝经》的元典解读

君王以此"六事"来治理民众,这"六事"的深意如下。

1. 言思可道,正因为言说思考合乎道德,所以言出而人必定信任。如《注》:"思可道而后言,人必信也。"

2. 行思可乐,正因为行动思考合乎人心,所以人们才会喜悦。如《注》:"思可乐而后行,人必悦也。"

3. 德义可尊,正因为立德行义不违背正道,所以能被尊崇。如《注》:"立德行义,不违道正,故可尊也。"

4. 作事可法,正因为做事、行动得物之所宜,所以能被效法。如《注》:"制作(制作:行为处置)事业,动得物宜,故可法也。"

5. 容止可观,正因为威仪必合规矩,所以被人们观瞻。如《注》:"容止,威仪也,必合规矩,则可观也。"

6. 进退可度,正因为进退动静不越礼法,所以合乎法度。如《注》:"进退,动静也,不越礼法,则可度(效法)也。"

"**是以其民畏而爱之,则而象之。故能成其德教,而行其政令。**"《注》:"君行六事,临抚其人,则下畏其威,爱其德,皆放象(放象:仿效)于君也。上正身以率下,下顺上而法之,则德教成,政令行也。"孔子这是说,因此他的民众敬畏他而又敬爱他,取法他而又效仿他。所以能成就他的道德教化,而推行他的政令。

八、"《诗》云……",说明威仪的重要:"引诗为证,德威并重"

"**《诗》云:'淑人君子,其仪不忒。'**"《注》:"淑,善也。忒,差也。义取君子威仪不差,为人法则。"

此诗出自《诗经·曹风·鸤鸠》。鸤鸠,就是布谷鸟。这诗是赞美一位贵族统治者用心平均专一。朱熹《诗集传》:"诗人美君子之用心平均专一。"淑人,好人、善人。淑,善、好。仪,一说威仪、仪容,一说通"义"。忒,一说差错,或说不疑惑。这句话的意思是,善人君子,他的举止没有差错。

本章要点提示

第一,指出孝是人类行为中最大的德行。"天地之性,人为贵。人之行,莫大于孝。""天地之性"的"性"字，与生养的"生"字同义，"天地之性"，就是天地之所生。孔子这句话的意思是说：在天地所生的万物之中，以人类最为尊贵。人类的行为，没有比孝道更为重大的了。强调德行在人生中之重要。

第二，阐述周公弘扬孝道，治理天下的圣德。孔子说：在孝道之中，没有比敬重父亲更重要的了。敬重父亲，没有比在祭天的时候，将祖先配祀天更为重大的了，而只有周公能够做到这一点。古礼认为，万物资始于乾，人伦资父为天。因此，孝行之大，莫过于尊严其父。以父亲为天，虽然没有贵贱之分，然而，以父配天的礼节，却是从周公开始的。接着，孔子举出了周公施行圣治的具体事例。当初，周公在郊外祭天的时候，把其始祖后稷配祀天；在明堂祭祖时，又把父亲文王配祀天。因为他这样做，所以各地诸侯能够恪尽职守，前来协助他的祭祀活动。孔子因而感叹说："夫圣人之德，又何以加于孝乎？"圣人的德行，又有什么能超出孝道呢？

第三，揭示圣人以孝道教化民众、治理天下的人性根源。孔子认为，子女对父母的敬爱之心，是从小在父母膝下玩耍时就产生了，待到长大成人，便一天比一天懂得了对父母的爱敬。圣人就是依据子女对父母尊敬的天性而教导他们敬的道理，依据子女对父母亲爱的天性而教导他们爱的道理。圣人的教化之所以不必严肃惩戒就可以成功，圣人对国家的管理之所以不必施以严厉粗暴的方式就可以治理好，是因为他们遵循的是孝道这一天生自然的人类本性。说"其所因者本也"，这个本，就是孝。孔子从更加广泛的角度讲述尊崇、敬爱父亲的根由，强调人伦教育一定要在蒙幼之年及早进行，教之则明，不教则昧。

第四，强调家族社会中父子关系的重大意义。"父子之道，天性也，君臣之义也。父母生之，续莫大焉。君亲临之，厚莫重焉。"孔子认为，父亲与儿子之间的亲爱之情，乃是出于人类天生的本性，也体现了君王与臣属之间的义理关系。父母生下儿女以传宗接代，没有比这更为重要的了；父亲对于儿子，既有君王般的尊严，又有慈父的恩爱，没有比这样的恩情更厚重的了。

第五，指出君子鄙视不行孝道、违背德礼的行为。孔子在"天子章"中说："爱敬尽于事亲，而德教加于百姓。"指出天子的孝道就是要把"爱"和"敬"推己及人。天子先对自己的父母尽爱敬之道，然后以上率下，施教于人，这

第二章 《孝经》的元典解读

是顺理。在这一段中,孔子又说:如果天子丢失了对父母的爱敬之心,不爱其亲而爱他人,不敬其亲而敬他人,也就违背了道德和礼义。这就是悖理。"以顺则逆,民无则焉",天子不能身体力行行爱敬之道,而去教化天下之人行爱敬之道,这种悖德悖礼的做法,就是逆行。

第六,正面阐述君子的作为及其治理天下的成效。孔子说,其言谈,必须考虑到要让人们所称道奉行;其作为,必须想到可以使人们高兴;其立德行义,能使人民为之尊敬;其行为举止,可使人民予以效法;其容貌行止,皆合规矩,使人们无可挑剔;其一进一退,不越礼违法,成为人民的楷模。君子以这样的作为来治理国家,统治黎民百姓,所以民众敬畏而爱戴他,并学习其作为。所以君子能够成就其德治教化,顺利地推行其法规、命令。

拓展阅读

郑板桥"责行孝道"

郑板桥(1693—1765),名郑燮,字克柔,号板桥,清朝乾隆时进士。郑板桥一生经历了卖画、从政、再卖画的曲折道路,回到扬州后,以卖画自给,擅长诗词、书画。他的"诗书画"三绝闻名于世,他被后世称之为"扬州八怪"之一。

郑板桥曾官至知县,为官期间,清廉为民,十分痛恨不孝之子。他在做山东潍县知县的时候,为了更多地了解人民的生活状况,经常换上便衣,走出县衙,到各处去察访。

一天,他和他的书童两人来到县城南边的一个村庄,见到一户人家的门上贴着一副对联:

家有万金不算富;

命中五子还是孤。

看样子,这副对联贴上去的时间并不长。郑板桥觉得很奇怪,对书童说:"既不过年又不过节,这家人为什么要贴对联呢?而且对联写得又这么不寻常,其中一定有隐情,我们还是进去看一看吧。"

书童上前敲门,来开门的是一位老人。老人将郑板桥让进屋内,只见老人家家徒四壁，一贫如洗。郑板桥问："老先生，今天家里有什么喜事吗？为何门口贴上了对联？"老人叹一口气，说："敝人姓王，不敢欺瞒先生，今天是敝人的生日，触景生情，便写了一副对联用来自娱自乐，让先生您见笑了。"郑板桥沉吟半晌，好像明白了什么，于是对老人说了几句祝寿的话，便告辞了。

出了老人家门，郑板桥直奔县衙。一回县衙，便命令衙役："来人，把城南村王老汉的十个女婿全部带到县衙来。"衙役答应一声，迅速地去办差了。

书童十分纳闷，问道："老爷，您怎么知道刚才那个王老汉有十个女婿？"郑板桥给他解释说："通过分析他写的对联就知道了。人们平常都把小姐称为'千金'，他'家有万金'，不就是有十个女儿吗？俗话说'一个女婿半个儿'，他'命中五子'，不就是十个女婿吗？"书童一听，恍然大悟。

老汉的十个女婿很快就到齐了。郑板桥好好给他们上了一课，不仅讲了孝敬老人的道理，还规定十个女婿轮流侍奉岳父，让老人安度晚年。最后又严肃地说："你们中如果有谁对岳父不好，本县一定要治他的罪。"

第二天，十个女儿带着女婿都上门来看望老人，还给老人带来了不少衣服和吃的东西。王老汉看到女儿女婿们一下子变得如此孝顺，心里十分高兴，同时也有点莫名其妙，不明白到底发生了什么事，让女儿女婿发生了这么大的变化。一问女儿，才知道之前来过的人就是知县郑大人。

【评点】

孟子说过："天时不如地利，地利不如人和。"以孝治天下，先得了人和，有了人和，自然会有国泰民安。正因如此，古人对于孝道十分重视，表现在不仅对自己父母尽孝，还要推及孝敬之心于他人，而且非孝廉不能为官。在这种孝德感召的氛围中，形成一种人人尽孝的良好社会风气，国家还愁不强盛吗？一个国家没有良好的社会风尚，即使有发达的科学技术，也不是长治久安之道。对于官员来说，孝敬老人，不仅是家事，也是实行德政的重要内容。为官一方，不仅要以身作则，带头敬老，更要像郑板桥那样，责行孝道。

第二章 《孝经》的元典解读

【讨论】

1. 孔子在"圣治章"中特别强调孝的意义："人之行，莫大于孝。"可是，在现实生活中孝行逐步被淡化了，应该如何做？

2. 孔子的又一智慧是，孝的教化是治理社会、国家的一个重要方面。结合本文谈谈"不肃而成""不严而治"的思想境界。

第十节 《纪孝行章第十》解读

【原文】

子曰："孝子之事亲也，居则致其敬，养则致其乐，病则致其忧，丧则致其哀，祭则致其严，五者备矣，然后能事亲。事亲者，居上不骄，为下不乱，在丑不争。居上而骄则亡，为下而乱则刑，在丑而争则兵。三者不除，虽日用三牲之养，犹为不孝也。"

【原文通讲】

本章是讲记录孝子事亲的行为。"纪孝行"，记录孝行的内容，即孝子在侍奉双亲时应当做到的具体事项，此处强调孝子在道德与品行方面的表现，比让父母吃饱吃好的"三牲之养"更为重要，反映了儒家对思想精神的重视。

具体而言，孝子应该做到致敬、致乐、致忧、致哀、致严五项，并戒除骄、乱、争三种恶事。本章所讲的是平日的孝行，有五项当行的，有三项不当行的，以勉学者。

一、"子曰：孝子之事亲也……然后能事亲"，说明孝子事亲应备"五事"

子曰："孝子之事亲也，居则致其敬，养则致其乐，病则致其忧，丧则致其哀，祭则致其严，五者备矣，然后能事亲。"此处所讲的"居致敬""养致乐""病致忧""丧致哀""祭致严"五项，是孔子指出"顺"的道理，这里从

《孝经》现代解读

正面讲孝子的孝行。

1.居则致其敬。《注》:"平居必尽其敬。"居,居住、居处,此指平时的日常的居家生活。则,就、便,下文同此义。致,献出、尽。《说文》:"致,送诣也",有"送达""给予"意。《说文段注》:"送诣者,送而必至其处也。"这第一件事,就是平时家居必尽其敬重。

"孝"中的"敬"最为重要,所以"孝"与"敬"联称为"孝敬"。《说文》:"敬,肃也。从攴、苟。"侍奉父母,要整肃,要恭敬,不能马虎。有意思的是,《二十四孝》的作者,就叫郭居敬。

2.养则致其乐。《注》:"就养(就养:侍奉父母)能致其欢。"这第二件事,是要"孝养",赡养父母就要尽心尽力使他们得到快乐。"养则致其乐"包括两层意思,一是物质上要赡养,二是精神上要让父母高兴,心情愉悦。

奉养父母,包括衣、食、住、行等诸多方面,虽然每家客观物质条件并不一样,每家孝子会有贫富之分、贵贱之别,但是总体标准应该是一致的,那就是"养则致其乐"。有绫罗绸缎、山珍海味,不一定使得父母乐;但有时只是普通衣着、粗茶淡饭照样可以使得父母乐。

3.病则致其忧。《注》:"色不满容,行不正履。"病,疾甚曰病。第三件事,父母生病了,就要尽心尽力为他们分忧解愁。一是治病,尽量减少他们肉体上的痛苦。二是在精神上不断抚慰,尽量减少他们精神上的痛苦。

随着岁月推移,人慢慢衰老,各种疾病就会逐渐出现。父母长辈生病时如何去做,是我们作为子女需要思考和面对的。当父母生病时,要尽其忧虑之情,急请名医诊治,亲奉汤药,早晚服侍,父母的疾病一日不愈,即一日不能安心。

4.丧则致其哀。《注》:"擗踊(擗踊:捶胸顿足)哭泣,尽其哀痛。"这第四件事,父母去世了,操办丧事,要为他们尽其悲哀,终其哀情。

父母去世了,要非常庄严肃穆地来办丧事,"事死者,如事生",子女不仅要怀着悲痛的心情,庄重地办好丧事,更重要的是心怀敬意与悲痛之情,缅怀父母之德,表达哀情、哀思。

5.祭则致其严。《注》:"齐戒沐浴,明发不寐。"所谓"明发不寐",就是由夜里到天明而不睡觉的意思。这第五件事,祭祀父母,要尽心尽力,斋戒、

第二章 《孝经》的元典解读

沐浴以怀念亲人。

古人对祭祀看得很重,要求祭祀肃穆庄重。祭祀庄重的氛围,更能激起后辈的敬畏之心。

"五者备矣,然后能事亲。"《注》:"五者阙一,则未为能(胜任)。"此"五者",如果都具备了,才能说是尽孝了。

二、"事亲者……犹为不孝也",说明孝子事亲当除"三不"

"事亲者,居上不骄,为下不乱,在丑不争。居上而骄则亡,为下而乱则刑,在丑而争则兵。三者不除,虽日用三牲之养,犹为不孝也。"上段是从正面讲孝子的孝行"五事",这里再转为反面来讲述,事亲者当除去"三不"。

1. 居上不骄。《注》:"当庄敬(庄敬:庄严恭敬)以临(上对下曰'临')下也。"这是对身处上位的人来说的,要不骄傲,不可做骄纵之事。"居上而骄则亡",身处上位而骄纵,那么就会灭亡。《礼记·中庸》曰:"居上不骄,为下不倍",即身居高位不骄傲跋扈,身居低位不自暴自弃。身居要职的人最重要的品德是不骄不傲,最难做到的事情也是不骄不傲。无礼为骄,人一旦产生骄慢心理,就会无视礼法、夜郎自大、刚愎自用、放纵己欲,最终骄侈以行己。

2. 为下不乱。《注》:"当恭谨(恭谨:恭敬谨慎)以奉(下对上曰'奉')上也。"这是对身处在下位的人来说的,不要作扰乱之事。"为下而乱则刑",身处在下位而要作乱,那么就会受到刑罚。人若遵纪守法,就可以远离纠纷,保护自己不被恶事缠身。如果滋事生非,破坏集体秩序,肯定会受到相应的惩罚。正所谓"不在其位,不谋其政",在其位行其事,做符合自己社会角色的事情、符合道德法制的事,才是保证自己走得更远的方法。

3. 在丑不争。《注》:"丑,众也。争,竞(争竞)也。当和顺以从众也。""醜""丑"原来是不同的两个字,这里本是"醜"字,即俦、同侪也,是众、众人的意思,现在"醜"字已经简化为"丑"了。这是说,身处在众人中不要做与他人纷争之事,应该和顺从众。"在丑而争则兵",如果居处在众人中而要与他人纷争,那么就可能会遭遇兵械之祸,害及生命。此句意为要学会做一个平和的人,明白进退,这样能让自己活得开心,别人也愿意和你相处，何乐而不为呢？

"居上而骄则亡，为下而乱则刑，在丑而争则兵。"《注》："谓以兵刃相加。"从这里可以看出，以上三者或是招致"亡"，或是招致"刑"，或是招致"兵"，其后果均是使自己身体受到毁坏。这和孝行的基本要求是相违背的，因为孝行的起始，是保护好自己的身体不受毁害。"身体发肤，受之父母，不敢毁伤，孝之始也。"以上三种行为都会招来危险，给父母带来忧愁，这就是不孝。

"三者不除，虽日用三牲之养，犹为不孝也。"《注》："三牲，太牢也。孝以不毁（损害）为先（根本）。言上三事（三事：即'骄、乱、争'）皆可亡身（性命），而不除（去掉）之，虽日致太牢之养，固非孝也。"三牲，指牛、羊、豕（猪），这是特别讲究、隆重的肉食了。但是，"骄""乱""争"不除，即使每天用牛、羊、猪肉来供养父母，仍是不孝，因为父母常为儿女的安全而感到忧虑。

本章要点提示

第一，举出"五事"，从正面要求孝子事亲要尽其职责。"孝子之事亲也，居则致其敬，养则致其乐，病则致其忧，丧则致其哀，祭则致其严，五者备矣，然后能事亲。"孔子认为，孝子对父母的侍奉，在日常闲居时要恭敬，在生活奉养上要使其乐，在父母生病时要忧虑，在父母去世后要悲哀，在祭祀父母时要庄严追思。这五个方面都做得完备周到了，然后才算尽到了孝子侍奉父母的责任。

第二，提出"三不"，从反面要求孝子事亲要避免伤亲。孔子认为，为了尽心侍奉父母双亲，就要时刻牢记身居高位而不骄傲蛮横，身处下层而不为非作乱，在人群中而不与人争斗。身居高位而骄傲自大者势必要遭致灭亡，身处下层而为非作乱者势必要遭受刑罚，在人群中而与人争斗者势必要相互残杀。这三种行为不戒除，虽然天天用牛羊猪肉奉养父母，也还是不孝之人。

孔子在这里告诫天下的孝子们，身居上位要戒除"骄"字，否则就会有危亡之祸；身处下层要戒除"乱"字，否则就会导致刑罚之苦；在人群中要戒除"争"字，否则就会使兵刃加于自身。若此三种行为不戒除，虽然日日

第二章 《孝经》的元典解读

能用三牲奉养父母，终究会给父母带来忧虑，造成伤害。故此孔子说，"犹为不孝也"。

拓展阅读

黄庭坚"亲涤溺器"

黄庭坚（1045—1105），字鲁直，号山谷道人，北宋著名诗人、书法家，官至太史，与苏轼齐名，世称"苏黄"。他不仅是北宋著名诗人、词人、书法家，闻名天下，还是一个大孝子。

黄庭坚为官后，家中生活条件很好。但他认为，对父母的孝心不光是在物质上满足老人的需要，还应在精神上充分尊重老人。

作为当时的名人，与他交往的人大多数都很有地位和名气。但不管什么人到家做客，他都先禀告母亲一声，然后再接待客人，他这样做，就是为了表示对母亲的尊重。客人送来的礼物，他都先拿给母亲看，只要母亲喜欢，就先给母亲留下。

按理说，黄庭坚家中侍婢众多，母亲的生活不用他亲自动手料理。但是，每天办完公事后回家，他都先探望母亲，亲自给母亲端茶倒水。最难得的是每天晚上他都要亲自为母亲倾倒并刷洗便盆，从不让别人代劳，一年四季从未间断过。

有人知道后对他说："你现在已是朝廷命官，老太太有丫鬟服侍，怎么自己还做这些粗活？"

黄庭坚说："如果没有父母，哪里会有我这个人？又哪里会做什么官？羊羔为了报答父母，当父母年老行动不便时，会跪下来用自己的乳汁喂养父母；乌鸦为了报答父母，当父母年老不能外出捕食时，就出去寻找食物，然后口对口地喂到父母嘴里。我这样做，就表示我今天所拥有的一切，都是父母赐给的，并不会因为我地位的改变而改变。"

对方连连点头，赞叹说："您真不愧是个大孝子。一个人既有才华又能孝敬父母，这是天下少有的啊！世间的读书人，都应该向您学习才对。"

【评点】

　　黄庭坚孝顺母亲，不是虚构的传说，而是真正的事实。他的密友苏东坡向当朝举荐黄庭坚的文章中说，黄庭坚"瑰伟之文，妙绝当世，孝友之行，追配古人"。孝顺不是口号，也不是形式，而是一种实际行动，是一种实实在在的内容。黄庭坚亲自为母亲刷洗便盆，虽不惊天动地，但也是一种实实在在的实际行动。虽然他自己的生活环境好了、地位变了，但他一如既往、持之以恒地坚持为母亲刷洗便盆而毫无怨言，这种精神实在难能可贵。对父母的爱是人的天性，是发自内心的，这种感情应该体现在日常的行动上，真正让父母生活得舒适才是。孝心孝行是代代相传的，我们对父母的尽孝，也是对子女的一种言传身教，将来我们也必然会得到子女孝顺的回报。

【讨论】

　　1. 孔子概括的"五事"——"居致敬、养致乐、病致忧、丧致哀、祭致严"有何现实意义？

　　2. 孔子提出的"三不"——"居上不骄、为下不乱、在丑不争"有何现实意义？

第十一节 《五刑章第十一》解读

【原文】

　　子曰："五刑之属三千，而罪莫大于不孝。要君者无上，非圣者无法，非孝者无亲。此大乱之道也。"

【原文通讲】

　　本章讲应当被处以"五刑"的罪行中"不孝"是最大的罪行。五刑，指墨、劓、剕、宫、大辟五种刑法，见《尚书·吕刑》。墨，在额上刺字后，涂

第二章 《孝经》的元典解读

上墨色的刑法；劓，割掉鼻子的刑法；剕，砍断脚的刑法，也称为"刖"；宫，男子割掉睾丸，女子破坏生殖器官的刑罚，一说女子幽闭，囚于宫室；大辟，死刑。

前章所讲，走到敬、乐、忧、哀、严的道路，就是正道而行的孝行。走到骄、乱、争的道路，就是背道而驰的逆行。孔子根据上章所讲的道理再告诉曾子，若违反孝行，应受法律制裁，使人警惕而不敢犯法。这里所讲五刑之罪莫大于不孝，就是讲明刑罚的森严可怕，以教导世人走上孝道的正途。上章讲到骄纵、扰乱、纷争都会触及刑罚，所以此章接着讲这一问题。

一、"子曰……莫大于不孝"，说明不孝是最大的罪行

子曰："五刑之属三千，而罪莫大于不孝。"《注》："五刑，谓墨、劓、剕、宫、大辟也。条（条例）有三千，而罪之大者，莫过不孝。"这是说，应处"五刑"的罪行约有三千条，而其中没有比不孝的罪名更大的了。

"五刑"，古代轻重不同的五种刑罚，据说在虞舜之前就有"五刑"之制。其内容有所差别，但大体上差不多。《尚书·舜典》已有"五刑"之说。墨，是刺破面或额，染上黑色作为标记。劓，是割鼻子。剕，是砍掉腿。宫，是阉割生殖器。大辟，是死刑。郑玄注《周礼·秋官·司刑》谓"五刑"是夏刑大辟、膑辟、宫辟、劓、墨。周时以墨、劓、宫、刖（砍脚）、杀为"五刑"。

"五刑"之"属"，"属"即条款、条目的意思。其数目到底有多少呢？《周礼·秋官司寇》："司刑掌五刑之法，以丽（附着、依附，此按情况施加刑罚的意思）万民之罪：墨罪五百、劓罪五百、宫罪五百、刖罪五百、杀罪五百。"[1] 这些加起来就有二千五百了。再看《尚书·吕刑》："墨罚之属千、劓罚之属千、剕罚之属五百、宫罚之属三百、大辟之罚其属二百，五刑之属三千。"[2] 因此《孝经》里说"五刑之属三千"是有依据的。

孔子鲜明地提出这样的观点：一是"不孝"是犯罪，属罪行；二是"不孝"不仅是犯罪，而且是所有罪行中最大最重的，没有其他罪行能比不孝更大

---

[1] 《周礼》，徐正英、常佩雨译，中华书局2014年版，第769页。
[2] 《张居正讲评〈尚书〉皇家读本》，陈生玺等译解，上海辞书出版社2007年版，第420页。

的了。

二、"要君者无上……此大乱之道也",说明"三无"是大乱之道

"要君者无上,非圣者无法,非孝者无亲。此大乱之道也。"孔子指出社会上的"三无"现象如下。

1. 要君者无上。《注》:"君者,臣之禀命也。而敢要(要挟)之,是无上也。"要挟君王的人无视君上,这就是不忠于君。君臣是上下级关系,君为主,臣要服从命令听指挥,若臣子用武力胁迫国君,或者算计国君,则是有恃无恐、无君臣之义、犯上谋逆的表现,是大不孝,十恶不赦之罪。东汉末年,曹操"挟天子以令诸侯",用皇帝的名义发号施令,群臣只知曹丞相而不知刘皇帝。《论语·宪问》记载的"臧武仲以防求为后于鲁",则属于玩弄智谋,与国君讨价还价这种类型。臧武仲以足智多谋著称,因得罪孟孙氏而逃离鲁国。为了不失去封邑,又偷偷地潜回防邑,然后上书鲁君讨价还价,虽然言语很谦卑,但潜藏要挟之意。明着是上书请求,其实是跟国君作交换。因此孔子说:"(臧武仲)虽曰不要君,吾不信也。"

2. 非圣者无法。《注》:"圣人制作礼乐,而敢非(通'诽')之,是无法也。"非难圣人的人无视法规,这是侮辱了圣人。圣人之所以重要,亦如《疏》所云,是因为古人认为:圣人规模天下法规,法则兆民,敢有非毁之者,是无圣人之法也。圣人,德与天齐,或为先王,有德有位,或如夫子,有德无位。圣人是礼法之源,谤毁圣人,即谤圣法,无法无天,不守规矩。"人不学,不知义",圣人也是明师、榜样,非圣人,就是目无师长,不尊师重道,人不学正道,不走正道,只能下流。

3. 非孝者无亲。《注》:"善事(善事:好好侍奉)父母为孝,而敢非之,是无亲也。"不孝的人无视父母,这是不爱于亲。为人子女当孝顺父母,见别人做到了,会恭敬赞叹,这是人之常情。现在却有人反过来,自己不把父母放在眼里,看到别人行孝,还会妄加非议、贬低别人。这种人,也是对社会的危害。

"此大乱之道也。"《注》:"言人有上三恶,岂惟(岂惟:岂止)不孝乃是大乱之道(开端,先导)。"这"三非",也成了"三恶",而又成了"大乱之

第二章 《孝经》的元典解读

道也"。这就是造成社会大乱的根源。

此段一说刑罚制裁不孝之罪,二说希望世人最好不要走到这个要君、非圣、非孝的歧路上去,如果走上歧路,不仅自己将受到刑罚,更有可能对社会造成危害。所以希望为人子女,都知良向良、爱敬父母,不要一误再误,走到歧途上去。圣人爱人之深,而警告之切,于此可见。

本章要点提示

第一,孔子指出世上罪过没有大于不孝的。孔子指出,五刑所属的犯罪条例有三千之多,其中没有比不孝的罪过更大的了。在中国封建法律中,不孝是一种独立罪名。

第二,孔子指出三种行为是天下大乱的根源。孔子指出,用武力等卑鄙手段胁迫君王的人,是目无君王;诽谤圣人的人,是目无法纪;对行孝的人有非议、不恭敬,是目无父母。这三种人的行径,乃是天下大乱的根源。

孔子提出上述三种人违反孝行,是最大的罪过,其本意是警戒世人。这对于弘扬孝道、形成尊老敬长的社会风尚,有一定积极意义。然而,把"不孝"这个道德层面的问题上升到法律层面,对"不孝罪"动用各种刑罚甚至死刑,却造成了一些不良效果。当代社会从立法上摒弃了这种体现家长集权制的内容,因而现行刑法中没有不孝罪。

现在我们在道德层面倡导孝敬父母,尊老爱幼;在法律层面规定了公民赡养父母的义务。对于不履行赡养义务的,父母可以通过法律渠道诉诸法院,要求支付赡养费。如果父母已丧失生活能力,而子女拒不赡养,导致父母生命受到威胁的,可构成遗弃罪,追究其法律责任。

拓展阅读

淳于缇萦"孝废肉刑"

淳于缇萦,西汉临淄人,是淳于意五个女儿当中最小的一个。淳于意从前当过官(太仓令),后来辞官行医,救死扶伤,替人医病。他精于医术,上门求医的人很多,是一个深受民间尊敬的好医生。

《孝经》现代解读

有一次，有个大商人的妻子生了病，请淳于意医治。病人吃了药，病没见好转，过了几天反而死了。大商人仗势向官府告了淳于意一状，说他错治了病。当地的官吏判他"肉刑"，要把他押解到长安去受刑。

淳于意没有儿子，只有五个女儿。他要被押解到长安的时候，望着女儿们叹气，说："唉，可惜我没有儿子，以至于遇到急难的时候，一个有用的也没有。"

几个女儿都伤心得直哭，只有最小的女儿缇萦又是悲伤，又是气愤。她想："为什么女儿偏没有用呢？"

她提出要陪父亲一起上长安去，家里人再三劝阻也没有用。缇萦到了长安，托人写了一封奏章，到宫门口递给守门的人。汉文帝接到奏章，知道上书的是个小姑娘，倒很重视。那奏章上写着："我叫缇萦，是太仓令淳于意的小女儿。我父亲做官的时候，齐地的人都说他是个清官。这回他犯了罪，被判处肉刑。我不但为父亲难过，也为所有受肉刑的人伤心。一个人被砍去脚就成了残废，被割去鼻子也不能再安上去，以后就是想改过自新，也没有办法了。我情愿成为官婢，换父亲一个改过自新的机会。"

汉文帝看了信，十分同情这个小姑娘，又觉得她说的有道理，就召集大臣们说："犯了罪该受罚，这是无可非议的。但是让他们受罚之后，也应该给他们改过自新的机会，现在惩办一个犯人，在他脸上刺字或者毁坏他的肢体的刑罚怎么能劝人为善呢？你们商量一个代替肉刑的办法吧！"

大臣们一商议，拟定一个办法，改施肉刑为打板子。原来砍去脚的，改为打五百板子；原来判割鼻子的，改为打三百板子。就这样，汉文帝正式下令废除肉刑，缇萦救了她的父亲。

【评点】

孝道的重要表现之一，就是对人的生命的终极关怀。保障自己父母的生命安全，是为人子女的应尽职责。缇萦为了使父亲免遭肉刑并伸张正义，勇敢地向汉文帝请愿。缇萦的至孝之心，不但成功地拯救了父亲，而且使统治者下令废除了残忍的肉刑，使无数人免于因肉刑带来的身心痛苦。孝是一种人伦力量、人性力量、人格力量，汇聚成一种精神力量，具有传承性、感化

第二章 《孝经》的元典解读

力，亘古如斯，即使在愈来愈发达的现代文明社会和遥远的将来亦会如此。

【讨论】

　　孝是扎根于心灵深处的情感。请联系实际谈谈对"罪莫大于不孝"的理解。

第十二节 《广要道章第十二》解读

【原文】

　　子曰："教民亲爱，莫善于孝。教民礼顺，莫善于悌。移风易俗，莫善于乐。安上治民，莫善于礼。礼者，敬而已矣。故敬其父，则子悦；敬其兄，则弟悦；敬其君，则臣悦；敬一人，而千万人悦。所敬者寡，而悦者众。此之谓要道矣。"

【原文通讲】

　　本章进一步阐述第一章中提出的"要道"，指出其实行的途径和成效。广要道，推广、阐发"要道"二字的义理，即进一步讲述为什么说"孝道"是至为重要的道德。这是儒家强调礼乐与孝道的教化作用的一贯思想。《孔传》说："孝行著而爱人之心存焉，故欲民之相亲爱，则无善于先教之以孝也。"

　　《开宗明义章第一》曾提到了"先王有至德要道"，虽举出了"目"，但没有详细阐发，本章则深入解析"要道"，如果能够推广先王的要道——孝道，那么人民相亲相爱，天下和乐。因为这一章是对第一章所举之"目"的引申与解说，于是就名之为"广"，从而称为"广要道章"。当然，"广"字，不仅是对于首章的延伸，还有推广、发扬、广大的意思，那就是将"要道"推而广之，以"要道"来广泛施化。《孝经》的"三广"，即"广要道章""广至德章""广扬名章"均可作如是观。

一、"子曰……莫善于礼",指出了"要道"具体的实行方法

子曰:"教民亲爱,莫善于孝。"《注》:"言叫人亲爱礼顺(以礼顺从尊长),无加(无加:莫过于)于孝、悌也。"孔子说,教化民众彼此亲爱,没有比倡导孝道更好的了。

"教民礼顺,莫善于悌。"教化民众礼顺,没有比倡导敬重兄长更好的了。礼顺,就是礼敬、顺从的意思。又《疏》:"言君欲教民亲于君而爱之者,莫善于身自行孝也,君能行孝,则民效之,皆亲爱其君;欲教民礼于长而顺之者,莫善于身自行悌也,人君行悌,则人效之,皆以礼顺从其长也。"这里特别提出了从君与民之间的关系来看,若想民众对君王"亲爱"与"礼顺",人君必须先做出表率来,自身先行孝悌之道。

"移风易俗,莫善于乐。"《注》:"风俗移易(变),先入(渗入)乐声。变随(变随:变化依从)人心,正由(正由:正直来自)君德(君德:人主的德行或恩德)。正之与变,因乐而彰。故曰'莫善于乐'。"孔子说,要移风易俗,没有比用音乐教化更好的了。他提倡用"乐教"来教化民众,达到民风民俗的转移变化。当然,"乐教"从广义来讲,并非局限于音乐,"乐"是"六艺"之"礼、乐、射、御、书、数"之一,包括音乐、舞蹈、诗歌等在内。中国文化传统特别重视"乐教",如《易经·豫卦》有"先王以作乐崇德"。

《礼记·乐记》中有:"是故治世之音安以乐,其政和;乱世之音怨以怒,其政乖;亡国之音哀以思,其民困。声音之道,与政通矣。"《礼记·乐记》认为"乐"的审美本质就是"和",是自然法则、社会法则之"天地之和"的体现。人们在享受音乐的时候,能够"审声以知音,审音以知乐,审乐以知政,则治道备矣"。这对现代社会治理也有借鉴意义。

"安上治民,莫善于礼。"《注》:"礼所以正(确定)君臣、父子之别(区别),明(明确)男女、长幼之序,故可以安上化(融合)下也。"孔子说,使国家安定、人民驯服,没有比倡导礼敬更好的了。孔子特别重视礼,《论语·颜渊》有"子曰:'克己复礼为仁,一日克己复礼,天下归仁焉。'"克制自己,恢复礼制,这就是仁,一旦这样做了,天下的人就会归顺。

《论语·为政》有:"子曰:'道之以政,齐之以刑,民免而无耻。道之以

第二章 《孝经》的元典解读

德，齐之以礼，有耻且格。'"用政法来引导民众，用刑罚来约束他们，民众虽然免除了犯罪，但是没有耻辱之心。用道德来引导民众，用礼法来约束他们，民众就有耻辱之心，而且能守规矩。在这里孔子对礼的作用的重要性和必要性进行了揭示。

《礼记·曲礼上》还排列了"非礼"的"七不"，阐述了不守礼不遵礼的种种危害与弊病："道德仁义，非礼不成。教训正俗，非礼不备。分争辨讼，非礼不决。君臣上下，父子兄弟，非礼不定。宦学事师，非礼不亲。班朝治军，莅官行法，非礼威严不行。祷祠祭祀，供给鬼神，非礼不诚不庄。""礼"的作用渗透在社会生活的方方面面。

孔子提倡的"礼"与"乐"，是有内在联系的。正如先哲所言"礼所以修外""乐所以修内"。礼、乐是相关联的，必须礼乐并至，内外双修，才能达到各层面人际关系的和谐。

二、"礼者，敬而已矣……此之谓要道矣"，说明了"要道"实施的意义

"**礼者，敬而已矣。故敬其父，则子悦；敬其兄，则弟悦；敬其君，则臣悦。**"孔子在阐述了"四教"之后，再深一层挖掘"礼"的核心含义，即"礼者，敬而已矣"。礼，说到底就是一个"敬"字罢了。因为能遵"礼"，而能有"敬"；因为有"敬"，便能有"悦"，即出现"礼—敬—悦"的因果关系。

再从付出与收获来看：一是子女孝敬父母，也获得了自己内心的喜悦，此所谓"故敬其父，则子悦"。二是弟弟敬顺兄长，自己也获得了内心的喜悦，此所谓"敬其兄，则弟悦"。三是臣子尊敬君王，也获得了自己内心的喜悦，此所谓"敬其君，则臣悦"。

"**敬一人，而千万人悦。所敬者寡，而悦者众。此之谓要道矣。**"《注》："居上敬下，尽得欢心，故曰'悦'也。"此中"一人"是指被他人尊敬的人，如父、兄、君；"千万人"则指子、弟、臣，此举其大数言之，即指子弟臣民。敬一人，而千万人悦，就是敬爱一人而千万人喜悦。由此可推知，被敬重的人属于少数，而因此收获喜悦的人数却众多。这里面就有重要的道理，"此之谓要道也"。"要道"，就在于使家庭因敬爱与喜悦而和谐，社会因敬爱与喜悦而和谐，国家因敬爱与喜悦而和谐。

105

《孝经》现代解读

此章所说的下对上的尊敬,是从一个方面获得的喜悦;而另一方面如第八章说的,是由于"明王之以孝治天下",也获得天下之欢心,这便是"孝治章"所云"故得万国之欢心""故得百姓之欢心""故得人之欢心"。此两章一起联观,可以加深理解。

以上所讲的孝、悌、乐、礼四项,都是教化民众的最好方法。但孝是根本,礼是外表,礼的本质,却是一个敬字。所尊敬的虽然只是少数人,但得到快乐的却是许许多多的人,这就是"要道"。

本章要点提示

第一,孔子指出实行"要道"的途径。"教民亲爱,莫善于孝。教民礼顺,莫善于悌。"孔子认为,教育人民互相亲近友爱,没有比倡导孝道更好的了。教育人民懂礼貌讲和顺,没有比倡导悌道更好的了。强调君王以身作则的作用。君王若能行孝道,则民众自会效仿,亲爱其君。若君王能行悌道,则民众也会效仿,礼顺其长。

"移风易俗,莫善于乐。安上治民,莫善于礼。"孔子认为,扭转不良风气,改变旧的习俗,没有比乐教潜移默化的作用更好的了。安定君王之心,治理一国民众,没有比礼教规范警示的作用更好的了。强调了礼乐在教化和社会治理中的作用。孔子向来以"礼乐"并称,认为二者既有不同功能,又有密不可分的互补关系。"礼"的要义是一个"敬"字,其基本功能是节制人的行为。人要立足于世上,就必须学"礼"。只有这样,才能培养理性的自觉,正确认识世界、认识自身,保持清醒的头脑,抵御各种诱惑,规范自己的言行。"乐"的要义是一个"和"字,其基本功能是陶冶人的情操、提升人的境界。孔子认为,就教化的功能而言,"乐教"是一个人品德养成、人性完善的最高层次。因为音乐起源于人的情感,是人心受到外物刺激有感而发的产物,是人类文化发展到一定阶段的产物,也是人们喜闻乐见的精神产品。它直接作用于人的感觉、情感,然后再深入到人的理性世界。正如孟子所说:"仁言,不如仁声之入人深也。"这就是说,单纯的说教不如音乐能深入人心,后者能产生更为深厚的感动、教育和潜移默化的作用。实际生活也证明,无论是欢快的音乐给人带来的愉悦和振奋,还是悲哀的音乐给人带来的伤感和沉思,

第二章 《孝经》的元典解读

都能深深地打动人心，给人以美的享受。

第二，孔子阐述实行"要道"的显著成效。"礼者，敬而已矣。"意思是说，所谓的礼，也就是敬爱而已。这一句承接上句"莫善于礼"而发。传统社会的礼，是用以正君臣、父子之别，明男女、长幼之序的。礼的内在依据是孝悌，而其表现于外的根本精神，就是一个"敬"字。

"故敬其父，则子悦；敬其兄，则弟悦；敬其君，则臣悦；敬一人，而千万人悦。"依然是强调天子的表率示范作用。这里的"千万人"，是举其一国民众的大数而言之。

"所敬者寡，而悦者众。此之谓要道矣。"这一句，是对本章的归纳总结。意思是说，所尊敬的对象虽然只是少数，为之喜悦的人却有千千万万，这就是把推行孝悌之道和礼乐教化称为"要道"的意义所在。

拓展阅读

老莱子"戏彩娱亲"

老莱子（约前599—约前479），楚国人。春秋晚期著名思想家，"道家"创始人之一。著书立说，传授门徒，宣扬道家思想。遗著有《老莱子》，汉魏时亡佚。有少数言论在《子书》《战国策》等书籍中有所收录。老莱子还是中国历史上著名的孝子。唐代诗人孟浩然曾作诗曰："明朝拜嘉庆，须著老莱衣。"

老莱子生性非常孝顺，对父母体贴入微，千方百计讨父母的欢心。为了让父母过得快乐，老莱子特地养了几只美丽善叫的鸟陪伴父母。他自己也经常引逗鸟儿，让鸟儿发出动听的叫声。父亲听了很高兴，总是笑着说："这鸟声真动听！"老莱子见父母脸上有笑容，心里非常高兴。

老莱子把最可口的食物和最好的衣物、用品，都用来供养双亲。父母生活中的点点滴滴，他都关怀照顾得无微不至，体贴至极。父母在他的照料下，过着幸福安康的生活，家里一片祥和景象。

老莱子虽然已经年过七十，但是他在父母面前，从来都没有提到过一个"老"字。因为上有高堂，双亲比自己的岁数都要大得多。而为人子女的人，

《孝经》现代解读

如果开口说老、闭口言老，那父母不就更觉得自己已经风烛残年、垂垂老矣了吗？更何况，许多人即使年事已高、儿孙成群，也总是把儿女当成小孩一样来看待。

为了让父母能够快乐起来，老莱子经常装出活泼可爱的样子，来逗双亲高兴，可以说是用心良苦。他有一次特别挑了一件五彩斑斓的衣服，在父亲生日那天身着这件衣服，装成小孩的样子，手持拨浪鼓，在父母面前又蹦又跳，逗父母开心。

还有一天，厅堂旁边刚好有一群小鸡，老莱子一时兴起，就学老鹰抓小鸡的动作，来逗双亲高兴。一时鸡飞狗跳，热闹不已。老莱子故意装成非常笨拙抓不住小鸡的样子。看到这番情景，双亲笑得合不拢嘴。温馨的画面，流露出人伦至孝的光辉。

为了让父母在生活上有喜悦的点缀，在日常生活中，老莱子经常会出一些点子，逗父母欢乐。有一次，他挑着一担水，一步一晃地经过了厅堂的前面，突然扑通一声，做了一个滑稽的跌倒动作。此举逗得父母哈哈大笑。老莱子在家里扮演一个快乐的丑角，他没有把自己当成年纪大的人，在父母面前，他永远都像小孩子那样活泼可爱。

【评点】

有人可能会认为老莱子为取悦父母有过分做作之嫌，但其实这是他一片至纯孝心。一个孝顺的孩子，总是会想方设法地让父母察觉不到岁月的流逝、年纪的增长。因为如果连孩子都老了，那父母不就更为年迈了吗？所以，子女万不可嫌弃父母年迈，而应尽好作为儿女的赡养之义务与责任。

【讨论】

孔子所提倡的孝、悌、乐、礼，蕴含着许多宝贵的东西，我们应如何取其合理内核，进行创造性转化与创新性发展，成为现代社会精神文明建设的智慧？

第二章 《孝经》的元典解读

第十三节 《广至德章第十三》解读

【原文】

子曰:"君子之教以孝也,非家至而日见之也。教以孝,所以敬天下之为人父者也。教以悌,所以敬天下之为人兄者也。教以臣,所以敬天下之为人君者也。《诗》云:'恺悌君子,民之父母。'非至德,其孰能顺民,如此其大者乎!"

【原文通讲】

本章旨在进一步说明第一章提出的"至德"的意义,以及实行的途径。本章推广、阐发"至德"二字的义理,即进一步讲述为什么说"孝道"至为高尚的理由,讲君王只有以身作则行孝道,为天下做表率,才能使天下为人子、为人臣者知道孝悌父兄、尊敬君王。

广至德,就是要把"至德"的义理,扼要地提出来,使执政的人,知道"至德"应怎样实行。如果能够推广先王的至德——孝行,那就可以使民心顺从,而感化百姓。上章是说致敬可以悦民,本章是说教民所以致敬。故列于"广要道章"之后,为第十三章。

一、"子曰……敬天下之为人君者也",道出广至德的义理

子曰:"君子之教以孝也,非家至而日见之也。"《注》:"言教不必家到户至(家到户至:到家家户户),日见而语(日见而语:每天面授)之。但(只要)行孝于内,其化(影响)自流(表现)于外。"孔子为什么说君子用孝道来教化,并非要至于每家,并非要每日去见面教诲?因为君子只要行孝于内,就可自然化成之、而流行于外了,这就是榜样的力量、表率的作用、典范的魅力。

"教以孝,所以敬天下之为人父者也。""所以……者",是指"用来……的东西、方法、手段"等。"敬天下之为人父",意思是使天下之为人父的均

109

被敬重。以下句式可以类推之。孔子说,用孝道来教化,那就是用来敬爱天下为人父母的方法。

"教以悌,所以敬天下之为人兄者也。"《注》:"举孝悌以为教,则天下之为人子弟者,无不敬其父兄也。"孔子说,用悌道来教化,那就是用来敬顺天下为人兄长的方法。

"教以臣,所以敬天下之为人君者也。"《注》:"举臣道(臣道:为臣之道)以为教,则天下之为人臣者,无不敬其君也。"孔子说,教化为臣之道,那是用来敬重天下为人君的办法。

二、"《诗》……",引诗证明言非虚说

"《诗》云:'恺悌君子,民之父母。'"《注》:"恺,乐也。悌,易也。义取君以乐易(乐易:和乐平易)之道化人,则为天下苍生之父母也。"此出自《诗经·大雅·泂酌》,歌颂统治者爱护人民,能得到民心。又《毛诗序》:"《泂酌》,召康公戒成王也。言皇天亲有德,飨有道也。"恺,乐也;悌,易也。这里的《诗》是说:和乐平易的君子,是民众的父母。

"非至德,其孰能顺民,如此其大者乎!"这是对《诗》的评论。孔子说,如果不是孝这种最高的德行,那么谁能顺应民心,创造这样伟大的事业啊!

这一章就是希望执政的人实行至德的教化,感人最深,这样推行政治也较容易。若能利用民众自然之天性施行教化,不但人民爱之如父母,而且一切的政教设施,都容易实行。

本章要点提示

第一,孔子指出君子教人以孝,但行孝于内,化流于外。

"君子之教以孝也,非家至而日见之也。"意思是说,君子教人以行孝道,并不是挨家挨户去推行,也不是天天当面去教导。怎样理解这句话呢?唐玄宗作注说:"言教不必家到户至,日见而语之。但行孝于内,其化自流于外。"这里的"内",指朝廷之内;"外",指普天之下。讲孝悌之道一旦发之于朝廷,孝的观念、行为和风俗就能够流行于普天之下。

第二,孔子指出君子教人以孝,靠自身示范,率先行孝。

第二章 《孝经》的元典解读

"教以孝,所以敬天下之为人父者也。教以悌,所以敬天下之为人兄者也。教以臣,所以敬天下之为人君者也。"强调君子教人行孝道,是让天下为父亲的都能得到尊敬。教人行悌道,是让天下为兄长的都能受到尊敬。教人行臣道,是让天下为君王的都能受到尊敬。因此,圣人君子教人行孝,不必家到户至,日见而语之,靠的是以身示范,率先行孝。

拓展阅读

孙思邈"学医疗亲"

孙思邈(581—682),唐代道士,著名医药学家。自幼天资聪慧,人称"圣童"。长大后立志做一名"苍生大医",为老百姓看病。他的主要著作《千金药方》是中国历史上第一部临床医学百科全书,汇集了大量医药学资料,被国外学者推崇为"人类之至宝"。人们为了纪念孙思邈,尊称他为"药王"。

孙思邈出生在一个贫困家庭,父亲是个木匠。七岁时,父亲得了雀目病(夜盲症),母亲患了粗脖子病。看到父母因为疾病而痛苦,孙思邈萌发了当医生治病救人的想法。

有一次,父亲锯木头时,他在一旁看着发呆。父亲问他:"孩子,你是不是也想做木匠?""不,我不做木匠,我要当医生,给您和娘治病。"父亲念他一片孝心,就对他说:"要当医生就得读书识字,我一字不识,不能教你,明天我就带你去拜师。"

第二天,父亲就带着孙思邈去一家药铺当学徒。此后的三年里,他一边学习文化知识,一边学习医术。他勤学好问,经常向医师提问。由于医师根本不懂药理,只凭着经验给人看病,因此对于孙思邈的问题,经常无言以对。医师也感到自己不能满足孙思邈的求知欲望,就对他说:"你聪明好学,我不能耽误你的前程。从这里往北走四十里路,那里有一位名医,是我的舅舅,我推荐你到他那里去学习吧。"

于是,孙思邈又在那位名医那里学习了一年。但这位名医也不知道如何治雀目病和粗脖子病,这使他十分失望。

第二年,孙思邈回到家乡,开始给乡亲们治病。他行医不贪财,对病人非常关心，总是尽自己最大的能力治疗病人。有一次，他治好了一位病人，病人到他家来答谢，得知孙思邈父母的病况，就对孙思邈说："我听说太白山有一位叫陈元的老郎中，能治你母亲的那种病。"孙思邈一听大喜过望，第二天就去太白山拜陈元为师。

在陈元那里，孙思邈学到了治粗脖子病的秘法。可是如何才能治好雀目病呢？孙思邈苦苦思索着。一天，孙思邈问师父："为什么患雀目病的人大多数都是穷人，而有钱人却很少得这种病呢？"陈元想了想，说："你的话很有道理，不妨给病人多吃点肉，看看效果如何。"

孙思邈按照师父的话，让一位患有雀目病的病人每天吃几两肉。但病人吃了一个月，还是没有任何效果。于是他再次翻看大量医书，终于有了重要发现：肝开窍于目。他想，何不让病人吃牛羊肝试试呢？于是，他给病人开了新的药方。结果病人的病很快就好了。

孙思邈马上收拾东西回家，用新的方法给父母治病。很快，父亲的眼睛能在夜间看见东西了，母亲的脖子也恢复了正常。

从此，孙思邈更加刻苦地钻研医药知识，终于成为一代"药王"。

【评点】

《孝经》有："子曰：孝子之事亲也，居则致其敬，养则致其乐，病则致其忧，丧则致其哀，祭则致其严，五者备矣，然后能事亲。"以上五项孝道，在履行的时候，必定要出于至诚。否则，徒具形式，就失去了孝道的意义。孙思邈出于至诚做到了"病则致其忧"，不仅尽了为父母治病的孝心，也成了一代名垂史册的"药王"。孝心可以成为一种动力，给人无限的力量，促使人奋发，激励人前行。过去医疗不发达，所以给父母治病要靠自己摸索，积累经验，才能达到治疗的目的。现在我们有了良好的医疗条件，所以我们对父母最好的报答方式，就是精心照顾好父母，让父母健康安乐生活，平安幸福地度过自己的一生。

第二章 《孝经》的元典解读

【讨论】

1. 现代也行教化，教化如何能"得法"？孔子给我们什么智慧与启示？

2. 子曰："君子之教以孝也，非家至而日见之也。"这里孔子给予我们怎样的教诲与智慧，有何现实意义？

第十四节 《广扬名章第十四》解读

【原文】

子曰："君子之事亲孝，故忠可移于君；事兄悌，故顺可移于长；居家理，故治可移于官。是以行成于内，而名立于后世矣。"

【原文通讲】

本章遥承首章，说明"扬名于后世"的道理。广扬名，推广、阐发首章"立身行道，扬名后世"所说的"扬名"的义理，即进一步讲述行孝和扬名的关系，强调"移孝作忠"的理论。孔传曾说："能孝于亲，则必能忠于君矣。求忠臣必于孝子之门也。"儒家认为，"扬名后世"是"孝"的更高级的标准，它只能与忠君紧密联系才可能实现。

在第一章中，孔子说："立身行道，扬名于后世，以显父母，孝之终也"，把建功立业、光宗耀祖视为孝道的最终体现。对于"扬名"之义，只是简略提及，而没有详细说明，因而在这一章申而论之，以进一步说清楚立身行道、扬名显亲的道理，并定名为"广扬名"，排在"广至德"之后。

一、"子曰：君子之事亲孝，故忠可移于君"，说明"事亲—孝德—忠君"的逻辑联系，以及"移孝可以作忠"的道理

子曰："君子之事亲孝，故忠可移于君。"《注》："以孝事君则忠。"孔子说：一个有道德的人孝敬父母，一定具备爱心和忠诚，必能忠于领导和事业。也

就是说，在家中孝敬父母、友爱兄弟、忠诚于伴侣和料理家务的人，一定是可用的人才。

成语"移孝作忠"即是出于本章，意思就是把孝顺父母之心转移为效忠君王。

二、"事兄悌，故顺可移于长"，说明"事兄—悌德—顺长"的逻辑联系，以及"移悌可以事长"的道理

"**事兄悌，故顺可移于长。**"《注》："以敬事长则顺。"能友爱兄弟，必具备和悦态度，就会把和悦态度转移到长辈和领导身上。

这里谈的都是人性很自然的发展。因为在家里对兄弟恭敬，这种品质内化之后，到社会中去，对待长辈前辈自然也会尊敬。

三、"居家理，故治可移于官"，说明"家理—理德—治官"的逻辑联系，以及"能治家，必能治国"的道理

"**居家理，故治可移于官。**"《注》："君子所居则化，故可移于官（做官）也。"居家理，就是管理家政有条有理。居家过日子，能处理得井井有条，所以在处理公务上，也会办得头头是道。《朱子家训》开篇有："黎明即起，洒扫庭除，要内外整洁；既昏便息，关锁门户，必亲自检点。"处理家政不仅可以锻炼能力，更能培养责任心，这对于个人成长成才是很重要的。

四、"是以行成于内，而名立于后世矣"，说明孝道是由内达外、由近及远、由现在到将来的，德行成于现在，名誉垂于久远

"**是以行成于内，而名立于后世矣。**"《注》："修（修习）上三德于内，名自传于后代。"这是本章的小结。由家内的"三事"，即"事亲孝""事兄悌""居家理"，而由内而外，由家庭至于社会，那么就会变迁、迁移、移用为另种"三事"，即"忠君""顺长""治官。"这便立身于世，且广扬名声了。

孝子有"三事""三德""三移"。"三事"，是"事亲""事兄""家理"，这是从切身环境、从一个家庭的范围说起。"三德"，是"孝""悌""理"。"三移"，是"忠可移于君""顺可移于长""治可移于官"。以孝道来侍奉君王，

第二章 《孝经》的元典解读

那么也就会忠诚;以侍奉兄长的敬顺侍奉尊长,那么也就会顺从;君子居家能够治理而化成之,以此做官也能治理而化成。因此,要"行三事——修三德——成三移"。

孔子的理想,是由内而外,由家庭之内推广到家庭之外,由家至社会至国至天下,其根本在孝,其效果在和。因为孝悌,所以子与父母和谐,弟与兄长和谐,而至于家庭和谐,再至于社会和谐,然后是一国的和谐。

本章要点提示

第一,孝子要"行三事——修三德——成三移"。

子曰:"君子之事亲孝,故忠可移于君;事兄悌,故顺可移于长;居家理,故治可移于官。"君子侍奉父母能尽孝,因而能把这种孝心移作对国君的忠心;侍奉兄长能恭敬,因而能把这种恭敬移作对长辈或上司的顺从;在家庭或家族内部能治理好家政,因而能把这种本领移作从政治国的才能。

第二,孝子要修德行于家内,立功名于后世。

"是以行成于内,而名立于后世矣。"所以君子能够修身齐家于内,也可以功成名就于外,并流传后世。孔子在这里强调了三条,一是以孝事君则忠,二是以敬事长则顺,三是以理从政则治。这三条,都是君子必备的品德。若能修此三德于家庭之内,走向社会以后,就可以忠于君王,敬于长上,治于官场。这样,其美好的名声自然会传于后世,以显父母。这才是孝道的最终体现。

拓展阅读

岳飞"精忠报国"

岳飞(1103—1142),字鹏举,相州汤阴人(今河南省安阳市汤阴县),南宋中兴四将(岳飞、韩世忠、张俊、刘光世)之一,我国历史上杰出的抗金名将。岳飞青年时代,正遇上女真对宋发动大规模掠夺战争,激发了他习武报国、收复故土的强烈愿望。从军后,创立了"岳家军",屡战屡胜,后被宋高宗赵构"特赐死",死时年仅39岁。他死后20年,高宗禅位,孝宗为他平反，谥武穆，后宁宗改谥忠武，追封为鄂王。

岳飞从小就非常孝顺父母，七岁时就能下地帮父亲干农活。有了空闲时间，父亲就会指导岳飞刻苦读书。除了《左传》，岳飞最喜欢读的书是《孙子兵法》。并且他还很喜欢练武功，所以，他的身体非常健壮，18岁时能拉动"三百斤"的大弓。

一天，岳飞听说汤阴县有一位叫周侗的老人，武艺高强，尤其擅长射箭，岳飞就去找周侗，要拜他为师。周侗问他："孩子，你学了箭法想干什么？""奔驰疆场，保卫国家。"岳飞抬起头精神抖擞地回答。周侗见他志向远大，心中十分欢喜，便收了这个徒弟。岳飞在周侗的传授下，很快就学了一手好箭法。后来周侗去世了，岳飞心中十分难过，每个月的初一和十五，他都要准备一些酒肉，到老师坟前去祭奠。他没有钱，就把自己的衣服卖了，好给老师买供品。不过，他并没有把这件事告诉父母。

这一天又到了初一，岳飞来到周侗坟前，先在坟旁射了三支箭，再把供品放在墓前，跪下磕头，十分悲伤。祭扫完毕，他准备回家，一转头，发现父亲就站在他的身后。原来，父亲发现他卖了衣服，就跟随在他身后，看他到底在做什么。父亲问他："你拜过不少老师学艺，为什么独要祭奠周老师呢？"岳飞动情地回答："老师在生前的最后一个月里，把他一生摸索的箭法都传授给了我，希望我能够学有所成，报效国家，他的恩情是我一生都难以忘怀的。"听了岳飞的话，父亲感到十分欣慰，对他说："你已经长大，现在国家面临外敌的入侵，正要用人，你去为国家效力吧。"

母亲听说岳飞要离开家了，心里很舍不得。岳飞看见母亲的神情有些感伤，便对母亲说："孩儿以后不能再侍奉母亲了，请母亲给我背上刺几个字吧！"说完，岳飞脱了上衣跪在母亲面前。母亲含泪在他的背上刺了"精忠报国"四个大字。

岳飞把"精忠报国"作为自己一生处世的准则。岳飞参军后，一直坚持战斗在抗金的最前线，为挽救民族危亡而英勇杀敌。他率领的"岳家军"不畏强敌，独当一面，先后六次与金兵交锋，均获全胜，"岳家军"声威大震。而赵构却重用宠臣主和派代表黄潜善、汪伯彦等人。为了拯救沦陷在敌占区的苦难同胞、把敌人驱逐出境，岳飞不顾自己位卑言轻，上书给赵构，坚决

第二章 《孝经》的元典解读

反对继续向南逃跑,力谏赵构返回汴京,亲率六军北渡黄河,这样将帅一心,一定可以收复中原。这道奏书进呈后,触怒了赵构和黄、汪这些妥协投降派。他们以"小臣越职,非所宜言"的罪名,把岳飞的官职革掉了。闲居三个月后,岳飞难以压抑心中报效国家的强烈意愿,投奔河北路招抚使张所。岳飞慷慨陈词,决心以身许国,消灭敌人,恢复故疆,以报答父老乡亲。从此,岳飞又转战在抗金的战场上,而且越战越勇,"岳家军"的旗帜成了抗金力量的象征。金兵统帅不得不惊呼:"撼山易,撼岳家军难!"

1140年,正当岳飞奋勇前进、胜利在望的时候,宋高宗和秦桧却一心求和,连发十二道金字牌班师诏,命令岳飞退兵。岳飞抑制不住内心的悲愤,仰天长叹:"十年之功,废于一旦!所得州郡,一朝全休!社稷江山,难以中兴!乾坤世界,无由再复!"他壮志难酬,只好挥泪班师。

岳飞回临安后,即被解除兵权,任枢密副使。1142年,宋高宗和秦桧派人向金求和,金兀术要求"必先杀岳飞,方可议和"。秦桧乃诬岳飞谋反,将其下狱。不久,秦桧以"莫须有"的罪名将岳飞毒死于临安风波亭,是年岳飞仅39岁。其子岳云及部将张宪也同时被害。

岳飞善于谋略,治军严明,其军以"冻死不拆屋,饿死不掳掠"著称。在其戎马生涯中,他亲自参与指挥了126仗,未尝一败,是名副其实的常胜将军。岳飞无专门军事著作遗留,其军事思想,治军方略,散见于书信、奏章、诗词等。后人将岳飞的文章、诗词编成《岳武穆遗文》,又名《岳忠武王文集》。

【评点】

岳飞作为我国历史上著名的抗金英雄,其精忠报国的精神深受后人敬佩。岳飞一生俭朴,不置田产,不积私财,不为后代钻营利禄;用兵不拘阵法,审时度势以变制;治军严谨,纪律严明,人称"冻死不拆屋,饿死不掳掠";打仗身先士卒,与士兵共甘苦,从不居功自傲,赢得了历代人民的广泛同情与尊敬。人们在杭州岳飞墓前铸造了秦桧夫妇等四个铁人,造型为双手反剪面向岳坟跪着,墓阙上悬联"青山有幸埋忠骨,白铁无辜铸佞臣",足以表达人们对忠臣的仰慕和崇敬之情以及对奸臣的厌恶和憎恨之感。

【讨论】

1. 如何理解孔子指出的"由内至外"进行人生修养的途径与方法？有何现实意义？

2. 内在修养要做到"三事"，外在奋斗要践行"三移"，此便能够立身于世且广扬名了，此说法你赞成吗？为什么？

第十五节 《谏诤章第十五》解读

【原文】

曾子曰："若夫慈爱、恭敬、安亲、扬名，则闻命矣。敢问子从父之令，可谓孝乎？"子曰："是何言与！是何言与！昔者，天子有争臣七人，虽无道，不失其天下；诸侯有争臣五人，虽无道，不失其国；大夫有争臣三人，虽无道，不失其家；士有争友，则身不离于令名；父有争子，则身不陷于不义。故当不义，则子不可以不争于父；臣不可以不争于君；故当不义则争之。从父之令，又焉得为孝乎！"

【原文通讲】

本章是从另一个角度阐释为臣之道和为子之道。谏诤，对尊者、长者或友人进行规劝。这一章叙述遇到君父有失误时，臣子应当谏诤的道理。本章提出"故当不义，则子不可以不争于父；臣不可以不争于君；故当不义则争之"的原则，体现了其进步因素。姚际恒《古今伪书考》批评这些话"何其径直而且伤于激也"，说它不像《论语》里"事父母几谏，见志不从，又敬不违，劳而不怨"那样，"多少低徊曲折！"并且以此怀疑《孝经》是伪书。不过，这也从另一个侧面证明了它的意义。当封建专制制度确立后，"当不义则争之"的进步原则便不再可能真正去实行了，取而代之的是"君要臣死，臣不得不死；父要子亡，子不敢不亡""天下无不是之父母"之类的说教。

第二章 《孝经》的元典解读

孔子认为，当君王或父亲有过失的时候，臣子或儿子应当站出来谏诤，直言规劝，帮助他们改正错误，才是真正的孝顺。否则，就是陷君、亲于不义。孔子因曾子之问，特别强调谏诤之重要性。前数章所讲的尽是爱敬及安亲之事，对于规劝之道，未曾提及。本章就谏诤一事，专题论列，列为第十五章。

一、"曾子曰：'若夫慈爱……可谓孝乎？'"曾子在这里产生怀疑，向夫子提出了一个问题，也为夫子继续解惑论孝提供话题

曾子曰："若夫慈爱、恭敬、安亲、扬名，则闻命矣。敢问子从父之令，可谓孝乎？"《注》："事父有隐无犯，又敬不违，故疑（怀疑）而问之也。"

若夫，句首语气词，用来引出下文。慈爱，亲爱的意思。慈，一般是指上对下的关爱，但是也可以用为下对上的亲爱，这里就用为儿子对父亲的亲爱、孝爱。《疏》："前章以来，唯论爱敬及安亲之事，未说规谏之道，故又假曾子之问曰：若夫慈爱、恭敬、安亲、扬名，则闻命矣。敢问子从父之教令亦可谓之孝乎？疑而问之，故称'乎'也。"

曾子这句话的意思是，诸如慈爱恭敬，安定父母，立身扬名等，已经听闻夫子的教诲了。冒昧地请问，儿子听从父亲的命令，可以说是孝吗？

二、"子曰：'是何言与……不争于君'"，是孔子举例说明谏诤之重要性：谏诤不但与君父朋友的道德行为有关，且对于天下国家社会人心之影响亦大

子曰："是何言与！是何言与！"《注》："有非（错）而从，成（造成）父不义，理所不可，故再（重复）言之。"孔子对曾子的问题，很有触动，于是很有感触地重复说：这是说的什么啊？这是说的什么啊！从这一话语的重复表述中，可以体会到孔子面对这种理念时的情绪色彩很浓，也许觉得人们误解太深了。

在孔子看来，"父之令"，是不能笼统一概而论的。其中或善或恶，或对或错，或道义或不道义，均要分而析之，区而别之，不可笼统对待，不可盲目听从。

《孝经》现代解读

"昔者，天子有争臣七人，虽无道，不失其天下。"孔子接着从五个层面谈这个问题，先从最高贵的天子说起。争臣，即"诤臣"，谏诤之臣。无道，不行正道，做坏事，多指暴君或权贵者的恶行；也指社会政治纷乱、黑暗。

这是说，从前天子有谏诤之臣七人，天子即使不行正道，但是还不会失去天下。这就是因为谏诤之臣在起作用，而且还不是一两个臣子，是一个谏诤的团队在集体起作用。从下文看，随着地位与权力的递减，谏诤之臣的人数也在递减，所以地位越高、权力越大、管理越广的，越是需要强大的监督机制。

"诸侯有争臣五人，虽无道，不失其国。"这是说，天子之下的诸侯，有谏诤之臣五人。有了这些谏臣，诸侯即使不行正道，还是不会失去他的诸侯国。

"大夫有争臣三人，虽无道，不失其家。"家，指大夫统治的地方。意思是，诸侯之下的大夫需要有谏诤之臣三人，大夫即使不行正道，还是不会失去他的封邑。

唐玄宗《注》："降杀以两，尊卑之差（差别）。'争'谓'谏'也。言虽无道，为（因为）有争臣，则终不至失天下、亡家国也。"谏臣削减的人数，每一层级为两人，比如由天子的七人至诸侯的五人，再由诸侯的五人至卿大夫的三人，这里体现了一个尊卑的差别。同时指出，即使是无道者，因为有了谏臣，就可以挽救"失天下""亡家国"的悲惨命运。这可以看到谏诤所具有的重大意义与价值。

"士有争友，则身不离于令名。"《注》："令，善也。益者三友，言受忠告，故不失其善名。"益者三友，指有益的朋友有三种，即正直的（友直）、宽容的（友谅）、见多识广的（友多闻）。语出《论语·季氏》："友直，友谅，友多闻，益矣。"

争友，即"诤友"，能直言规劝的朋友。令名，美好的声誉；令，善，美好。此句意思是，士有谏诤的朋友，那么自身就不会失去美好的声誉。

"父有争子，则身不陷于不义。"《注》："父失（错）则谏，故免陷于不义。"

争子，即"诤子"，能直言劝谏父亲的儿子。此句的意思是，父亲身边有能劝谏的儿子，那么自身就不会做出不义之事。

"故当不义，则子不可以不争于父；臣不可以不争于君。"《注》："不争，

第二章 《孝经》的元典解读

则非忠孝。"

上句两个"争",均通"诤"。孔子总结说,所以面对不合道义的,那么儿子不可以不向父亲劝谏,臣子不可以不向君王劝谏。如果"不争",那就不是孝子,不是忠臣。

三、"故当不义则争之……又焉得为孝乎",重复慨叹,以提醒世人不要轻视本章谏诤之意

"故当不义则争之。从父之令,又焉得为孝乎!"最后,孔子回到曾子的问题。孔子说,所以面对不道义的就要劝谏;完全听从父亲之命令的,又哪里能算是孝呢?

《荀子·子道》记载,鲁哀公问孔子:儿子听从父命,是否就是孝?臣子听从君命,是否就是忠贞?连问三次,孔子没有回答。从朝廷出来以后,孔子用这个问题来问子贡。子贡认为,这就是孝与忠贞。孔子批评他:小人啊!你不懂啊!国家一定要有敢于谏劝的大臣,才不会有颠覆的危险。父亲一定要有敢于谏劝的儿子,才不会做出无礼的事情来。儿子一味听从父亲、大臣一味听从君命,怎么是孝与忠贞呢?要审查分析啊!

《论语·里仁》有云:"子曰:'事父母几谏。见志不从,又敬不违,劳而不怨。'"就是说父母有错时,可以委婉地批评。这也是一种进谏的智慧。

孔子非常重视"谏诤"。《孔子家语·辩政》:"孔子曰:忠臣之谏君,有五义焉:一曰谲谏,二曰戆谏,三曰降谏,四曰直谏,五曰风谏。唯度主而行之,吾从其风(讽)谏乎。"谲谏,是委婉地进谏。戆谏,是刚直地进谏。降谏,是和颜悦色、平心静气地进谏。直谏,是直截了当地进谏。风谏,指态度与言辞委婉,并用拟喻、暗示、旁敲侧击的方法进谏。孔子还说,在进谏的时候,要揣摩君王的心态,选择进谏方法,他自己遵从风谏。

本章要点提示

第一,孔子指出如身边有谏臣时,要接受劝谏,可保自身平安。

"昔者,天子有争臣七人,虽无道,不失其天下;诸侯有争臣五人,虽无道,不失其国;大夫有争臣三人,虽无道,不失其家。"从前,假如天子身边

《孝经》现代解读

有七位直言相谏的诤臣，那么，即使他无道，有诤臣规劝他改正错误，也不会失去他的天下；假如诸侯身边有五位直言相谏的诤臣，即使他无道，有诤臣规劝他改正错误，也不会失去他受封的领地；假如卿大夫身边有三位直言相谏的诤臣，即使他无道，有诤臣规劝他改正错误，也不会失去自己的封邑。只有听得进诤言才可保障自身平安。

第二，孔子指出遇不义之事时，要谏诤劝阻，以免陷于不义。

"士有争友，则身不离于令名；父有争子，则身不陷于不义。故当不义，则子不可以不争于父；臣不可以不争于君；故当不义则争之。从父之令，又焉得为孝乎！"就是说，君子有直言劝诤的朋友，自己的美好名声就不会丧失；父亲有敢于直言相劝的儿子，那他也不会做错事，使自己陷于不义之中。因此在遇到不义之事时，如系父亲所为，做儿子的不可以不劝阻他的父亲；如系君王所为，做臣子的不可以不谏诤他的君王。所以对于不义之事，一定要谏诤劝阻。如果只是完全遵从父亲的命令，又怎么能称得上是孝呢？

第三，孔子指出当不义则诤时，要委婉规劝，体现子臣之责。

孔子明确地指出：子之谏父，臣之谏君，自古以来理当如此。"故当不义则争之"，乃是为子者尽孝、为臣者尽忠的体现。从《论语》的相关记载来看，这是孔子一以贯之的思想。《论语·为政》记载，孔子所说的孝就是"无违"，也就是"无违于礼"，要做到"生事之以礼；死葬之以礼，祭之以礼"。孔子还说："孝慈则忠。"儒家关于"忠"的观念是由"孝"的观念迁移而来的。《论语·八佾》记载，孔子所说的忠于君王，是"君使臣以礼，臣事君以忠"。如同"父慈子孝"一样，"君礼臣忠"也是相互的、对等的。这一观点与《孝经》关于"谏诤"的问题联系起来，就更加清楚地看到，把"尽孝"解释为对父亲的绝对服从，把"忠君"解释为对天子的绝对服从，并不是孔子的思想。因此，澄清后世在这一问题上的误读和偏见，是十分必要的。

拓展阅读

魏徵"贤者之风"

魏徵（580—643），字玄成，巨鹿（今河北巨鹿）人，唐初政治家。从小

第二章 《孝经》的元典解读

丧失父母,家境贫寒,但喜爱读书。隋末参加瓦岗军,李密败,降唐。归唐后跟随李建成,为太子洗马。太宗即位后,任谏议大夫。后任秘书监,参与朝政,封郑国公。

魏徵是杰出的谏官代表。他"事有必犯,知无不为",即使是李世民发怒之际,他也敢面折廷争。比如贞观二年(628年),许多地方发生蝗灾,甘肃一县令盗用官粮。李世民闻奏大怒,下令处斩。魏徵认为罪不当斩,三次抗驳诏命。贞观三年(629年),李世民曾下令免除关中地区租税两年,但不久又决定已经缴纳的就从明年算起。魏徵认为朝廷如此出尔反尔,失信于民。因此他不顾唐太宗的震怒,几次拒绝在通告上签字。

由于魏徵的据理力谏,有时居然使李世民产生了近似条件反射般的自觉意识。一次他想去秦岭打猎,车驾行装都已备好却迟迟没有成行。魏徵问起此事,李世民不好意思地说,正是怕你谏阻,所以取消了此行。

常言道,伴君如伴虎。作为谏臣,魏徵先后上疏两百多件,即使是倍加小心,也难免百密一疏,使天子不悦,所以受冷遇、遭训斥甚至被威胁杀头的事也是常有的。可他仍坚持自我。其原因在于他自己虽然身居高位,但是却能做到一身正气,两袖清风。正因为如此,当他被人嫉妒、被冤枉结党营私时,他能心地坦然,神色不变。李世民捎话让他注意检点言行,免得别人议论。他说,如果只顾注意言行细节而不主持公道,那么国家的兴亡就很难说了。还有人说他奉事过的三个主子都先后灭亡了,挑拨唐太宗不要重用他。李世民则反驳说,那并不是魏徵的错,而是因为三人未能正确使用魏徵。

魏徵曾多次劝告李世民要时刻牢记隋亡的教训,戒奢倡俭,而他自己就是这方面的典范。

魏徵在朝为官二十多年,被封为郑国公,赐位特进。举朝上下能享受到此等待遇的也没几个人。但令人难以置信的是,他的家居然简陋得连间接待宾客的正厅都没有。李世民前来探视病中的魏徵时也感到吃惊,慨叹偌大繁华京城里的国公府第居然如此简朴。

643年,魏徵病逝。唐太宗很难过,他流着眼泪说:"人以铜为镜,可以正衣冠;以古为镜,可以知兴替;以人为镜,可以知得失。魏徵没,朕亡一镜矣!"这堪称对魏徵人生价值的最佳注释。

《孝经》现代解读

李世民十分怀念魏徵，要赐其一品仪仗。身穿一袭旧粗布短衣的魏徵之妻谢绝道：魏徵一生俭朴，如此厚葬非其生前所愿。可见对于戒奢以俭的主张，魏徵不只是说给皇上听的，而且自己身体力行。

【评点】

唐太宗李世民为一代明君，大度容人，听得进逆耳忠言，成就了一代良臣魏徵；魏徵以事天下高于事一人，誓言只做利国利家的良臣，不做自毁身家又陷君不义的"忠臣"，于是他成就了一代明君李世民。魏徵与李世民是封建社会中罕见的一对君臣：魏徵敢于直谏，多次拂唐太宗之意，而唐太宗竟能容忍魏徵"犯上"，所言多被采纳。因此，他们被称作自古少有的理想君臣。魏徵不仅是一个敢于犯颜直谏的良臣，也是一个学富五车的历史学家，是一个有着自己独特理念的政治理论家。魏徵认为老百姓是水，水既能载舟也能覆舟，还主张"任贤受谏""薄赋敛、轻租税""兼听则明、偏信则暗"等，直到今天，这些都是政治家们必记的格言。

【讨论】

1. 读了此章后，你对孔子论孝有何体会？
2. 孔子"执古御今"，我们从中可以获得哪些借鉴？

第十六节 《感应章第十六》解读

【原文】

子曰："昔者，明王事父孝，故事天明；事母孝，故事地察；长幼顺，故上下治。天地明察，神明彰矣。故虽天子，必有尊也，言有父也；必有先也，言有兄也。宗庙致敬，不忘亲也。修身慎行，恐辱先也。宗庙致敬，鬼神著矣。孝悌之至，通于神明，光于四海，无所不通。《诗》云：'自西

第二章 《孝经》的元典解读

自东,自南自北,无思不服。'"

【原文通讲】

本章说明孝悌可以感通神明的道理。这里指孝悌之道,可以通于天地之神,神明受到感动而降下福祐。董仲舒在《春秋繁露·五行对》中即用"木火土金水"五行模式来讲孝;东晋元帝作《孝经传》说,孝"能使甘泉自涌,邻火不焚;地出黄金,天降神女,感通之至,良有可称"。受此影响,历代孝行感动神鬼,天降灵验的迷信故事不计其数。"感应章",古文本及石台本皆作"应感章"。

天子以孝事父母,祭祀天地,则神明感其至诚,而降福佑,天下人也都心悦诚服。也就是说明孝悌之道,不但可以感人,而且可以感动天地神明。中国古代哲学,即是天人合一,故以天为父,以地为母。人为父母所生,即天地所生,所以说有感即有应。此章证明孝悌之道无所不通。此章紧接上一章,是因为上一章论谏诤之事,说君王若能从谏诤之善,必能修身慎行。此章接着说,如能做到这样,也必定能致感应之福分,故列于第十六章。

一、"子曰:'昔者……神明彰矣'",说明孝悌感通天地

子曰:"昔者,明王事父孝,故事天明;事母孝,故事地察。"《注》:"王者父事天(父事天:事天如同事父),母事地,言能敬事(敬事:恭敬侍奉)宗庙,则事天地能明察也。"明王,圣明君王。《孝经》中"先王""明王"意思大致相同,不过略有分别:"先王""明王"都是圣明之王,"先王"偏重在时间上的久远上。

"事父孝,故事天明"意为能够孝顺地侍奉父亲,也就能够虔敬地侍奉天帝,祭祀天帝,天帝能够感受,能够明了孝子的敬爱之心。"事母孝,故事地察"意为能够孝顺地侍奉母亲,也就能够虔敬地侍奉地神,祭祀地神,地神能够感受,能够清楚孝子的敬爱之心。《周易·说卦》云:"乾为天……为父。""坤为地,为母。"因此古人认为,事父之孝道通于天,事母之孝道通于地。这里把孝父与上天相连,把孝母与大地相连,从侍奉父母推演到通于天地之道的认知。

"长幼顺，故上下治。"《注》："君能尊诸父，先诸兄，则长幼之道顺，君人之化（君人之化：君对民的教化）理（不乱）。"这就是说，明君能使长辈与晚辈关系和睦，所以上上下下太平无事。

"天地明察，神明彰矣。"《注》："事天地能明察，则神感至诚而降福祐（福祐：幸福和护佑），故曰'彰'矣。"神明，天地间一切神灵的总称。《周易·系辞下》："阴阳合德，而刚柔有体，以体天地之撰，以通神灵之德。"万物变化，或生或成，是神明之德。彰，彰明、彰显的意思。

这是说，侍奉天地，神明会感应他的至诚，而降福佑，显现功能。这种神明显现的现象，福祐的彰显，用常见的话来说，就是风调雨顺、国泰民安。又如《疏》云："神明之功彰见（通'现'），谓阴阳和（相安，协调），风雨时（合于时宜），人无疾厉（疾厉：瘟疫），天下安宁也。"

二、"故虽天子，必有尊也……鬼神著矣"，说明孝悌感通神灵

"故虽天子，必有尊也，言有父也；必有先也，言有兄也。"《注》："父谓诸父，兄谓诸兄，皆祖考之胤（子孙后代）也。礼（礼节要求），君（指国君）燕（通'宴'；宴请）族人与父兄齿（依次并列）也。"诸父，如伯父、叔父等。父死，称为"考"；父以上祖先通称为"祖考"。胤，后代、后嗣。君王在宴请族人的时候，均以卑贱与父兄列齿也，就是说尽管是君王，还要排列在父亲之下。

这就是说，即使是至贵的天子，也有比他更尊贵的人，那就是他的父辈；必定有比他先出生的人，那他的就是兄长。孔子要天子行尊父先兄之道。

"宗庙致敬，不忘亲也。"《注》："言能敬事宗庙，则不敢忘其亲也。"此处说，宗庙、祭祀要竭尽恭敬，不要忘记父辈的恩德。孔子要天子行致敬之道。

"修身慎行，恐辱先也。"《注》："天子虽无上（无上：最高）于天下，犹（仍然要）修持（修持：修养和约束）其身，谨慎其行，恐辱先祖而毁盛业也。"此处说，修养自身，谨慎行动，害怕有辱先祖。孔子要天子行修身之道。

"宗庙致敬，鬼神著矣。"《注》："事宗庙能尽敬，则祖考来格（来格：来临。格：至），享于克诚（享于克诚：感受到至诚），故曰著也。"祖考，祖先。

第二章 《孝经》的元典解读

来格,来临的意思。鬼神,指祖先的神灵。鬼神著,指祖先的神灵前来享受子孙诚敬的祭祀。这是说,宗庙祭祀要竭尽恭敬,祖上也正因为孝子的真诚,才会来临享受祭祀。

三、"孝悌之至……无所不通",说明孝悌之至,通达神明

"孝悌之至,通于神明,光于四海,无所不通。"《注》:"能敬宗庙,顺长幼,以极(竭尽)孝悌之心,则至性(至性:天赋的好品性)通于神明,光于四海,故曰'无所不通'。"这句话的意思是,如果孝悌能够达到至极,那么就会感动神明,光辉照耀天下四海,无所不能通达了。

四、"《诗》云……"引诗作证,深化旨意

"《诗》云:'自西自东,自南自北,无思不服。'"《注》:"义取德教(德教:道德教化)流行,莫不服义(服义:服从道义)从化(从化:归从教化)也。"这是说,四方的诸侯,没有谁敢不服从的。意思是服从明王之义,从明王而化之。

此出自《诗经·大雅》,此诗赞美周文王迁丰、周武王迁镐,对周王朝的巩固和发展起到了重要的作用。此片段原作为:"镐京辟雍,自西自东,自南自北,无思不服。皇王烝哉!"意思是,当初武王在镐京建成了太学辟雍,诸侯从四方前来瞻仰,无人敢不服从周王朝。周武王真是个好君王!又古文本《孝经》"自西自东"作"自东自西",可参见前文。

此处引诗以证明人同此心,心同此理,天下之大,无所往而不通的道理。

本章要点提示

第一,孔子阐释孝悌之道与天地神明的关系。"昔者,明王事父孝,故事天明;事母孝,故事地察;长幼顺,故上下治。天地明察,神明彰矣。"这段话的意思是说,从前,圣明的天子,侍奉父亲非常孝顺,所以也能虔诚地奉祀天帝,而天帝也能明了他的孝敬之心;侍奉母亲非常孝顺,所以也能虔诚地奉祀地神,而地神也能洞察他的孝敬之心。他能够使长辈与晚辈的关系和顺融洽,所以上上下下太平无事。天地之神灵受天子之孝行所感,就会显现

《孝经》现代解读

神灵,降下福佑。

第二,孔子阐释孝悌之道与祖宗在天之灵的关系。"故虽天子,必有尊也,言有父也;必有先也,言有兄也。宗庙致敬,不忘亲也。修身慎行,恐辱先也。宗庙致敬,鬼神著矣。"这段话的意思是说,所以,虽然尊贵为天子,也必然有尊于他的人,这就是他的父亲;必然有先于他出生的人,这就是他的兄长。到宗庙里祭祀致以恭敬之意,是没有忘记自己的亲人;修身养性,谨慎行事,是因为害怕因自己的过失而使先人蒙受羞辱。能够做到这些,到宗庙向祖宗表达敬意的时候,他们的在天之灵就会高兴地出来享受,降临福瑞,保佑自己。

第三,孔子强调孝悌之道的神通作用。"孝悌之至,通于神明,光于四海,无所不通。"意思是说,天子能敬宗庙,顺长幼,以至诚之心行孝悌之道,达到极致、圆满,就可以和神明感应相通,他的圣德教化也可以光照四海,普天之下任何地方都可以感应相通。

孔子在阐述了孝悌之事、感应之美以后,引用《诗经·大雅》中的诗句,证明圣德教化无所不通。强调明王圣德教化的感应力量,由近及远,至于四方,无所不在,无所不通。

拓展阅读

曾参"啮指心痛"

曾参,字子舆,春秋时期鲁国人,孔子的得意弟子,世称"曾子",以孝著称。此人品德高尚,孝顺父母。孔子认为他可通孝道,经常和他一起讨论关于孝的问题,为后人留下许多关于孝的言论。曾参学识渊博,曾提出"吾日三省吾身"的修养方法,相传他著述有《大学》《孝经》等儒家经典,后世尊他为"宗圣"。

有一次,他吃过午饭便到山里砍柴去了,他母亲一个人在家里。他刚去不久,家里忽然来了几个客人,当时家里没有什么东西可以用来招待客人。母亲焦急无措,一时不知如何是好。"哎,要是曾参这时候能够回来帮我一下就好了。"她这样想着,并在心里焦急地盼望着儿子的出现。可是等了好长时

第二章 《孝经》的元典解读

间,还不见儿子的身影。情急之中,忽然想到了一个办法,她知道母子的血脉是相通的,于是就用牙齿将自己的一根手指咬破。

果然,曾参在山里就忽然感到一阵心痛,他料想家里一定是发生了什么事情,就急忙挑着柴回家。回到家里,客人还没有走,曾参便帮着母亲招待客人。待客人走后,曾参跪在母亲膝前,请母亲告诉他为什么家里来了客人他会心痛。母亲便向他解释道:"因为客人来了以后,家里没有招待客人的东西,我见你尚未归来,就咬破手指,我想你必定会有感觉,能早点回来,帮助招待客人。"

东汉的王充在《论衡·感虚》中这样记录这一故事:曾子之孝,与母同气。曾子出薪于野,有客至而欲去。曾母曰:"愿留,参方到。"即以右手搤其左臂。曾子左臂立痛,即驰至,问母:"臂何故痛?"母曰:"今者客来欲去,吾搤臂以呼汝耳。"盖以至孝,与父母同气,体有疾病,精神辄感。

东晋干宝在《搜神记》中这样记载:"曾子从仲尼在楚而心动,辞归问母,母曰:'思尔啮指。'孔子曰:'曾参之孝,精感万里。'"此故事在流传中被不断加工,至此出现了"啮指"的细节,而且又将母与子之间的距离隔得更远了。这似乎又太玄乎了一点。因此回过头来再看《二十四孝》中的"啮指心痛",我们可以看到其中一些综合、融合、演化的发展线索。

故事中的"啮指心痛",实际上是一种心灵感应,曾参每每心痛,体现了一种思念之切,骨肉之情。虽传说的方式虽不一,但是心灵的感应是一样的,由于孝子与亲人的"同气",达到的精神上的通感是一样的。后有诗赞曰:"母指才方啮,儿心痛不禁。负薪归未晚,骨肉至情深。"

【评点】

"啮指心痛"的故事,其实就是《孝经》所说的"至孝"而引发的"孝感"。当然这是一种浪漫化的思维方式,然而往其深层看,就是说孝子与亲人的心是时刻连在一起的,彼有所动,此有所感,彼此相互感应。曾子的故事固然有些夸张,但从另一个侧面表现了"母子连心"。骨肉至情之深、孝子至孝之诚,由这一故事彰显出来了。

【讨论】

"孝感"就是孝行的感应。把"孝感"描写成带迷信色彩的超自然神话固然是不可取的。但是，孝道感人情节的教育意义是值得肯定的。针对这一点，请谈谈个人的看法。

第十七节 《事君章第十七》解读

【原文】

子曰："君子之事上也，进思尽忠，退思补过，将顺其美，匡救其恶，故上下能相亲也。《诗》云：'心乎爱矣，遐不谓矣。中心藏之，何日忘之？'"

【原文通讲】

本章说明奉事君王的道理。君，君王。这一章是讲孝子在朝廷侍奉君王时应有的表现。《孝经》论孝，核心却是以孝劝忠，以孝治天下，本章置于"丧亲章"前为压卷之章。《三国志》记载，孙权让严畯背小时候念过的书，严畯背起《孝经》"仲尼居"来，张昭骂他是"鄙生"，说道："臣请为陛下诵之。"他诵的是"君子之事上"。结果，在场的大臣们"咸以昭为知所诵"。可见《孝经》的事上忠君思想深入人心，有学者批判《孝经》乃"变相《忠经》"，是很有道理的。

贤人君子在朝为官，应当忠心事上，图谋国事，然后君臣上下才能够相亲相爱，也就是说明"中于事君"的道理。始于事亲，中于事君，终于立身。所以孔子特别把"事君"列于第十七章。

一、子曰："君子之事上也……故上下能相亲也"，说明事君尽忠的道理

子曰："君子之事上也，进思尽忠。"《注》："上，谓君也。进见于君，则

第二章 《孝经》的元典解读

思尽忠节。"这里的"君子",有的本子作"孝子",阮元《校勘记》认为当作"君子"。上,君上。进,是入朝进用的意思。这是说,君子被任用,奉事君王,就应该思考怎样竭尽自己的忠诚。此为"事君"第一事。

"退思补过。"《注》:"君有过失,则思补益。"《疏》:"若退朝而归,常念己之职事(职事:职务内之事),则思补(弥补)君之过失。""退"与"进"相对,指退朝,或不被君王所任用,或贬职等。思补过,一是君子应当考虑怎样补正君王的过错,二是也应该思考自己有什么过错。此为"事君"第二事。《论语·泰伯》有:"天下有道则见,无道则隐。"天下有道就出来做官,天下无道就隐居起来。

"将顺其美。"《注》:"将,行也。君有美善,则顺而行之。"《疏》:"其于政化(政化:政治与教化),则当顺行君之美道。"顺,顺从、顺因、顺和的意思。这是说,君子顺行君王美好的言行、正确的政策等,也就是说国君有好的行为,则顺而行之。此为"事君"第三事。

"匡救其恶。"《注》:"匡,正也。救,止也。君有过恶(过恶:过错),则正而止之。"《疏》:"止正(止正:阻止与纠正)君之过恶。"上面讲顺从,但是同时也不是一味地盲目顺从,而是还要能匡正君王的过失,补救君王的恶行。此为"事君"第四事。

"故上下能相亲也。"《注》:"下以忠事上,上以义接下,君臣同德,故能相亲(和睦)。"《疏》:"如此则能君臣上下情志(情志:感情志趣)通协(通协:沟通融洽),能相亲也。"这句话的意思是,所以这样做,能使上下互相亲近、亲密。

二、"《诗》云……何日忘之",引诗证明为臣爱君,虽远处异地,都不忘怀

"《诗》云:'心乎爱矣,遐不谓矣。中心藏之,何日忘之?'"《注》:"遐,远也。义取臣心爱君,虽离左右,不谓为远。爱君之志,恒(持久)藏心中,无日暂忘(无日暂忘:天天不忘)也。"

此句出自《诗经·小雅·隰桑》。此诗的主题,《毛诗序》有:"《隰桑》,刺幽王也。小人在位,君子在野,思见君子尽心以事之。"《疏》:"夫子述事君

《孝经》现代解读

之道既已（既已：已完结），乃引《小雅·隰桑》之诗以结之。言忠臣事君，虽复（常）有时离远，不在君之左右，然其心之爱君，不谓为远；中心常藏事君之道，何日暂忘之？"

此诗的意思是，心里确实爱着，为什么不说出来告诉他呢？心中藏着的情感，怎么会忘掉呢？这首诗大致有两层意思：一是写见到君子的愉快心情，二是希望尽心奉事。

引用此诗作为结束语，意在强调臣子忠心事君的必要性。只要心中洋溢着热爱之情，那么，无论在多么遥远的地方，都不会忘记对君王尽忠。

本章要点提示

第一，"进思尽忠，退思补过"，显君子之风。品德高尚的读书人出来做官，奉事君王，上朝进见的时候，要想着如何竭尽忠心为国家效力；退朝在家的时候，要想着如何纠正君王的过失。

第二，"将顺其美，匡救其恶"，建君臣之亲。对君王的美德，要顺应发扬；对君王的错误，要匡正补救。这样，君臣上下才能够相互亲敬。君臣到了这种程度，可谓同心同德，上下一心，国家自然太平。天下之人如能照孔子所指示的方法去事君，那么，不但爱敬之心尽于父母，也尽于治国平天下的责任了。

拓展阅读

季文子"以德华国"

季文子，即季孙行父（？—前568），是春秋时期的鲁国名臣。他在鲁国久执国政，是对鲁国发展具有重要影响的人物。与其在政治上的成绩相比，季文子对自身修养的要求更为后人重视，他也因此被奉为廉吏楷模。

季文子身为鲁国上卿，可以说是位高禄厚，但他却非常注意生活的俭朴，坚持廉洁的操守。他家中的女眷不穿丝绸衣服，厩中的马不喂粮食。

仲孙佗听说他的俭朴生活后，就劝季文子说："您贵为鲁国的上卿，作为国相辅佐过宣公、成公两代国君，可谓富贵至极，以您的资历和地位，可以

第二章 《孝经》的元典解读

生活得很气派，就像别国的国相那样。可是您不让自己的女眷穿丝绸，马不喂粮食，人家会认为您很小气，而且这样做对国家也不光彩啊！"季文子回答说："我也愿意过富裕豪华的生活，但是我看到国内的老百姓，他们的父兄食物短缺、衣衫褴褛的人还很多，因此，我不敢以奢华来炫耀自己。别人的父兄吃粗粮、穿破衣，而我却让自家的女眷衣着华丽，役使的马吃拌了粮食的饲料，这样恐怕不是当国相的人所应该做的吧！而且我听说，君子只有德行和荣誉才能为国争光，没有听说以美妾和肥马来为国增光的。"接着又说："所谓德，就是要于人于己都有所得，这样的德才可以广泛推行，才能使人心悦诚服。若贪图奢侈、沉迷于安逸享乐而不觉悟，怎么能为民表率、管理好国家呢？"仲孙佗听后，惭愧而退。

季文子把仲孙佗的话告诉了他的父亲孟献子，献子就把儿子狠狠地教训了一顿，并且把他关了整整七天。仲孙佗从季文子的言行和父亲的教诲中懂得了两个重要的道理：首先，君子应该俭朴而不是奢华。只有节俭才能磨炼意志，才能成就高尚的情操，才能养廉成德；而奢侈和豪华只会消磨意志而导致损德。能为国家和个人增光的是德行、操守，而不是豪华的生活。其次，地位越高，责任就越重，越要以国家与老百姓为念，要使老百姓生活富裕幸福，从而国家才能富强。而抛开国家与老百姓，只是追求自己一家一己的富裕和幸福，这样只能使国家蒙羞，而不是为国增光。仲孙佗想想自己过去的认知，是多么糊涂、多么令人羞愧啊！从此以后，仲孙佗就身体力行，以季文子为榜样，他的女眷穿的都是粗布衣服，喂马用的都是杂草之类的饲料。季文子听说后，赞许地说："有错能够改正的人，可以受到人们的尊敬。"于是让仲孙佗做了上大夫。

【评点】

季文子以廉洁简朴的形象在诸侯列国中形成了很好的口碑。他大兴节俭之道，为鲁国政治带来了一股清新的风气，并在客观上起到了表率的作用。他的廉洁和节俭正是他忧国忧民之情的外在体现，并因此具有了熏陶和教育后辈的道德力量。季文子生活在"礼崩乐坏"的春秋时代，身处政治斗争旋涡之中，为什么能够做到清廉节俭？关键在于他能够"三思而后行"。对于这一点,孔子曾评论说:"再,斯(或作再思)可矣。"在孔子设坛讲学的过程中,曾以子产、臧文仲等享誉一时的人物说事,季文子也在其中。作为春秋时期的鲁国重臣,季文子注重个人修养,廉洁奉公,不仅在鲁国的内政外交中发挥了重要作用,更为后世树立了一个廉洁勤俭的廉吏楷模,受到后人的赞誉和尊崇。

【讨论】

请分别谈谈"进思尽忠""退思补过""将顺其美""匡救其恶"对现代社会人际关系的指导意义与实践价值。

第十八节 《丧亲章第十八》解读

【原文】

子曰:"孝子之丧亲也,哭不偯,礼无容,言不文,服美不安,闻乐不乐,食旨不甘,此哀戚之情也。三日而食,教民无以死伤生。毁不灭性,此圣人之政也。丧不过三年,示民有终也。为之棺、椁、衣、衾而举之;陈其簠、簋而哀戚之;擗踊哭泣,哀以送之;卜其宅兆,而安措之;为之宗庙,以鬼享之;春秋祭祀,以时思之。生事爱敬,死事哀戚,生民之本尽矣,死生之义备矣,孝子之事亲终矣。"

【原文通讲】

本章说明亲丧时孝子应尽的礼法。丧亲,指父母亡殁。本章讲父母去世,孝子办理丧事和祭祀时应有的表现。其内容只是孝子料理丧事的一些原则和纲要,具体的礼节可参见《仪礼》《礼记》的相关内容。

前书讲了孝子在亲人生前侍奉的情况,生事已毕,故此转而再讲亲人去世后孝的延续。"丧亲"之"丧"而非"死",可见东汉《白虎通义·崩薨》:"丧

第二章 《孝经》的元典解读

者，亡。人死谓之丧。言其亡，不可复得见也。不直言丧，何为？孝子心不忍言。"

为人子女，"生事爱敬，死事哀戚"，这是对父母的孝道，也是《孝经》全书的结论。本章是孔子对曾子专讲慎终追远之事。言父母在世之日，孝子尽其爱敬之心，父母可以亲眼看见，直接享受。父母一旦去世，孝子不能再见双亲，无法再尽敬爱之情。为子女的那种心情，当是何等的哀痛。孔子特为世人指出慎终追远的大道，以传授曾子，教化世人，使知有所取法。

一、子曰："孝子之丧亲也……此哀戚之情也"，说明孝子丧亲后的哀戚状态

孔子这里讲了孝子居丧的"六不（无）"。

子曰："孝子之丧亲也，哭不偯。"《注》："生事已毕，死事（死事：泛指殡殓等善后事宜）未见，故发（开始）此事。气竭而息（气竭而息：哭得闭过气），声不委曲（委曲：委婉）。"《疏》："言孝子之丧亲，哭以气竭而止，不有余偯之声。"

这意思是说，孝子因为丧亲而过度悲哀哭泣，声气将尽，所以哭声已经不能曲折悠长了。偯，是指哭泣的余声曲折悠长。《广韵》："偯，哭余声庡。"偯，又作"悘"。《说文》："悘，痛声也。从心依声。《孝经》曰：'哭不偯。'"这里就引了《孝经》作为例证。

古人对居丧时候的哭声，也依据实际情况从礼仪上来加以规范。《礼记·间传》记载："斩衰之哭，若往而不反；齐衰之哭，若往而反。"斩衰，古代丧服"五服"中最重的，也指最重要的丧事，哭声是声气断而不连续，所谓"若往而不反"。"齐衰"仅次于"斩衰"，哭声是似断而仍微微连续，所谓"若往而反"。此为不同的礼仪规定，这里所说的是"斩衰"之哭。

又《礼记·间传》："大功之哭，三曲而偯。"三曲，哭声有三折。偯，余声从容也。"大功"是一种丧服，用的布是加工过的，颜色较白，质地相对来说比较细，但是比"小功"那种丧服又要粗糙些。凡是为堂兄弟、未出嫁的堂姊妹、已出嫁的姑姊妹等，这些均服大功。"大功"的哭声，就要哭一声而有三曲折。

《孝经》现代解读

那么为什么"孝子之丧亲也,哭不偯"呢?因为对象不一样,亲疏不一样,情感也不一样。正因为孝子感父母养育至深之情,已经哭泣得声气竭尽了,当然不能一声三折了。

"礼无容。"《注》:"触地无容(触地无容:下拜磕头,不文饰仪容)。"《疏》:"举措进退之礼,无趋翔之容。"容,保持端正的容貌。此句是说,行礼不修饰仪容、容貌。

"言不文。"《注》:"不为文饰(文饰:文辞修饰)。"《疏》:"有事应言(应言:应答),则言不为文饰。"文,文饰,修饰。此句是说,言说不讲究文采。

"服美不安。"《注》:"不安美饰,故服缞麻(缞麻:粗麻布的丧服)。"《疏》:"服美不以为安。"这意思是说,对于美服美饰孝子会觉得心不安。居丧期间,孝子穿的是孝服缞麻,也就是斩衰,就是用最粗的麻布裁制而成的孝服,不缉边,使断处外露,以示无饰。服期三年,实际是25个月。

"闻乐不乐。"《注》:"悲哀在心,故不乐也。"《疏》:"闻乐不以为乐。"这意思是说,听到音乐而不感到快乐。因为居丧期间,孝子不会去欣赏音乐了,即使听了音乐也不会快乐。

"食旨不甘,此哀戚之情也。"《注》:"旨,美也。不甘(嗜好)美味,故疏食水饮(疏食水饮:吃糙米饭,喝清水)。"《疏》:"假(即使)食美味不以为甘。此上六事,皆哀戚之情也。"这意思是说,就算吃到美味的食物,也不以为美味。

以上六事,就是孝子真实哀伤悲戚感情的流露。

二、"三日而食……示民有终也",说明哀戚之情要有限制

"三日而食,教民无以死伤生。毁不灭性,此圣人之政也。"《注》:"不食三日,哀毁过情,灭性(灭性:毁灭性命)而死,皆亏(违背)孝道,故圣人制礼施教,不令(使)至于殒(死亡)灭。"三日而食,指父母去世,孝子不食三日,三日之后,就可进食。无以死伤生,指不可因亲人之死而伤害到活着的人。毁不灭性,指因哀痛而身体瘦削,但不危及生命。政,法则。指圣人制礼施教的法则。

《礼记·间传》记载:服斩衰的人,三天不吃饭;服齐衰的人,两天不吃

第二章 《孝经》的元典解读

饭；服大功的人，三顿不吃饭。因此这里说，至多在守孝三天以后一定要进食了，教育民众不要因为亲人过世，而伤害自己的生命；虽然悲哀而身容受毁，但不要失了自己的性命。这是圣人的为政主张。

"**丧不过三年，示民有终也。**"《注》："三年之丧，天下达礼（达礼：通行的礼仪），使不肖企及（不肖企及：不咋样的人勉力做到），贤者俯从（俯从：听从）。夫孝之有终身之忧（居丧，守孝），圣人以三年为制者，使人知有终竟（了）之限也。"此句表示哀伤要有终结。

不过，不超过。三年，指服斩衰之丧的，规定居丧期限为三年，故有"三年忧""斩衰三年"之说。古人定为三年，主要是为了回报父母对自己出生后三年无微不至的养育之恩。这句话是说，丧期不超过三年，让民众知道丧事是有终结的。

三、"为之棺、椁、衣、衾……以时思之"，说明慎终追远的处理办法

"**为之棺、椁、衣、衾而举之；陈其簠、簋而哀戚之。**"《注》："周（圈围，包围）尸为棺，周棺为椁。衣，谓殓衣。衾（盖尸的单被），被也。举，为举（抬）尸内（古'纳'字，放入）于棺也。簠簋，祭器也。陈（陈设）奠素器而不见亲，故哀戚也。"

古代的棺木有两重，盛放尸体的叫"棺"，套在棺外的叫"椁"。衾，被子，先秦时候"被子"的意义不用"被"来表示，小被子称为"寝衣"，大被子称为"衾"。此"衣衾"就是入殓时候所用的衣服与被子。簠簋，古代盛放食物的器物，用竹木或铜制成，用于祭祀。两者的区别是，簠为方形，簋为圆形。

这句话的意思是，孝子为亲人准备了棺材与外椁，为去世之人穿衣铺被，将他们放入棺内。摆好簠簋以祭祀，对亲人竭尽哀痛悲戚。

"**擗踊哭泣，哀以送之；卜其宅兆，而安措之。**"《注》："男踊（跳脚）女擗（捶胸），祖载送之。宅，墓穴也。兆，茔域也。葬事大，故卜（选择）之。"擗踊，也作"辟踊"，捶胸顿足，表示极度哀伤。擗，捶胸。送，出殡、送葬。卜，占卜、卜问，有选择的意思。宅，此指坟墓的墓穴。兆，茔域，指坟地。措，安置、安放，或作"厝"，古多通用。简言之，就是选择墓地，安葬灵柩。

这句话的意思是，捶胸顿足，极度哀伤哭泣，哀痛地送葬；选择去世之

137

《孝经》现代解读

人的墓穴墓地，妥善安置他们。

"为之宗庙，以鬼享之。"《注》："立庙祔祖之后，则以鬼礼（鬼礼：祭祀祖先之礼）享（奉祀）之。"祔祖，丧礼中的祭名，也是仪式。"祔祖"进行之后，就用"鬼礼"来祭享之。鬼，古代认为人死后，精灵不灭，称之为"鬼"。《礼记·祭法》："人死，曰鬼。"享，古指祭祀。这是说，为他们修建宗庙，让亡灵有所归依，提供食物让亡灵享用。

"春秋祭祀，以时思之。"《注》："寒暑变移，益用（益用：逐渐能）增感（思念），以时祭祀，展（表现）其孝思（孝思：孝念之思情）也。""春秋祭祀"，虽只举出"春秋"，实际上包括一年中的祭祀。

古代的孝表现在祭祀上，这也是孝子的一大孝行。比如早在孔子之前，已经出现"孝享"一词，"享"就有祭祀、献祭的意思。这个词语把祭祀和孝联系在一起，表明两者的关系密不可分；用孝敬去祭祀，在祭祀中体现出孝心。《周易·萃》："王假有庙，致孝享也。"又如《诗经·小雅》："吉蠲为饎，是用孝享。"诗句意思是，选择吉日，置备洁净的酒食祭品，以此祭祀。

"祭"源于天地和谐共生的信仰理念。人类对天地和对祖先的信仰产生于人类初期对自然界以及祖先的崇拜，并由此产生了各种崇拜祭祀活动。祭祀活动包括进贡上香、叩拜行礼，仪式庄重肃穆，一丝不苟。祭祀礼节祭品有一定的规范。旧俗备供品向神灵或祖先行礼，表示崇敬并求保佑。

四、"生事爱敬……孝子之事亲终矣"，说明孝道之完成

"生事爱敬，死事哀戚，生民之本尽矣，死生之义备矣，孝子之事亲终矣。"《注》："爱敬哀戚，孝行之始终也。备陈（备陈：详尽陈述）死生之义，以尽孝子之情。"生民，人民。这是说，"爱敬"，是孝行之始，"哀戚"，是孝行之终。孔子这话的意思是，亲人活着的时候，孝子竭尽亲爱与敬重；亲人去世之后，孝子竭尽悲痛与哀戚；民众的孝道之根本尽到了，对亲人死生的道义全备了，孝子事奉亲人也善终了。

孝子爱敬父母，整个行孝过程可以分为两段：一是父母在世时，孝子侍奉要竭尽"爱敬"之情，此即"生事爱敬"。二是父母逝世后，孝子侍奉要竭尽"哀戚"之情，此即"死事哀戚"。做到这两条，那么可以说完成了三方面

第二章 《孝经》的元典解读

的义务和责任：一是"生民之本尽矣"，二是"死生之义备矣"，三是"孝子之事亲终矣"。

孝为德之本，政教之所由生，故为生民之本。孝子生尽爱敬，死尽哀戚，生死始终，无所不尽其极。照这样孝顺双亲，方可算完满报答父母抚育之恩了。但是孝子之孝心，仍是无休无止的。

本章要点提示

第一，说明孝子丧亲之后的哀戚之情。"孝子之丧亲也，哭不偯，礼无容，言不文，服美不安，闻乐不乐，食旨不甘，此哀戚之情也。"这句话的意思是说，孝子在父母过世之后，哭得气竭力衰而发不出悠长的声调，举止行为失去了平时的端庄，言语没有了条理，穿上华美的衣服就心中不安，听到美妙的音乐也不快乐，吃美味的食物也不觉得好吃，这是孝子悲哀伤痛的真情流露。

第二，阐述圣人教民节哀和守孝有终的道理。"三日而食，教民无以死伤生。毁不灭性，此圣人之政也。丧不过三年，示民有终也。"三日不吃不喝，就会损害身体健康，甚至危及生命。这是有悖于孝道的。故而圣人制定"三日而食"的礼节，并施教于民。孔子在这里告诉天下的孝子们，父母去世三天之后就要吃东西，这是教导人民不要因为失去亲人过度悲哀而损伤生者的身体乃至生命。这是圣人的为政之道。

第三，指出孝子慎终追远的基本礼节。依次讲了三件大事。一是办好丧事。"为之棺、椁、衣、衾而举之；陈其簠、簋而哀戚之。"办丧事的时候，要为去世的父母准备好棺材、外棺、穿戴的衣饰和铺盖的被子等，妥善地将他们收殓入棺；在灵堂内陈设方圆祭器、供献祭品，以寄托生者的哀痛和悲伤。二是出殡安葬。"擗踊哭泣，哀以送之；卜其宅兆，而安措之。"出殡的时候，捶胸顿足，嚎啕大哭，以哀痛送别亲人；占卜墓穴，选择吉祥之地以安葬亲人。三是宗庙祭祀。"为之宗庙，以鬼享之；春秋祭祀，以时思之。"把亲人的灵位移送到宗庙之中，使其亡灵有所归依并享受生者的祭祀；在春秋两季举行祭祀，按时节寄托生者的追思之情。

第四，指出尽孝这件人生大事怎样才算有始有终地完成。"生事爱敬，死

《孝经》现代解读

事哀戚,生民之本尽矣,死生之义备矣,孝子之事亲终矣。"父母在世时要本着爱和敬的精神侍奉他们,父母去世后要怀着悲哀之情料理好丧事,这样,就尽到了为人的本分,完成了养生送死的责任和义务,孝子事亲之道也就有始有终了。

这段话,有概括总结全篇之义。孔子强调,爱敬是孝行之始,哀戚是孝行之终。一个人,做到了生事爱敬,死事哀戚,就尽到了孝子之情。因此说,"孝子之事亲终矣"。

上述礼节,是在以血缘为纽带的家族制度下形成的。礼的基本精神贯通古今,而其具体内容和形式,却随着时代的发展变化不断变化。当今社会,人们对已故亲人寄托哀思的方式方法,已经发生了很大的变化,但是,对父母尽孝要生事爱敬,死事哀戚,善始善终的基本精神,永远值得我们继承和弘扬。

拓展阅读

董永"卖身葬父"

董永,东汉时人。据历代县志及《大清一统志》所记,其为今山东博兴县人。董永早年丧母,与父亲相依为命,以种田为生。时山东青州黄巾起义,渤海骚动,董永随父亲为避乱迁徙至汝南(今河南省汝南一带),后又流寓安陆(今湖北省孝感市)。世代传颂的董永"卖身葬父"的孝行故事以及"董永与七仙女"等故事就发生在这里。

董永家里贫穷,小时候母亲就去世了,与父亲一同过日子。家中以农为业,他靠自己种地劳动养活父亲。董永常常让父亲坐在小车上,推着到田间,安置在树荫下,并备有水罐,为父解渴,过着父子相依为命的生活。几年后父亲不幸去世,由于家中贫穷,董永便自卖其身,甘做奴隶,用换来的钱安葬父亲。有一户人家知道他卖身葬父、孝顺长辈的事迹后,便给他一万钱,让他回去办理丧事。待他在家守丧三年后,再回到主人家,按契约为主人服务。

董永安葬了父亲后,在到主人家的路上,遇到一个美丽的女子。女子主

第二章 《孝经》的元典解读

动询问董永的情况,并愿意做他的妻子。女子跟着董永一同到主人家。主人家对董永的到来有点意外,说:"我不是将钱给你了吗?"董永说:"是的,承蒙先生好意资助,父亲早就顺利地安葬了。我虽没什么见识,但我懂得知恩必报,所以愿意来你家做苦力。"主人说:"既然这样,那么这女子能干什么?"董永说:"她能织丝绸。"主人说:"你们一定要答谢我的话,那就请你妻子织100匹丝绸吧。"董永答应了,女子就开始纺织,谁也想不到100匹丝绸女子10天时间就完成了。主人欣喜万分,让董永夫妇俩回家。

在回家路上,那女子说:"我是天上的织女,因为你十分孝敬你的父母,所以天帝派我下凡帮助你还清债务。如今债已还清,我也不得不归天了。"说罢,凌空飞去。董永呆呆地望着浩渺的天空,不知那织女一眨眼到哪里去了。

【评点】

《论语·为政》曰:"生事之以礼,死葬之以礼,祭之以礼。"《孟子·离娄下》又载:"养生者不足以当大事,惟送死可以当大事。"儒家把丧事看得很重,讲究入土为安,强调举行各种丧葬礼仪,并把这些作为孝道的重要内容、孝子行孝的重要表现。董永坚守这样一条对待父母的孝道原则:生则善养,逝则善葬。因此,他在没有经济能力的情况下,决定卖身换钱安葬父亲。这种孝行事迹本身就很感动人。董永的故事告诉我们,有孝心有善心的人,一定会有好的回报。

【讨论】

1. 《孝经》内涵丰富且深刻。请你谈谈你认为其中心思想是什么。
2. 古时那套烦琐的丧礼已经过时,现代社会需要与时俱进,批判抛弃其不合时宜的部分,汲取其中的思想精粹。你认为现代社会应实行怎样的丧葬制度?

《孝经》的文化背景

第一节 中国孝文化的思想渊源

纵观我国历史，孝对于塑造中国人的精神气质与维护民族统一发挥了重要作用。中华民族自古注重孝道，在历史的长河中演绎了一段又一段与孝有关的动人故事。孝是天经地义，是中国传统文化的基础和核心。对孝道的注重与弘扬是中华文明区别于其他文明的重要特征之一，也是中华文明延续千年的原因之一。

一、孝的起源与确立

（一）孝的起源

关于"孝"的起源，当前学术界主要存在四种观点。第一，夏代。章炳麟认为"严父大孝创制者禹"，"则《孝经》皆取夏法"①，认为孝起源于夏。第二，商代。杨国荣认为"在殷代有了孝的事实，当然也就说明那时有了孝的思想的产生"②。第三，殷周。李奇认为"孝的道德观念与实践，可以说产生于殷（商）周时代的奴隶社会"③。第四，西周。郑慧生认为"孝道滥觞于西周"④。

---

① 章太炎:《章太炎全集·太炎文录初编》，上海人民出版社2014年版，第7页。
② 杨国荣:《中国古代思想史》，北京：三联书店1954年版，第43页。
③ 李奇:《论孝与忠的社会基础》，《孔子研究》1990年第4期。
④ 郑慧生:《商代"孝道"质疑》，《史学月刊》1986年第5期。

第三章 《孝经》的文化背景

王慎行认为"西周孝道观的形成当始于文王时代"①。

其实,早在上古时期就有"孝"的显现。传说舜的父亲叫瞽,瞽与舜的继母生有一子叫象。据说"父顽、母嚣、象傲",且继母想尽办法想要谋害舜,舜却一如既往地善待父母。最终,一家人和睦相处。舜的故事千百年来广为流传,他对父母的孝心更是后世学习的典范。当然,这其中不免有后人想象的成分。但是,不可否认的是,那个时代的确有孝行发生。由于生产力的低下,人们自然而然形成集体、共同生活,氏族便在人们的共同生活中产生了。人际关系的发展,促使人们之间形成了一种道德规范,这其中便包含有孝的原始成分。

随着生产力的发展,男子的地位在农业、畜牧业和手工业等重要的生产领域中得到加强,并逐渐占据主导。男子在社会生产、经济生活中的支配地位使财产继承问题提上日程。对偶婚制向一夫一妻制转化,母权制过渡为父权制。

以婚姻制度的转变和私有制的产生为基础,子女可以直接继承父母的财产。为了报答父母的养育之恩,子女会赡养年迈的父母,给予一定的生活保障。另外,在原始社会时期先人们有祭祀的习俗,被祭的对象除了鬼神还有祖先,这在一定程度上表达了人们对祖先的崇敬与怀念之情。

由此来说,"孝"作为调整父母与子女之间关系的道德观念和行为规范,在我国原始社会末期即随着私有制的出现和母权制向父权制的过渡过程中产生了。而国家出现以后,原本限于血缘家庭的孝便逐渐延伸到政治、宗教和社会的广阔领域,成为一种社会性的道德准则。

(二)孝的初始义

1. 孝初始义之一——祖先崇拜

祖先崇拜是一种以崇祀祖先亡灵而祈求庇护为核心内容,由图腾崇拜、生命崇拜、灵魂崇拜复合而成的行为。祖先崇拜是原始时代统一先民群体意志、有效进行物质资料生产不可缺少的重要精神力量,在人类文明史上产生了极为广泛而深远的影响。一方面,人们因为血缘关系而崇敬祖先;另一方

---

① 王慎行:《试论西周孝道观的形成及其特点》,《社会科学战线》1989 年第 1 期。

面，在传统的农耕社会里，祖先在与自然斗争的过程中积累下来的宝贵经验，对后辈的生存具有决定性意义。在当时，经验的积累、知识的增长都相当缓慢，对经验的尊崇进而转变为对掌握经验之人的尊崇，这就逐渐形成了一家之长在生产与生活中的权威和核心地位。

古人尊崇生命的延续性，因此把祖先的行为神秘化、神圣化，认为不仅生命而且命运也由祖先主宰，就把生命崇拜观念与对祖先灵魂的迷信观念相结合，由此而产生了祭祖、孝祖的观念，具体表现为恪守传统与祖先崇拜合二为一。直到今天，崇拜祖先仍是我国民间的传统习俗，人们通过祭祀仪式来表达对祖先养育之恩的感激，同时祈望祖先的灵魂能庇佑子孙，福荫后代。

后来这种对生命的崇拜转变为对延续生命的祈求，对祖先的崇拜转变为对在世前辈的敬仰。也就是说，孝产生于具有生命哲学意蕴的生命崇拜和具有宗教色彩的祖先崇拜。

2. 孝初始义之二——生命崇拜

中国经学史专家周予同揭示了孝与生命崇拜文化之间的渊源关系。他认为，儒家的根本思想出发于"生命崇拜"：因为崇拜生命，所以主张仁孝；因为主张仁孝，所以探源于生命崇拜；二者密切的关系，绝对不能隔离。有学者对孝的字义做一番考察之后认为："孝"的原始字形传达的信息是生育子女。金文中的"孝"主要意为以求子为目的的一种祖先祭祀，即祈求祖先在天之灵保佑多子多孙。当时，人们面对极其恶劣的自然环境和生存条件，非常祈望人类群体繁衍壮大，但又不理解生命和繁衍，对各种现象诸如生老病死、天灾人祸等有着恐惧和敬畏，于是产生了生命崇拜。祖先崇拜与生命崇拜之间有着千丝万缕的联系，是原始文化同一类型产生的变异。

在原始社会，由于生产力极为低下，人们在自然面前无能为力，因而人类最初都有对自然神的一种崇拜信仰。随着人的价值意识的不断觉醒，人们逐渐由崇拜自然神向崇拜祖宗过渡。图腾崇拜可以说就是这种过渡的体现。先民不懂得生命产生的道理，因而把氏族中生命的产生、繁衍的责任交给了图腾。随着图腾父系化、个人化的完成，图腾与氏族普通成员的联系由始祖所取代，图腾对氏族成员的产生、繁衍、保护的职责亦渐由始祖所代替。因

第三章 《孝经》的文化背景

此图腾崇拜渐变为祖先崇拜。而祖先崇拜的情愫就是孝，因此说，孝源于生命崇拜和祖先崇拜。

（三）孝的确立

1. 孝观念之萌芽——殷商时期

殷商是中国传统文化的开端和创造时期，也是孝观念的初步形成时期。对祖先的祭祀是殷商时期孝观念的主要内容和主要形式。为了祈求祖先神灵的佑护，殷商时期人们制定了一套系统的祭祀制度和烦琐的祭祀礼仪，祭祀祖先是他们日常生活中最重大的事情。一年中，殷王要举行多次名目繁多、隆重盛大的仪式，祭祀众多的祖先。值得注意的是，对既可以降福、也可以作祟的喜怒无常、意志莫测的祖先神灵，殷人更多的是怀着一种敬畏、恐惧的情感，战战兢兢，害怕稍有不慎就会惹祖先动怒，降祸于他们。尽管在频繁的祭祀以及厚葬先人的活动中，殷人处处对祖先表现得唯唯诺诺、毕恭毕敬，但这些行为都有明确和强烈的目的，也就是希望祖灵福佑、庇护自己。这样看来，殷人对祖先的崇拜、祭祀是消极、被动的，表达的主要是一种宗教观念和宗教情感，而在孝的伦理观念方面，则是非常朦胧、淡漠的。也就是说，在殷商时期，孝观念仅仅处于萌芽状态，殷人对祖先的祭祀只是体现了孝的最初形式，还远远不是后世完整意义上的孝观念。真正把孝作为一种伦理规范，不仅祭祀死去的祖先，而且孝养在世的父母，则是西周以后的事情了。

2. 孝观念之确立——西周时期

西周是孝观念确立并且逐渐发展、强化、成熟的时期。孝是西周道德规范体系中核心内容之一。西周时期，人们把对祖先虔诚而隆重的祭祀称为追孝、享孝。周人认为，礼节仪式的隆重和繁简程度、祭品的丰俭厚薄，以及祭祀时的心意是不是诚敬等，都会直接影响到祖先魂灵对后代的福佑，影响到子孙孝心的表达。所以，与殷商时期相比，西周时期的祖先祭祀制度更加完备，祭祀活动礼仪更加规范详细，更强调血缘亲情，是对祖先发自内心的敬仰。可以说，西周时期对祖先的享荐已经不像殷商时期那样比较偏重于对祖灵的献媚，而是对祖先的仰慕、追思、感恩，是一种孝的情感和孝的行为。

145

更为重要的是，周代孝观念的内涵得到极大的拓展，除了祭祀死去的祖先这层追孝、享孝的含义之外，还增添了奉养在世父母的新内容。在宗族中，最突出最重要的是祖先，祖先是维系宗族关系的纽带；而在家庭中，最突出最重要的是父母与子女的血缘关系，这是维系家庭关系的纽带。

西周时期的孝具有明显的等级特征，祭祀祖先是周天子和王公贵族的特权，老百姓孝养父母这层内涵虽然已经出现，但还远远没有成为西周孝道的主流，祭祀祖先依然是西周孝道的主导形式。西周孝观念的这种等级性特征主要是通过"礼"来体现的。周代的礼内容很多，有冠礼、婚礼、丧礼、祭礼等，大多体现了孝的精神。比如，行冠礼是男孩子长大成人的标志，行冠礼的目的是告诉他，从此他就要成为人臣、人子、人夫、人父，要担负起赡养父母、养育子女、报效国家的责任和义务；婚礼是男女两性的结合，但是古代大多数婚姻与爱情是没有多少关系的，婚姻的主要目的在于生儿育女、传宗接代，延续家族的香火、祖先的血脉；丧礼、祭礼是为了缅怀父母、追念先人。可见，礼是孝的制度形式，目的是促进各种社会关系的和睦，促进社会和谐。礼的这种孝道教化的功能延续下来，对后世产生了非常重要的影响。

（四）孝产生的条件

1. 农业文明社会是孝产生的内在要求

中国古代以农立国，古代把国家政权称为"社稷"，社是土地神，稷是五谷神，以"社稷"来指代国家，表明农业是国家的命脉，是社会发展的基石。农业文明是中华民族观念文化的母体，她孕育了传统的伦理文化，孕育了质朴的孝观念。农业为人们的生活提供了稳定的保障，也为尊老、养老以及孝观念的产生创造了必要的物质基础。在生产力不发达的古代社会，农业生产的一个显著特点，就是不需要过多的知识或技巧，但却离不开日积月累的生产经验，而这些生产经验一般都掌握在干了一辈子农活的老人手里。所以在农业社会里，对有生产经验的长者的遵从，对父亲、祖父、曾祖父的服从，内化为道德情感和道德行为，这就是孝。农业自然经济是孝观念产生和发展的经济基础。自给自足的小农经济是中国古代社会的基本经济形式，个体家庭是社会最基本的组织形式。在小农家庭中，父母有抚养、教育子女的责任

第三章 《孝经》的文化背景

和义务,子女长大成人后也必须承担起赡养父母的责任和义务。父母与子女之间这种双向的权利和义务关系,反映在伦理规范上,就是"父慈子孝"。农业自然经济成为孝观念得以巩固和发展的深厚土壤。历代统治阶级都很明白这个道理,所以都把尊老、养老作为推行孝道、治国安邦的有效手段。

2. 血缘宗法制度是孝产生的社会基础

中国古代社会是血缘宗法社会,这是孝观念产生的社会基础。血缘宗法制度确立和完善于西周时期。后世的血缘宗法制度主要表现为由血缘纽带维系着的宗族、家族。以血缘关系为纽带的同一个宗族、同一个家族的人,世世代代聚族而居。为了强化宗族、家族的凝聚力量,宗族、家族一般都建有供奉祖先的宗庙、祠堂,逢年过节宗族、家族的老老少少都要汇集到宗庙、祠堂里去拜祭祖宗。在古人心目中,祭祀祖先是特别神圣、至关重要的事,祭祀祖先的制度非常严密,仪式也很繁多。宗族祭祀祖先的活动,就是早期的孝行,也是后世孝道的重要内容。

大的宗族、家族一般还会有记载宗族或家族世源流、子嗣系统、族规家法的族谱、家谱,有的宗族、家族还有共同的族产,宗族、家族的人相互帮助,扶助贫困,救济老弱。有的宗族、家族还开办私塾,让族里的子弟接受教育。这些都为在宗族、家族内强化孝道观念提供了条件。尤其重要的是,宗族、家族都自觉地把孝观念作为维系长幼上下伦理关系、增强内聚力的法宝,并且通过族约家规的形式强制性地要求族人遵守孝道,从而最大限度地发挥孝的道德、社会、政治功能。从西周到清代,在漫长的几千年中,宗法制度绵延贯穿于整个中国古代社会,为孝文化的滋生和蔓延,为古代社会的"以孝治天下",提供了得天独厚的社会环境。

3. 建立个体家庭是产生孝的基本条件

一般意义上的个体家庭只能产生对父母"敬爱"的观念,这一观念只是中国孝内涵最简单而肤浅的一层含义,而不能完全表现内涵极其丰富的"孝"。从社会学意义上说,"中国家庭"是孕育孝文化的母体。中国式的"家庭"实质是"家国同构"的家庭。家国同构有两重含义:从国的角度看是像家一样的国——整个国家是一个大家族,帝王就是头号大家长,所以有"家邦"一词;从家的角度看是像国一样的家——整个家庭好像一个国家,家长管理家

147

庭，因而有"家法"之说。这样中国农耕社会就特别强调"亲亲"原则，产生了"孝""悌"诸观念，而西方的个体家庭形态则孕育了"独立""平等"的思想。因此，这种"中国家庭"才是"孝"产生的首要条件。父母与子女有无法割断的血脉，这种血浓于水的亲情，是产生孝的生理基础；父母养育子女付出了很多时间、精力、心血和爱，自然而然会使儿女产生一种"亲亲"之情，父母付出的爱使孩子产生本能的报恩心理，孝具有普遍的心理基础。孟子曾说过，孝是人的一种良知良能。

（五）孝的含义

什么是孝？汉字的产生过程中无不有文化内涵，"孝"字也不例外。从字形上说，"孝"字的上半部分是"老"字的省略，古文字学家解释说："孝"字的上面是个老人，弯腰弓背，白发飘拂，手拄拐杖，一副老态龙钟的模样，已经不能自理。"孝"字的下面是个"子"字，意为孩子。孩子把两手朝上伸出，托着老人，作服侍状。"孝"字最早出现于殷墟甲骨文中。在已知的文献材料中，《诗经》中多次出现"孝"字，其《大雅·下武》是西周初年的作品，有诗云："成王之孚，下土之式。永言孝思，孝思维则。"《诗经·大雅·既醉》也说："威仪孔时，君子有孝子，孝子不匮，永锡尔类。"古人又是怎么解释孝的呢？翻检古书，有各种各样的说法，如《尚书·尧典》有"克谐以孝，烝烝乂，不格奸"；《礼记·中庸》有"夫孝者：善继人之志，善述人之事者也"；《论语·为政》有"今之孝者，是谓能养"和"孟懿子问孝，子曰：'无违'"；《论语·里仁》有"三年无改于父之道，可谓孝矣"；《大学》有"孝者，所以事君也"；《新书·道术》有"子爱利亲谓之孝"；等等。

再让我们看看中国现存的第一部字典、汉代许慎撰写的《说文解字》是如何解释的："孝，善事父母者。从老省，从子，子承老也。"善事父母的行为就是孝，善事父母的主体就是孝子。

翻检中国古代经典，可以知道"孝"字有以下几类意思。

祭祀——"子曰：'禹，吾无间然矣。菲饮食，而致孝乎鬼神。'"（《论语·泰伯》）

孝顺——"善父母为孝。"（《尔雅·释训》）

第三章 《孝经》的文化背景

继承先人之志——"追孝于前文人。"(《尚书·文侯之命》)

居丧——"崔九作孝,风吹即倒。"(《北史》)

赡养——"孝,畜也。"(《广雅》)

这些不同的解释,千言万语,无非表达一个意思:下辈人对上辈人要报以亲情。

古代的孝有狭义和广义之分。所谓狭义的孝,是指赡养父母,从衣、食、住、行等物质上照顾老人,从情感、娱乐、交往、心理等精神上关爱老人,尽人子之责。所谓广义的孝,就是更深层次、更广泛意义上的孝。孝的对象不仅指父母,也指祖父母、外祖父母、岳父母以及伯、叔、姑、舅等所有亲属长辈,还指邻里所有长辈以及君王。孝的内容不局限于家庭生活,还包括实现人生价值,报效民族和国家,为家族和乡里争光等。

这种狭义和广义的区别,古人已有论述,体现在把孝分成不同层次,如《礼记·祭义》有"大孝尊亲,其次弗辱,其下能养"和"小孝用力,中孝用劳,大孝不匮";《孟子·万章上》有"孝子之至,莫大乎尊亲"。到底是尊亲为至孝,还是立身为至孝,古人也没有统一的认识。《孟子·万章上》以"天下养"为天子之孝;《盐铁论·孝养》说"孝莫大以天下一国养,次禄养,下以力"。这些思想都认为以天下为己任的孝,是最高层次的孝。

总的来说,"孝"主要包括两个方面,一是对在世之人的"孝",即敬养父母与老人;二是对过世之人的"孝",即祭祀和追念已逝的祖先。总结以上观点,"孝"从其内涵上来看,是一种基于血缘亲情基础上的道德观念和行为规范。

二、《孝经》"孝"的思想基础

《孝经》是儒家孝思想的总结,是专门论述孝的理论著作。先秦时期的孝道思想,为《孝经》的诞生提供了有利条件。春秋战国时期,以孔子、孟子为代表的儒家对上古孝道思想进行了诠释,展现了多重意义上的理性精神,为《孝经》全面阐释孝道奠定了思想基础。

《孝经》现代解读

（一）孝是对父母的敬养

先秦儒家所提倡的孝道不仅注重对父母物质上的满足，更强调精神的赡养，即在保证物质的基础上，还必须尊敬父母、关心父母，满足父母的精神生活。《论语·为政》："今之孝者，是谓能养。至于犬马，皆能有养；不敬，何以别乎？"意思是说，当今世人认为给予父母物质上的满足就是孝，但犬马等动物也能满足它们父母的食物需求。如果不从精神上满足父母，那与犬马有什么区别呢？孟子有语："孝子之至，莫大乎尊亲；尊亲之至，莫大乎以天下养。"此外，曾子的弟子单居离曾问他："事父母，有道乎。"曾子回答："有，爱而敬。"可见，儒家学者们是十分重视对父母的敬养的。

（二）孝是体现在各方面的德行

在儒家看来，"孝"不单是对父母的"养"与"敬"，它还是体现在各方面的德行。首先，孝顺父母不是一味地顺从，还应懂得劝谏。《大戴礼记·曾子本孝》语："君子之孝也，以正至谏。"《论语·里仁》语："事父母几谏。见志不从，又敬不违，劳而不怨。"可见，儒家所提倡的孝不是一味地顺从，而是在必要的时候对父母的错误行为进行劝谏。如果父母不改可以多次进行劝谏，动之以情，晓之以理。荀子更是反对盲目服从孝道。《荀子·子道》有云："明于从不从之义，而能致恭敬、忠信、端悫，以慎行之，则可谓大孝矣。传曰：'从道不从君，从义不从父。'此之谓也。"其次，孝敬父母还要"谨守父母志"。父在，观其志；父没，观其行。《礼记·中庸》有"夫孝者：善继人之志，善述人之事者也。"孝子要继承父母的志向，立至德，广扬名，使父母感到光荣。最后，孝与悌是紧密相连的。《孟子·梁惠王上》之"老吾老，以及人之老；幼吾幼，以及人之幼"以及《论语·颜渊》之"君子敬而无失，与人恭而有礼，四海之内，皆兄弟也"和《论语·学而》之"弟子入则孝，出则弟，谨而信，泛爱众，而亲仁"等都是孝悌的表现。儒家所要求的孝不再仅限于家庭内部，而是推己及人广播于社会的至高品德，是一种博爱的思想。

第三章 《孝经》的文化背景

（三）孝不违礼

在儒家看来，"孝"要靠"礼"来维持和保障。《论语·为政》云，孟懿子问孝。子曰："无违。"樊迟御，子告之曰："孟孙问孝于我，我对曰'无违'"。樊迟曰："何谓也？"子曰："生事之以礼；死葬之以礼；祭之以礼。"《孟子·离娄下》也强调："养生者不足以当大事，惟送死可以当大事。"由此可见，儒家提倡的孝不是随意的，而是必须受"礼"的规定，无论父母在世与否，尽孝时"礼"都是必不可少的。此外，荀子还认为"礼"是一切行为的最高准则，"孝"必须服从于"礼"。这是由他的"人性本善"的思想所决定，既然人性本善，那么，对于不孝的行为，必须通过礼仪加以解决。

（四）孝即为政，忠孝合一

先秦儒家的孝道思想是与当时的社会现实相联系的。春秋战国时期，诸侯争霸，礼崩乐坏。儒家意图建立一套伦理体系以实现以"仁"为核心的政治蓝图，如此便巧妙地把治国之术与治家之术结合在一起。孔子在《论语·为政》中说："《书》云：'孝乎惟孝，友于兄弟，施于有政。'是亦为政，奚其为为政？"这说明，孝与政紧密相关，也说明了在孔子看来，孝是匡正社会秩序的第一步。此外，孔子还将"出则事公卿"和"入则事父兄"并列强调，也是忠孝合一的表现。在儒家看来，一个人在家能孝敬父母，那么，为官也必能恪尽职守，忠于君王，也就不会有犯上作乱的行为，整个国家便也安定了。曾子更是在孔子的基础上完善和发扬了忠孝合一的思想。在孔子看来孝与忠是平行的概念，而曾子则将两者进行了融合，如他所说："事君不忠，非孝也；莅官不敬，非孝也。"可见，忠已经成了孝的一部分。他还指出："事父可以事君，事兄可以事师长。"他的这一"忠孝合一"的思想在《孝经》中有着明确的表现。

综上所述，先秦儒家的孝道思想并非单个派别的论述，而是散见于诸多学者的典籍之中。当然对孝的论述还有其他观点，但主要集中于以上四点，而这些思想也都直接或间接地成了《孝经》的理论来源。《孝经》作为先秦儒家孝道思想理论化、系统化的结晶，虽不足两千字，却对包括孔子在内的先秦儒家学者的思想进行了系统的整理，形成了自身缜密的思想体系，对后世产生了深远的影响。

三、中国传统"孝"的类型

孝道是中国传统道德的重要组成部分，也是几千年来中国人修身养性、齐家治国平天下的根本。儒家把"孝"作为道统的一部分，提出了孝道理论，并通过孝道故事，说明孝的社会功能性。

为了让人们知道何谓孝道，先贤把孝道分为不同的类别。《孝经》按古代阶层群体划分孝：第一类是天子之孝，要求爱亲敬亲，德教加于百姓。第二类是诸侯之孝，要求长守富贵，保其社稷，和其民人。第三类是卿大夫之孝，要求非道不言，非法不行，守其宗庙。第四类是士之孝，要求不失忠顺，保其禄位。第五是庶人之孝，要求谨身节用，以养父母。

在翻检了大量的野史、笔记、正史之后，笔者反复梳理，认为可以把传统孝道分为九大类型。

第一类是孝子养正守道。孝子务必追求正道，培养良好的品质，做正人君子，不可做邪恶小人。如江革负母，徐孝肃以孝服人都属于这一类型。还有袁闳探望当官的父亲，不以父亲当官而自居自傲，他常说：我家世代荣华富贵，我们只有用德才守得住家道。

第二类是孝子读书治学。读书使人明智，可以实现人生的更大抱负。治学可以传播文化，青史留名。司马迁、李延寿等人秉承父志，撰写了不朽的史著。张仲景辞去太守一职，专攻伤寒，写出了《伤寒杂病论》。赵至出身贫寒，自知读书不易勤奋学习，以读书作为对父母的回报，取得功名。

第三类是孝子执政尽忠。不论是天子还是大小官员，都应恪守孝道。历史上的北魏孝文帝、清乾隆皇帝都是孝子。汉代的毛义，宋代的王旦、包拯，明代的陈茂烈等人在家能尽孝，为官能尽职，对国能尽忠。

第四类是孝子大智大勇。鲁国闵子骞的父亲要休掉后妻，闵子骞不计较继母的虐待，从中说和。汉代淳于意受诬陷，女儿缇萦上书申冤。晋代杨丰上山遇到老虎，女儿杨香拼死打虎，竟然父女得救。孝子有了大智大勇，才

第三章 《孝经》的文化背景

能为父母排忧解难。

第五类是孝子养亲悦亲。《论语·为政》说:"今之孝者,是谓能养。至于犬马,皆能有养;不敬,何以别乎?"子女不养父母,把父母抛弃于街头,就等于失去了人性。李密放弃高官厚禄,陈情报答祖母。七十岁的老莱子时常为逗乐九十多岁的父母,学鸡鸣狗吠。此实为做人子的基本美德。

第六类是孝子舍财行善。子女不可为遗产而反目为仇,也不可挥霍浪费。东晋王殉在群众中敛财,死后其子王弘以父之名,放弃了所有的债利,赢得了美名。种种事例,显示孝子有大度,重义气,情操高雅。

第七类是孝子感天动地。孝子敬养老人,以仁厚友善博爱之心与人相处,必然得人缘,受到社会尊重。舜因为孝敬父母而被尧选作接班人。高柴因平日尽孝,在紧要关头能化险为夷。董永葬父,有仙女前来帮助他。善有善报,恶有恶报,这是亘古不变的道理。

第八类是孝子感恩报德。孝子要经常感念父母的恩情和教诲,勉励自己做个完人。孝子出外求学、经商、当官,仍应想父母所想,急父母所急。人非草木,孰能无情无思。唐代狄仁杰长年在外做官,总是登上高山,望着家乡方向的白云,回忆父母的嘱托,时刻不忘做一个好官。

第九类是孝子求誉至愚。传统孝道有许多愚昧之处,不值得提倡,而应制止、批判。汉代郭巨为了养老母,竟然准备活埋自己的孩子以节省口粮。还流行过割身上的肉熬汤给父母治病,此举愚不可及。父母辞世,子女应当妥善安排好后事。但是,民间过于强调"事死如事生",耗巨资选墓地,大办丧事,守坟三年。有的人放弃学业、事业,终日哭哭啼啼,断送了前程。有的家族为争坟地而斗殴,导致死人伤人,社会不安。

以上九类,大致总结了古代的孝道事迹。分类的目的是清楚地说明孝道之正误,让人们对孝道有全面的了解,并审慎地履行。我们不可执伪孝、愚孝、不孝,而应知道该怎么样去尽孝。

四、中国传统"孝"与诸德的关系

在悠久而博大的中华传统文化中,道德的内容占有相当大的比例。《论语》就是讲做人的百科教条。孔子不仅是哲学家,也是道德学家。泱泱华夏,"道德"二字意蕴深长。

早在三千年前,青铜器上就刻有"道""德"这两个字。《老子》一书又名《道德经》,道是事物运动变化的规律和规则,人们依据"道",内得于己,外施于人,便有了"德"。《荀子·劝学》说:"故学至乎礼而止矣,夫是之谓道德之极。"在古代哲人看来,有道才有德,道为德本,诚如《老子》所云:"道生之,德畜之。"先民把处理人与人关系的规范概括成一个个道德范畴,并且依据每个人在家庭和社会中的地位作为评判道德的标准,这是与西方道德不同的特点。有关道德范畴的演变和阐释,先民有很丰富的论述资料。

在传统道德中,孝不是孤立存在的,各种道德范畴的关系是紧密联系的。各个范畴都有独特的含义,并影响着其他范畴。人们修身养性,意欲成为一个完备的人,仅靠孝是不够的,还应具备其他优秀品质。

古代的哲士在考察人品时,提出了综合评判法。孔子把孝、悌、谨、信、爱、仁作为对弟子的要求,《论语·学而》记载其语:"弟子入则孝,出则弟,谨而信,泛爱众,而亲仁。行有余力,则以学文。"这就是说,子女在父母面前执孝,在兄长面前执悌,谨慎而诚信。只有广泛爱人,亲近执仁,躬行伦德,才有余力学习文化。《左传·文公十八年》亦云:"父义、母慈、兄友、弟共、子孝,内平外成。""共"与"恭"同义。这实际上指出了家庭中的五伦关系,父母兄弟各自应当遵守道德规定。

汉代桓宽认为,孝、悌、信三者兼备才称得上是孝。他在《盐铁论·孝养》中说:"闺门之内尽孝焉,闺门之外尽悌焉,朋友之道尽信焉。三者,孝之至也。"三国时王昶的《诫子书》强调做人应当以孝、敬、仁、义并重,这样才能在家中、乡中立身。他说:"夫人为子之道,莫大于宝身全行,以显父母。……夫孝敬仁义,百行之首,行之而立,身之本也。孝敬则宗族安之,仁义则乡党重之,此行成于内,名著于外者矣。"恪守孝敬仁义,必然称贤于

第三章　《孝经》的文化背景

乡里。

古代对于官吏的品德要求有所不同。孝子人人可当，官吏则未必人人能胜任。孝子是对家族和乡里尽责，官吏则必须对朝廷和人民负责。所以，孝子当官应当具备忠、孝、智、勇四种道德。唐代白居易在《李陵论》指出："《论》曰：'忠、孝、智、勇四者，为臣、为子之大宝也。'故古之君子，奉以周旋，苟一失之，是非人臣人子矣。汉李陵策名上将，出讨匈奴，窃谓不死于王事非忠，生降于戎虏非勇，弃前功非智，召后祸非孝，四者无一可，而遂亡其宗，哀哉！……坠君命，挫国威，不可以言忠；屈身于夷狄，束手为俘虏，不可以言勇；丧战勋于前，坠家声于后，不可以言智；罪逭于躬，祸移于母，不可以言孝。"这就是说，孝与其他道德是密切联系的，一损俱损。对国不忠，必然殃及孝道。

关于孝与忠、悌、仁、慈、礼等道德的关系，古人还有许多议论。试介绍如下。

（一）孝与忠

一般的观点认为：孝是忠的基础，从小培养对父母及祖宗尽孝的品质，长大之后必然移孝于忠，报效国家。在家尽孝的人，在国必尽忠；在家不尽孝的人，在国也不会尽忠，这是传统道德认识论中的一个基本定式。

基于这样一个定式，古代朝廷要求地方官吏举荐孝子当官，称为"举孝廉"，认为孝子一定会忠于国家，像对待父亲一样对待君王。其实，有些孝子未必有当官的能力，不过是愚忠而已。早在先秦，法家代表人物韩非子就认为忠与孝没有必然的关系，《韩非子·忠孝》把"忠"与"孝"合并成一个综合概念——"忠孝"，并展开了讨论。韩非子认为：孝子未必能尽忠，忠者未必是孝子。忠孝往往相悖逆，忠则不孝，孝则不忠，忠孝难得两全。《韩非子·五蠹》举例说：鲁国有个士兵出征，连续逃跑了三次，孔子问他原因，士兵说有老父亲无人赡养，所以要逃回家侍奉。孔子"以为孝，举而上之（让他做了高官）"。韩非子对这件事大有感慨："以是观之，夫父之孝子，君之背臣也。"

宋代程颐在《二程文集》中不赞成韩非子的说法，他认为："古人谓忠孝不两全，恩义有相夺，非至论也；忠孝，恩义，一理也。不忠则非孝，无恩则无义，并行而不相悖。"明代姚舜牧在《孝经疑问》中认为忠孝一体，不可分而论之。进思尽己之忠，则凡所以事君者，无所不至，退思补己之过，则凡所以成身者，无所不为，将顺其美，而唯恐其美之不彰，匡救其恶，而唯恐其恶之或播，此是事君一段大道理，所以上下能相亲也。君不能舍其臣，臣不忍舍其君，所谓移孝为忠者，亦如此。所谓忠于事君者，亦如此。

事实上，忠与孝应当是并行不悖的。尽孝不忘尽忠，尽忠不忘尽孝。为了国家利益，不能在家给父母敬孝，看起来是不孝，实际上是尽了大孝。有国才有家，国安则家安。因此，衡量孝敬不能仅仅以是否在父母身边侍奉为标准，而应看其是否在做父母期望的事，是否在做于国于民有益的事。

（二）孝与悌

悌，亦写作弟，指弟弟顺从兄长。《论语·学而》指出："孝弟也者，其为仁之本与！"宋代朱熹也说："善事父母为孝，善事兄长为弟。"悌有广义，指对所有的人友好，把天下人当作兄弟亲人。

孔子经常论及孝悌。《论语·学而》有："其为人也孝弟，而好犯上者，鲜矣；不好犯上，而好作乱者，未之有也。"这就是说：为人能够敬爱兄长，却喜欢触犯上级和造反的，这种人从来没有。根据这个意思，历代统治者都愿意找那些在家执孝的人出来当官，认为只有尊重父母的人，才会尊重君王；只有在家能尽责任的人，才会为国家尽责任。试想，一个处处自私的人，怎么可能在为国家效力时不自私呢？

（三）孝与仁

仁，本义是人与人相互亲爱。《说文解字》有："仁，亲也，从人从二。"仁是孔子推崇的道德，是其思想的核心。《论语》就是一部讲"人""伦""仁"的百科全书。春秋战国时期的学者热衷于研讨的问题就是"仁"。《论语·雍也》有："夫仁者，己欲立而立人，己欲达而达人。"意为自己要站得住，也要使别人站得住；自己行得通，也要使别人行得通。己所不欲，勿施于人。《论语·学而》有："孝弟也者，其为仁之本与！"孝是仁的一部分，是达到仁的基本要

第三章 《孝经》的文化背景

素,是做仁人的根本。尽孝的行为,实是致仁的行为。

(四)孝与慈

中华民族是一个热情仁爱,乐善好施的民族,关于慈善的概念,古已有之。在中国传统文化典籍中,"慈"是"爱"的意思。孔颖达疏《左传》曰:"慈为爱之深也。"许慎的《说文解字》中也有解释道:"慈,爱也"。慈一般指上对下的爱,《国语·吴语》有"老其老,慈其幼,长其孤。"上慈下孝,这是一对道德范畴。舜的父亲、闵子骞的继母,都属于不慈之人,他们虐待子女,没有亲情观念,然而,这种人是极少的。如果父母对子女不尽抚养、教诲之责,或者对子女苛求太多,不为子女着想,自私自利,那么,这种双亲是不慈的双亲。如果双亲不慈,子女又怎么可能尽孝?以德报怨,以怨报德,终是不合情理的。严父慈母,只有父亲严格,子女才有约束。只有母亲慈敦,子女才感到温暖。"慈母手中线,游子身上衣。"唐代孟郊《游子吟》的这句诗句说明了母亲的伟大。早在先秦,《韩非子·解老》就有:"慈母之于弱子,务致其福。"慈母对子女的疼爱,就是子女的福。当然,父亲虽严,慈在其中。《庄子·天地》云:"孝子操药以修慈父。"可见,慈是中华先民一直倡导的美德。

慈也是仁慈的表现。《国语·楚语上》云:"明慈爱以导之仁,明昭利以导之文。"只有躬道德而敦慈爱、美教训而崇礼让,人与人之间才会亲爱和睦。年轻时讲孝,到年老时必然会讲慈。慈孝不可分离,孝敬老人,必然相应地会受到老人的慈待。佛教宣传大慈大悲,认为人应有慈悲之心,大慈与一切众生乐,大悲拔一切众生苦。在宣传孝道时,不可偏废慈道。父母应当对子女多一些关心,多一分温暖,多一点理解,当子女的必然会有更多的回报。

(五)孝与礼

孝与礼互为表里。《礼记·曲礼上》曰:"道德仁义,非礼不成;教训正俗,非礼不备;分争辨讼,非礼不决;君臣上下、父子兄弟,非礼不定;宦学事师,非礼不亲;班朝治军,莅官行法,非礼威严不行;祷祠祭祀,供给鬼神,非礼不诚不庄。"由此可见,在儒家经典中,孝是礼的范畴,礼是孝的形式。

中国是礼仪之邦，但礼制主要为统治者服务，并且相对烦琐。汉朝叔孙通为刘邦制定礼仪，同时也制定了孝礼。唐人颜师古在《汉书·惠帝纪》注书云："孝子善述父之志，故汉家之谥，自惠帝以下皆称孝。"然而，统治者要人民讲孝遵礼，他们自己却经常反其道而行之。《管子》和《韩非子》记载易牙擅长烹调，让桓公尝尽了各种美味，曾经蒸其子给桓公吃。《史记·项羽本纪》记载项羽与刘邦相争，项羽把刘邦的父亲捆在锅旁，准备推到锅里煮成肉羹，刘邦却说："吾翁即若翁，必欲烹而翁，则幸分我一杯羹！"幸亏项羽旁边站着项伯，为刘邦的父亲说了几句话，才使得他老人家保住性命。古代统治者的礼与孝都有虚伪的一面，所以遭到历代思想家的抨击。但是，我们不应当因此就把礼与孝全盘否定。

第二节　中国孝文化的基本内涵

"孝"是中华民族传统文化的精髓，其中蕴含着丰富的伦理精神、人文资源，对其现代价值的思考，应建立在对其内涵的准确把握与理解之上。中国传统孝文化的内涵，主要体现在伦理规范和人文精神两方面。

一、孝文化的伦理规范内涵

（一）尊重生命

《礼记·祭义》说："身也者，父母之遗体也。行父母之遗体，敢不敬乎？"《孝经·开宗明义》也说："身体发肤，受之父母，不敢毁伤，孝之始也。"意思是说，自己的身体是从父母那得到的，毁伤了自己的身体就是不孝，珍惜生命是人行孝尽孝的开始。

（二）敬养父母

赡养父母，尽力照顾好父母的饮食衣服居住等基本的生活，是子女对父

第三章 《孝经》的文化背景

母最基本的义务,是基于人的报恩观念而产生的。每个人都是由父母所生,又是因父母的精心照顾而长大成人,这种生命创造及养护的客观事实使人类产生了报恩意识,即在自己的父母年老之后要竭尽全力赡养父母,尽"反哺"义务。传统孝观念不仅要求子女对父母尽奉养的义务,更重要的是子女对父母要有敬爱之心。孔子对"敬亲"特别重视,而且把能否敬爱父母作为人与畜、君子与小人的区别。《论语·为政》说:"今之孝者,是谓能养。至于犬马,皆能有养;不敬,何以别乎?"传统孝观念中,敬亲是比养亲更高层次的孝。《孝经·纪孝行》当中讲"居则致其敬,养则致其乐,病则致其忧,丧则致其哀,祭则致其严",核心就是把父母放在心上,以诚敬的心回报父母。

(三)事亲几谏

一般来说,当儿女的应听父母的话,按父母的意志办事,这不仅表现在态度上对父母长辈和悦,在行为上事之以礼,更为深层的是要顺从父母长辈的意志,所以常看到"孝""顺"连用。《论语·学而》说:"父在,观其志;父没,观其行;三年无改于父之道,可谓孝矣。"但是,顺从父母长辈不等于没有原则。在父母犯错的时候要委婉地提出建议,让父母能改正错误,这也是一种孝。《论语·里仁》说:"事父母几谏。"《孟子·告子下》说:"亲之过大而不怨,是愈疏也……愈疏,不孝也。"就是说,子女对父母的过失、违背道义的行为不怨、不谏,甚至盲目顺从,就是不孝。

(四)传宗接代

传宗接代,是一个民族发展与壮大的国之大计。传统封建的孝观念认为人在结婚之后必须生子,生子育孙能使家庭以至整个宗族得以稳固和延续,使先祖能够得到祭奉。完不成这一重任,就是对父母最大的不孝,对祖先最大的不尊。《孝经·圣治》也说:"父母生之,续莫大焉。"即使给父母锦衣玉食,若终无后人再续家门,古代孝子会感到无限遗憾,感到愧对父母。可见传宗接代观念在古代是报答、安慰父母的一种方式和情结。现代社会,强调优化生育政策,这是促进我国人口长期均衡发展的一种方式。

(五)丧祭祖亲

孝的基本含义是"善事父母",它包括"事生"和"事死"两个层面,后者是前者的继续和延伸,它表达了子孙对逝去长辈的敬重和思念。"事死"是传统孝观念中非常重要的一项内容。《礼记·中庸》说:"事死如事生,事亡如事存,孝之至也。"意思是,侍奉死者如同侍奉生者,侍奉已亡者如同侍奉现存者,这是孝的最高表现。《孟子·离娄下》说:"养生者不足以当大事,惟送死可以当大事。"《礼记·祭义》说:"养,可能也,敬为难;敬,可能也,安为难;安,可能也,卒为难。"以上可看出传统孝观念非常重视"事死"。"事死"也就是古人说的丧亲。曾子将丧亲之孝概括为"慎终追远",即慎重地办理父母丧事,虔诚地祭祀远代祖先。可见,丧亲之孝的表现形式就是丧葬和祭祀,也就是说父母或长辈去世后子女要主持葬礼和祭礼。

(六)承志立身

"承志"就是子承父志,古人主张对父母正确合理的意愿、事业应该支持、继承,这是很重要的孝行。《礼记·中庸》有:"夫孝者:善继人之志,善述人之事者也。"这种"志"和"事"用今天的话来说就是先人的遗愿、事功和经验,我们来继承。《孝经》当中强调孝的最高层次就是尊亲、荣亲,做子女的,必须以自己的嘉言善行和出色成就使父母受荣耀、受尊崇。民间有句话"前三十年看父敬子,后三十年看子敬父"就是这个意思。中国传统孝观念要求子女立身,且在立身的基础上要立德、立言、立功。《孝经·开宗明义》说:"扬名于后世,以显父母,孝之终也。"子女们寒窗苦读,为的是秉承父志,善继善述,实现父母对子女的希望;为的是保持家风淳朴,维护家道兴旺,为父母、为家族取得荣誉。光宗耀祖,光大宗门,这是传统孝道对子女在家庭伦理范围内的最高要求。

二、孝文化的人文精神内涵

孝是中华民族传统文化的精髓,其中蕴含着丰富的伦理和人文精神。"孝"

第三章 《孝经》的文化背景

体现了中国人对如何践行孝所做出的具体设计，也就是具体的伦理行为规范，其背后体现了对人文伦理的独特思考，体现了对人之所以为人与如何维系社会和谐关系的一种独特认知。中国传统孝文化的内涵，主要体现在伦理规范和人文精神两方面，而人文精神具有长久和永恒的价值，是决定伦理规范存在的基础和意义，因此人文精神更需要我们深入认识和大力弘扬。

（一）"仁爱"本性

《论语·学而》说："孝弟也者，其为仁之本与！"这就是说，"仁"是道德的总汇，其中自然包括"孝"。对父母的孝就是仁，即"亲亲为仁"，再进一步扩展为"泛爱众而亲仁"，即把一种家族伦理扩大到社会伦理。《郭店楚简·性自命出》中说："道始于情。"《郭店楚简·语丛二》中特别指出："爱生于性，亲生于爱。""爱"出乎人的本性，父母子女之间的亲情是由"爱"而发生。这更说明"孝"与"爱"之关系。从先秦儒家的典籍中，我们可以看出"孝"的本质是出于人"仁爱"的自然本性，它是不带有功利性的。

（二）"责任"义务

责任，是指子女对父母承担应当履行的义务。责任感的建立是以情感为基础的，父母对子女有抚养的义务，子女又对父母有赡养之责任。这种责任感，归根到底来源于亲情之爱的连接和互动。父母对子女的抚养、教育是一种责任伦理。孔子说《孝经》的目的在于给后人以教训，基于"仁爱"的"孝"必须负有对后代培养的责任。所以《礼记·学记》中说："虽有至道，弗学，不知其善也。故学然后知不足，教然后知困。知不足，然后能自返也；知困，然后能自强也。"因此，对长辈的爱敬，对子孙的培育，都是出于人之内在本心的仁爱，这种仁爱是一个人的责任感的本源和动力。

（三）"感恩"道义

孝的意义在于感恩，感恩是在道义上对抚养自己、帮助自己父母的感激。关于感恩，孔子曾经有很好的说明。《论语·阳货》载，宰我问孔子："三年之丧，期已久矣……"子曰："予之不仁也！子生三年，然后免于父母之怀。夫三年之丧，天下之通丧也。予也，有三年之爱于其父母乎？"从孔子对宰我的批评中可以看出，在孔子看来，父母对孩子的抚养是非常辛苦的，一般而言孩子到了三岁的时候才能离开父母的怀抱。因此，孔子所强调的所谓"三年之丧"，实际上是一个人对父母之恩的真切表达。这既是亲情的一种表达，也是讲求道义的折射。

（四）"忠诚"品质

中国以儒家思想为基础核心的传统文化，倡导"天下兴亡，匹夫有责"的人生价值，推崇"孝忠"精神，并以孝劝忠。重视以"孝"立身，以"忠"兴邦，既强调国家的绝对权威，又不偏失以民为本。在中国长期的封建宗法社会中，孝与忠结为一体。事君为忠，事亲为孝，忠孝两全，成为当时社会思想道德标准的最高典范。忠诚是一个伟大的民族必须具有的伟大精神、高尚品质，之后才谈得上兴邦伟业。忠诚的现代含义，就是要尽职、尽责，"鞠躬尽瘁，死而后已"，为了民族的整体利益，为了国家的整体利益，不惜牺牲自己的利益，甚至生命。忠诚是国家与人民、人民之间相互联系的关键。国家是核心，人民是基础。国家对人民负责，具体体现为诚信守诺，维护人民利益，这个国家才有凝聚力、向心力；人民对国家忠诚，具体体现为自觉维护国家利益和促进社会和谐。

（五）"爱国"情怀

孝的最高表现形式是爱国主义精神，这是从"祖"兴起、由"孝"发脉的。"祖国"是从"祖籍"（即祖先居住占籍、生存养息的方域）演变而成的。"祖国"，原本是身在异域的后代子孙称其先祖所籍之国的，而未离开祖籍的人称自己的国家为"祖国"，则更带有念祖与爱国的感情色彩。说到底，爱国即缘亲祖而爱国，祖国缘"祖"而称，即爱国就是孝意识的延伸。在我国古代还有"父母国"之说，《孟子·万章下》云："（孔子）去鲁，曰：'迟迟吾行也。'去父母国之道也。"这种爱国情结，用"孝学"的术语解释，就是对祖国母亲的"孝养"，是贤孙对先祖的"追孝"。人的处世立身之孝引发忧世之情怀，报亲扬名之孝是孝子忠君爱国的动力。《孝经·开宗明义》讲："夫孝，始于事

第三章 《孝经》的文化背景

亲，中于事君，终于立身。"身立然后方可言孝，而古代的"立身"，不外乎"三立"，即"立德、立言、立功"，这既是对祖先的回报，也是对国家的效力，这就把二者有机地统一起来了。

（六）"和顺"意识

和顺是孝的社会结果。和顺，用现代语言表述就是和谐。"仁"是儒家伦理思想的核心概念，其不仅是孝的重要基础，也是和谐社会关系的重要基础。"仁"强调个体的责任与义务，即"为仁由己"，包括"爱人""孝悌"等内涵。"为仁"，要求个体"克己复礼"，即约束自己的言行，遵守社会礼仪，以友善、恭敬的态度对待家人和其他社会成员。"为仁"强调知行于礼，《论语·雍也》有："君子博学于文，约之以礼，亦可以弗畔矣夫！"即广泛学习文化典籍，用礼仪约束自己的行为，这样就可以不背离正道了；强调自我修行，达到"克（好胜）、伐（自夸）、怨（怨恨）、欲（贪欲）不行焉，可以为仁矣"的目标。这两个方面共同作用，可以为社会关系的和谐奠定个体的思想基础。在家庭中，孝亲是和谐家庭人伦关系的关键。"父慈子孝、兄友弟恭"是家庭人伦关系的基本要求。这种家庭人伦关系的协调，为家中成员的生活幸福、事业有成提供了保障和条件，正所谓"家和万事兴"，这种和谐的气氛对每一个家庭成员来说，都是一种享受。家庭的和谐为社会的安定和顺奠定了坚实的基础。

三、孝文化的社会治理构建

孝观念是中华民族代代相传的优良品德，也是中国传统伦理道德的重要内容之一。经历代大儒们的宣传和统治者的提倡，孝从理论到实践逐步得到了发展和完善，不断积累和丰富的孝伦理资源，推动形成了具有中国特色的孝文化，并成为中华文明宝贵的精神财富。

（一）"孝亲"——人类人伦的自然形态

人类产生孝的观念，不仅反映出自然的血缘关系，更重要的是它是人类冲出动物世界、建立人性情感世界的重要标志之一，是人性情感的萌芽、人类人道和人伦的自然形态。

1. "孝亲"的基本含义

何为"孝亲"？孝亲，即孝敬父母。《礼记·祭统》说："忠臣以事其君，孝子以事其亲，其本一也。"孝亲，是中华传统文化的重要内容，也是伦理道德的基本准则。

孝的观念产生较早。据考古发现，"孝"字最初见于殷卜辞。商代金文中有一例用于人名。青铜器上刻着的"孝"的象形图形，古文字学家释为"孝"的篆体。因人老了，弯腰弓背，手拄拐杖，一副老态龙钟之行走神态，上老下小之服侍形状。《尔雅·释训》对孝的解释是"善父母为孝"。东汉许慎在《说文解字》中解释说："孝，善事父母者。从老省，从子。子承老也。"清段玉裁在《说文解字注》中进一步解释说："《礼记》：'孝者，畜也。'顺于道，不逆于伦。是之谓畜。"当今学者对"孝"金文字形的解释与上述说法大体相同，不过更加具体形象。徐中舒主编的《汉语大字典》提到，金文"孝"字上部像戴发伛偻的老人。唐兰谓即"老"之本字，"子"搀扶之，会意。康殷在《文字源流浅说》解释得更有意思：像"子"用头承老人手行走。用扶持老人行走之形以示"孝"。"孝"的古文字形一般对应"善事父母"之义，"孝"是尊敬长辈、侍老奉亲，是子女对父母的一种善行和美德。孝，按照中国传统的伦理解释，就是"善事父母"，也就是子女赡养父母，在生前要尊敬、抚养，死后要善葬、贡祭等，尽人子之责。这个时候的孝观念，仅仅就是一种以自然血缘关系为基础的家庭伦理道德。

孝的这种伦理观念，是战国以后至今流行的、儒家所倡导的并为国人所认同的基本观念，也就是孝的初始观念。但若从文化其他要素的视野进行细究的话，孝的初始内容还不仅于此，至少还包括"尊祖敬宗"这层含义。孝的这两种含义是共存的，但周至春秋战国这段时期，"尊祖敬宗"占主导，之后"善事父母"成为孝的核心意蕴。中国从夏商周三代开始进入文明社会，但受生产力发展水平的制约，人们仍然保持着聚族而居的生活方式，宗法家族制度成为社会的主要组织构成。农业生产使人们认识到老人经验的重要性和祖先创业的艰难。但在个体家庭出现以前，初民的爱亲之心主要表现为祖先崇拜。正如《礼记·郊特牲》解释敬祖的意义时所说："万物本乎天，人本

第三章 《孝经》的文化背景

乎祖",祖先崇拜是为使子孙后代永不忘祖先的开拓之功。《礼记·坊记》进一步解释说:"修宗庙,敬祀事,使民追孝也。"当时虽还没有"事亲"意义上的孝道,但尊敬、爱戴、崇拜本族长者、老者的情感已经产生。在行为上表现为集体的养老,在观念上表现为"尊祖敬宗"。在氏族社会里,以祖先崇拜为核心观念的传统思想发挥着主要的作用。氏族组织解体、个体家庭出现后,周初周公开始将父子兄弟之间至爱、至诚的情感作为孝道的依据,把孝道称为"天赐民彝",把违反孝道的行为当成是"元恶大憝",如《周礼·地官司徒》规定:"以乡八刑纠万民;一曰不孝之刑……"尤其经过春秋战国的社会变革,时代的发展要求重建以孝道为核心的宗法伦理,经过统治者和大儒们的倡导,建立在人文关怀基础上的孝道成为一个完整的体系。这个时候,"善事父母"已经作为家庭伦理,并作为人类人道人伦的初始形态而存在,从此孝敬父母不再是社会的外在压力和鬼神的约束,而是出自人们内心的一种情感要求和道德自觉。

2."孝亲"的表现形式

孔孟儒学认为,孝是一切德行的根本,教化的源泉。《孝经·开宗明义》载,子曰:"夫孝,德之本也,教之所由生也。"这种孝道观,是儒家伦理思想的最高道德要求和做人的基本准则,也是中华文化的本源之一。这种理念价值的推行,要求有具体直接的行为表现,对此,古人众说不一,依据儒家观念,大致可分为三个层面。

一是物质层面。《论语·为政》载,子曰:"生事之以礼;死葬之以礼,祭之以礼。"父母在世时,子女要以礼侍奉、赡养,满足父母的物质需求;父母死后,子女要以礼安葬,并且按礼仪祭祀,子女对父母要尽物质奉养的义务。此外,根据《二十四孝》及古时孝子的倡导和要求,子女对父母的物质奉养除了生养、死葬、病医等,至少还应包括安全保障("斥盗护婆")、委曲求全("芦花谏亲")、替父主事("代父受刑")等,并且子女对父母的物质奉养还应有质量和效果的要求,做到尽其心、竭其能,如"扇枕温衾""乳养婆母"等,这些都是孝行的典型范例。子女对父母进行赡养,这是孔子孝道观最基本的道德要求。

二是精神层面。《论语·为政》载,子曰:"今之孝者,是谓能养。至于犬马,皆能有养;不敬,何以别乎?"又子曰:"色难。有事弟子服其劳,有酒食先生馔,曾是以为孝乎?"《礼记·祭义》说:"孝子之有深爱者,必有和气;有和气者,必有愉色;有愉色者,必有婉容。"子女对父母的行孝停留在物质奉养上是不够的,还得在情感和态度上对父母尊敬与爱戴。子女行孝,一要做到"敬",这是从内心要求的,二要解决"色难",这是从外表要求的,并要求内心的尊爱与外表的态度两者的和谐、统一。子女要关注父母的精神世界,做到让他们心理上阳光、健康,心情上愉快、高兴,满足他们的精神需要。另外,《论语·学而》中曾子有曰:"慎终追远,民德归厚矣。"儒家强调,对父母的孝顺还应"祭之以礼","祭则观其敬"。祭祀父母,关键是要"崇敬"和"守时",其核心是要以崇敬的态度时时挂念父母和祖先。追念父母和祖先,其基本形式是祭祀。子女对父母的孝顺,不仅要在情感和态度上对父母尊敬与爱戴,而且要在父母去世后对父母表示虔诚的追念,这是孔子孝道观的更高的道德要求。

三是事业层面。《论语·学而》载,子曰:"父在,观其志;父没,观其行;三年无改于父之道,可谓孝矣。"《孝经·开宗明义》云:"立身行道,扬名于后世,以显父母,孝之终也。"《尚书》有"追孝于前文人",《伪孔传》有"继先祖之志为孝"。子承父业,是封建社会的一种传统,也是儒家提倡的孝内容之一。周武王和周公旦继承文王的遗志讨灭了商纣王,故孔子赞扬他们说:"武王、周公,其达孝矣乎!夫孝者:善继人之志,善述人之事者也。"陆游希望他的后人收复中原失地,在《示儿》中写下了"王师北定中原日,家祭无忘告乃翁"的诗句,这种充满爱国热情的父志,是完全应该继承的。继承父业是要条件的,因此,首先要修德,做人应以德为重,通过历练使自己具有高尚的道德情操、品德修养;要立志,要有自己的理想,并为实现理想而勤奋学习,博学切问,恭俭谦约,成就本领;要磨练坚强意志,使自己具有百折不挠的精神;要珍惜自己的生命,强健自己的体魄,保持健康。这些是继承父志并造就一番事业的基本条件。儿女继承父辈遗志,完成未竟事业,以及取得事业上的成就与荣耀,是对父母最大的孝,这也是孔子孝道观最高道德要求的体现。

第三章 《孝经》的文化背景

3."孝亲"的社会意义

现代有的学者对孝有新的诠释和理解,认为孝不仅包含儿女要"善事父母",同时包含父母要"善待儿女",而且应是"善待儿女"在先。"孝"字的基本构件,就是"老"与"子",组合起来表示一种人伦关系。"孝"字,不仅像是小孩搀扶着老人行走之形态,同时像是老人牵着小孩行走之形态。也许我们的先人在创造"孝"字时,本身就包含着"老教子"和"子养老"这两层意义。父爱子,尽善教的责任;子孝父,尽善养的义务。这种父教与子养的关系,从动物学的意义上说,是一种"反哺"行为;从逻辑学的意义上说,是一种自然因果现象。

对孝的基本意义,无论古人如何诠释,还是今人怎样理解,孝包含的两点本质意义是不可否认的。第一,是人与人之间自然血缘情感关系的反映。孝的观念在中国,大约产生于原始社会末,氏族解体个体家庭形成的时期。这个时期孝的概念,反映出"老"与"子"相互依存的血缘关系。这种有着浓厚血缘的亲情关系,是一种无任何功利目的的,含有自然属性的父母爱子女、子女孝父母的亲情关系。第二,是最早进入家庭的伦理规范之一。孝,是最原始的人道或人伦观念。这种观念是人类最原始的情感之一。在中国文化视野中,人性与兽性之别强调的是人文、伦理层面的,动物是无伦理可言、道德可谈的。孝这时蕴含的人伦观念,是中国传统道德的基础,而其他的道德规范都是由此引申、演绎、发展而来。

(二)"孝悌"——和顺天下的潜导措施

"孝悌",这种血缘关系经过不断边缘化的劝教、演化,已经不是简单的孝观念的外延和扩充,不仅体现了一套完整的家庭伦理观念的形成和理想的家庭伦理秩序的建立,而且体现了一种包括家庭伦理在内新的社会伦理秩序。孝悌把家庭血亲中的等级推广到了宗法等级的政治与社会制度的社会关系中,并使社会形成"仁爱"氛围的社会伦理道德的基础,进而达到建立稳定的社会秩序、构建和谐社会的目的。

1."孝悌"的基本含义

何为"孝悌"?孝悌二字,古人通常并用,《论语·学而》载:"孝弟也者,其为仁之本与!"《三字经》有:"首孝悌,次见闻。"孝与悌是两种德行,都源自于血缘关系。《尔雅·释训》云:"善父母为孝。"《说文解字》的解释是:"孝,善事父母者。"刘宝楠在《论语正义》中解释,"悌"即"弟"俗体。朱熹也讲:"善事父母为孝,善事兄长为弟。"由此可见,孝悌实际上是规范父子、兄弟之间的关系,也就是家庭伦理道德之间的关系。孝悌二字,在孔子思想中通常是并称,《论语·学而》中有:"其为人也孝弟,而好犯上者,鲜矣。"另外,孔子还有"弟子入则孝,出则弟","宗族称孝焉,乡党称弟焉"等。在这种孝悌关系中,父子关系是最为重要、根本的,封建社会的一切关系都是从孝开始,孝是其他关系的基石。

古人对孝悌概念的理解范围是很广的。《论语·学而》曰:"弟子入则孝,出则弟,谨而信,泛爱众,而亲仁。"这里的孝悌与初始孝亲的内涵和背景已经大不一样了。孝悌的意义经过演变逐步扩大化了,还包括对长辈的尊敬、对兄弟等辈的友爱与恭敬。如果我们站在历史长河的岸边审视,"孝亲"到"孝悌"是一个历史性的发展。孝悌是一个崭新的伦理层面。它不仅要求建立较为理想的家庭伦理秩序,而且要求以此为基础去"爱人爱众",建立较为稳固、理想的社会伦理秩序。

2."孝悌"的表现形式

孝悌观念,最初产生和存在于以自然血缘关系为基础的家庭之中,后经统治者和大儒们的鼎力宣扬、阐发,孝悌观念得到迅速传播,并得到广大民众的接受、遵行、继承,不仅对当时社会,而且对以后的社会都产生了深刻的影响。孝悌之中蕴含有如下三层关系。

第一,父辈与子辈之间的关系,是最基本的关系。儒家把父子关系看成最为重要、最为根本的关系,是其他关系的基础和始发点。孔子非常看重父子之间的关系,从养、敬、容、思、顺、继、丧、祭、守九个方面来进行系统阐释。孔子对赡养父母谈得较多,并把它作为孝的基本组成部分,还特别强调对父母要发自内心地崇敬,给父母精神上的安慰,《论语·里仁》有:"父母之年,不可不知也。一则以喜,一则以惧。"意思是说,父母长寿,做子女的要高兴,若父母年老体衰,做子女的就要担心。《论语·学而》也有:"父在,观其志;父没,观其行;三年无改于父之道,可谓孝矣。"强调通过观察子辈

第三章 《孝经》的文化背景

行为判断其是否为孝子。孔子所谓的"孝",范围是极其广泛的。曾子用"忠恕之道"作为孝道的哲学基础,进一步在哲学上将其体系化;思孟对孝道观进行了人性论的证明;荀子在孝道观方面贯彻了"道义"的原则;《礼记》完成了孝道的理论创造并使其发展。道家、墨家、法家也发表了各自的孝道观点,并把它作为自己学说体系的一部分,例如道家"六亲不和,有孝慈"、墨家"兼相爱"等观点。他们所谈到的孝,多与宗法制度紧密关联,是时代社会的反映。

第二,家庭兄弟成员之间的关系,是最重要的关系。孝悌是父辈与子辈关系的延伸和扩展,其逐渐形成家庭兄弟成员之间乃至发展成为完整的家庭伦理规范与建立理想家庭的伦理秩序。孔子把孝悌作为"为仁之本",对孝道观的系统建立起了奠基的作用。汉代以后,统治者为适应中国的宗法家族社会结构,极力推崇孝悌,并从稳定家庭结构入手,以达到稳定社会的目的。他们大力表彰"孝悌力田",《汉书》《后汉书》等记载着大量的对"孝悌"的褒奖、赐爵。此时,儒家学说受到官方的特别关照,被钦定为"独尊"之学,孝道也就变成"以孝治天下"的手段。《论语·学而》有:"有子曰:'其为人也孝弟,而好犯上者,鲜矣;不好犯上,而好作乱者,未之有也。君子务本,本立而道生。孝弟也者,其为仁之本与!'"可以看出,孔子先从家庭的角度出发,强调家庭伦理关系,后由此及彼,认为能够做到孝悌的人,去犯上是少有的,而不好犯上的人,去作乱是没有的。有德性的人善于追求"孝悌"这个根本,根本的东西树立起来后,良好的仁道就会随之而来。孔子进行了一个合乎逻辑的推理:在家里是一个充满爱心、尽孝悌的人,在社会中,当然不会犯上作乱,也不会危害社会。孔子十分看重人的基础道德,强调只有打好了"孝悌"这些最基本的道德基础后,一个人的道德前途才会一片光明。如果一个社会都追求孝悌,在行动中以孝悌作为标准,那无疑是一个稳定和顺的社会,这正是孔子极力宣扬和追求的理想社会。

第三,社会成员之间的关系,是最需要的关系。《论语集注》引程子曰:"孝弟,顺德也,故不好犯上,岂复有逆理乱常之事。德有本,本立则其道充大。孝弟行于家,而后仁爱及于物,所谓亲亲而仁民也。故为仁以孝弟为本。"从家庭中的伦理关系开始,先使家中亲人间充满亲情,而后使这种仁爱扩展到其他事物中，这样就是真正的"仁"。从这个角度讲，孝悌是使社会形成仁爱氛围的社会伦理道德的基础。孟子对孔子的孝悌思想作了进一步阐释和发挥，说："孝子之至，莫大乎尊亲；尊亲之至，莫大乎以天下养。"这种推己及人的孝道观，是孟子的独到见解。故孟子说："老吾老，以及人之老；幼吾幼，以及人之幼。"《孝经·孝治》有："子曰：'昔者明王之以孝治天下也，不敢遗小国之臣，而况于公、侯、伯、子、男乎？故得万国之欢心，以事其先王……夫然，故生则亲安之，祭则鬼享之，是以天下和平，灾害不生，祸乱不作。故明王之以孝治天下也如此。'"此述非常精妙，一方面可以体现统治者推崇儒家学说的根本缘由，另一方面可以看出儒家"以孝图治"的说教苦心和政治用心。孝悌的实质，是将家庭血缘中的等级关系推广到宗法等级的政治与社会制度的社会关系中，形成社会伦理道德的基础。

3."孝悌"的社会意义

孝悌是父辈与子辈关系的进一步延伸和扩展，其强调了由此推演而来的泛爱、博爱，并形成社会伦理道德的基础，从而达到稳定社会的目的。在孝悌推演过程中，以孔子为代表的儒家起到了至关重要的作用。儒学重视血缘关系，将孝悌作为仁的基础，特别是政治思想伦理化，强调亲亲尊尊，孝亲忠君，视犯上作乱为忌，这种教化天下的潜导思想对后世影响深远。《孟子·尽心上》有："人之所不学而能者，其良能也；所不虑而知者，其良知也。孩提之童，无不知爱其亲者；及其长也，无不知敬其兄也。"孝悌在孟子看来是人的本性，任何人不学不虑就知爱亲敬兄。孝一直是中国伦理思想的基石，孔子以孝悌为切入点，使其儒家学说能为普通百姓接受而深入人心，特别是经过后人的进一步发展，能影响着中国人的行为、情感甚至思维方式而成为一种文化现象。

儒家学说不仅易于为普通百姓所接受，它还满足了历代统治者的需要，因而得到大力提倡。孔子认为犯上作乱是最不仁之事，非孝悌不能绝其源，所以首倡孝悌。主张"君君、臣臣、父父、子子"，认为君臣如父子，君王最尊，孝敬父母也应尽忠君王，不能犯上作乱，礼乐征伐应自天子出。这正是历代统治者维护其统治所需要的。孝悌被历代帝王推崇与利用，此举终极目的虽是为了稳定统治，但不可否认这一行为在客观上对社会和谐发展也起到

第三章 《孝经》的文化背景

了一定积极作用。

（三）"孝忠"——治理天下的为政方略

"孝忠"，即在以孝劝忠意识形态策略的影响下，形成的忠孝并论的潜意识结构。它给孝注入更多的意识形态因素，反映出跨越自然人际关系的一种崭新的意识形态形式，使维持家庭秩序的伦理道德范畴，演绎、扩展为维持社会秩序的政治范畴，从而成为"孝治天下"的为政方略。

1."孝忠"的基本含义

何为"孝忠"？"孝忠"或"忠孝"二字，古籍中经常并列使用。孝是根源于血缘关系，自然注定的；忠根源于上下级关系，忠是孝的进一步的延伸。《说文解字》解释说："忠，敬也。"朱熹解释说："尽己之谓忠。"《忠经》给忠下的定义是"忠者，中也，至公无私。天无私，四时行；地无私，万物生；人无私，大亨贞。忠也者，一其心之谓也。为国之本，何莫繇忠？忠能固君臣，安社稷，感天地，动神明，而况于人乎？夫忠，兴于身，著于家，成于国，其行一焉。是故，一于其身，忠之始也；一于其家，忠之中也；一于其国，忠之终也。身一，则百禄至；家一，则六亲和；国一，则万人理。"忠的观念，较孝的观念出现要晚一些，甲骨文中尚不见其字，金文中已有。忠的观念，只能在国家政权出现之后才有。

封建统治者重视孝悌的宣扬、将孝悌高度政治化的重要标志，就是"以孝劝忠"。那么，其理论基础源于何处？即是《大学》里的"三纲八目"。《大学·第一章》开篇道："大学之道，在明明德，在亲民，在止于至善"，是为"三纲"，即弘扬光明正大的品德，使人弃旧向新，使人的道德达到最完善的境界。"格物、致知、诚意、正心、修身、齐家、治国、平天下"是为"八目"。《大学》载："身修而后家齐，家齐而后国治，国治而后天下平。""所谓治国必先齐其家者，其家不可教而能教人者，无之。故君子不出家而成教于国。孝者，所以事君也……"统治者利用孝道来教化百姓，就是修其身的过程。向广大民众宣扬孝行，就是希望以此影响人们，以齐其家。这些最终都是为了达到治国平天下的目的。"治国必先齐其家"，指出了以孝齐家对治国的主导性。"孝者，所以事君也"，把人们行孝的对象直接指向为君王。《礼记·祭义》则说

"事君不忠，非孝也"，更加明确地指出对君王不忠，就是不孝的表现。当然，统治者要推行孝悌，还需以身作则，广敬博爱，规范天下。"所谓平天下在治其国者，上老老而民兴孝；上长长而民兴弟；上恤孤而民不倍。是以君子有絜矩之道也。"正因为如此，历代帝王为了稳固自己的统治，也做出了许多宣扬孝道孝行的事。

孝在《孝经》中得到比较全面的概括与总结，《孝经》较深刻地反映了封建统治者倡孝的意图。《孝经》集中议论了"以孝治天下"的原则，在一些章节中，不是讲"事于亲"，而是讲"事于君"。《孝经·广扬名》有："子曰：'君子之事亲孝，故忠可移于君；事兄悌，故顺可移于长；居家理，故治可移于官。是以行成于内，而名立于后世矣。'"

这里利用因果关系把"事亲"和"事君"巧妙地结合起来了，有较强的逻辑说服力。《孝经》以孝为教、以孝劝忠的意识对后世影响较大，孝的内涵被延伸为忠于君王、忠于国家，为官不忠、临战不勇也被认为是不孝的表现。正如曾子所言："居处不庄，非孝也；事君不忠，非孝也；莅官不敬，非孝也；朋友不信，非孝也；战阵无勇，非孝也。"在这种传统文化氛围中，孝与忠在人们的思想意识中，逐渐形成相通、互喻、并论的互通构式，与这种意识形态形式相一致，同时也形成了国和家的合一、类化、并提的政治形态，孝忠也因此成为古代社会的最高境界之一。

2．"孝忠"的表现形式

孝悌观念的推广，对社会稳定起到了重要的作用，因此得到统治者的赞许和大力提倡，统治者在实践中逐步将"以孝图治"演升到"以孝劝忠"，且把这两者有机结合起来，成为治理天下的为政之本。《论语·为政》载，或谓孔子曰："子奚不为政？"子曰："《书》云：'孝乎惟孝，友于兄弟，施于有政。'是亦为政，奚其为为政？"有人问孔子为什么不从政时，孔子引用《尚书》里的话来解释自己用孝悌观念来影响社会政治，就是从政了。这一则对话就说明了孔子一开始就将宣扬孝悌观念的活动看成政治行为。

第一，君必孝，"亲亲"才能"亲民以仁"。在儒家孝道思想体系中，要求每个人都必须尽孝，而且对每个阶层的孝行提出相应要求，尤其以《孝经》反映得最为明白、具体、系统。《孝经·天子》中说："爱亲者，不敢恶于人；

第三章 《孝经》的文化背景

敬亲者，不敢慢于人。爱敬尽于事亲，而德教加于百姓，刑于四海。盖天子之孝也。"君王能够爱自己的父母，通常是不会厌恶别人的父母的；凡是尊敬自己父母的人，通常是不会轻慢别人的父母的。君王应当竭尽爱心地去侍奉自己的父母，还要以这样的孝心德行去教化老百姓，做全国的示范。只有这样，才能称得上是孝道。君王之孝不同于普通人之孝，君王之孝要求更加严格、广博，不仅要爱自己的父母，还要爱别人的父母如自己的父母，敬老养老，爱民如子；不仅要加强自身孝道修养，还要努力推行孝道，教化百姓，引领民风。只有君王做到了尽孝，老百姓才会做到尽忠。正如《忠经·圣君》中所说："惟君以圣德监于万邦……则人化之，天下尽忠以奉上也。"君王只有有至高的道德，才能够治理国家；百姓被教化了，对君王怀有感激之情，就会对君王尽忠，尽心尽力地奉事自己的君王。因此，君王首先必须孝敬自己的父母，然后才能有一份仁爱之心对待老百姓，老百姓也才会衷心地拥戴君王，天下才会太平、和顺。

第二，臣必孝，"事亲"才能"事君以忠"。《孝经》对诸侯、卿大夫和士的孝道内容都作了具体规定，不仅要做到孝敬父母，还要做到用心去做好自己的本职工作，以孝敬父母的崇敬之心去忠诚地对待君王、对待上级。《孝经·士》云："资于事父以事母，而爱同；资于事父以事君，而敬同。故母取其爱，而君取其敬，兼之者父也。"强调了作为士，应当像对待父亲那样去同等地对待自己的母亲，就像侍奉自己的父亲那样去奉事自己的国君。侍奉自己的母亲要充满爱心；奉事国君则要有敬爱之心；两者兼而有之的是对待父亲。又云："故以孝事君则忠，以敬事长则顺。忠顺不失，以事其上，然后能保其禄位，而守其祭祀。盖士之孝也。"所以说，对待君王忠诚，以敬爱之心去侍奉上级，他的忠顺二字便不会失掉。能做到忠诚顺从地奉事国君和上级，就能保住自己的俸禄和职位，并能守住自己对祖先的祭祀，这就做到孝道了。所以，为官之人，都要忠于工作岗位，适应角色的转换。若能以事亲之道，服佐上级，竭尽心力，把工作做好，这便是忠。处理好同事关系，服从命令这便是顺。《忠经·冢臣》云："为臣事君，忠之本也，本立而后化成。冢臣于君，可谓一体，下行而上信，故能成其忠。"

第三，民必孝，"奉亲"才能"奉职以顺"。忠的原本意义就是"尽其在

173

我",即忠于职守,亦即尽心尽力地做事,不论对君王、对朋友、对国家都是如此。汉代以孝治天下,孝的概念包含忠的元素。忠与孝渐成一体,即"忠孝道一"。《孝经·广扬名》说:"君子之事亲孝,故忠可移于君",这里所说的忠即为孝。孝是忠的原因,忠是孝的结果。"在家为孝子,入朝做忠臣","求忠臣于孝子之门"。对国君的孝,就是忠。忠孝一致,源于家国一体,家是国的缩小,国是家的放大。父亲是一家之长,君王是一国之尊。可见孝亲与忠君是一致的。讲忠讲孝,目的是培养"顺民"。《孟子·离娄上》有"不顺乎亲,不可以为子"。《近思录》有"顺,事亲之本也"。《盐铁论》有"为人臣者尽衷以顺职"。

3."孝忠"的社会意义

《孝经·开宗明义》云:"夫孝,始于事亲,中于事君,终于立身。"这就非常清楚地指出了"孝"是"事亲"伦理道德和"事君"政治行为的结合体。孝道对封建政治的重要性在《孝经·三才》里则体现得更为具体。《孝经·三才》说:"夫孝,天之经也,地之义也,民之行也。天地之经,而民是则之。则天之明,因地之利,以顺天下。是以其教不肃而成,其政不严而治。先王见教之可以化民也。"治理国家以道德教化为基础,道德教化以孝行为根本,故孝道既行,天下自然垂拱而治。《孝经·孝治》记载:"昔者明王之以孝治天下也……天下和平,灾害不生,祸乱不作。故明王之以孝治天下也如此。"直接指出只要推行"孝悌",就会国泰民安,政治清民。正因为如此,历代帝王对它大力提倡和推崇,并将其逐步政治化。此时的孝已远远超越了家庭伦理范围,忠成了放大的孝,国成了放大的家。原始状态仅含亲情因素的孝概念已经有了本质的变化,其中添加了许多浓厚的意识形态成分,不只是一个伦理范畴,更重要的是一个政治范畴。历史实践证明,中国古代的宗法家族社会,既存在着建立在血缘基础上的亲情,也存在着建立于私有制基础上的等级压迫,片面强调哪一方面都不利于社会长治久安。儒家倡导的"孝治天下"、以"亲亲"率"尊尊"、"孝忠"观念等,虽不能从根本上取消阶级对立,但不失为一种缓和社会矛盾的巧妙方法,其对维持社会稳定,保障人民安居乐业具有不可否定的作用。

第三章 《孝经》的文化背景

(四)"孝廉"——稳定天下的组织保障

"孝廉",将孝行作为推荐选拔官吏的重要标准而纳入国家的政治制度,给孝赋予了许多法律形态的因素。这样,不仅使孝在更高层面上得到普及、强化,更重要的是对实施"孝治天下"的为政策略具有强制作用和保障意义。

1."孝廉"的基本含义

何为"孝廉"?孝廉,即孝顺且清廉。后人解释为:"孝谓善事父母者,廉谓清洁有廉隅者。"孝廉始于汉代,为求仕者必由之途,是汉武帝时设立的察举考试的一种科目,而且是察举制常科中最主要、最重要的科目。汉武帝采纳董仲舒的建议,下诏郡国每年察举孝者、廉者各一人。不久,这种察举就通称为"举孝廉",并成为汉代察举制中最为重要的科目,"名公巨卿多出之",是汉代政府官员的重要来源。察举的科目有两种:孝廉和茂才。孝与廉是古人非常推崇的两种德行,尤其是孝,更是被作为天下之本,所以孝廉首先成为察举的常科,也是汉代入仕的敲门砖。许多名公巨卿都是孝廉出身,他们对汉代政治的影响很大。中国在以孝治天下的文化背景下,没有孝廉品德者难以为官。

"忠、孝、廉、节"是儒家的基本道德规范。忠,为个人对国家的态度;孝,为个人对父母及兄弟的态度;廉,为个人(多指官员)之于百姓;节,特指人的自身修养。可以说,这四字将一个人与家庭、社会及自身修养方面都作了系统规定。汉代"举孝廉"规定,被举之学子,虽有博学宏词、贤良方正等科,唯以孝廉为重。它将是否恪守孝道、尊重父母,是否廉洁奉公、关爱黎民作为考察官吏的重要标准,合乎标准者才可以被举为"孝廉",由朝廷任命为官。"举孝廉",不只是选拔人才的一种措施,更重要的是代表了一种导向,起到一种社会引导和规范作用。如果说我们前面所讲的"孝悌""孝忠"是普遍意义的"劝民从孝"的话,那么我们现在所讲的"孝廉"就是特殊意义的"劝官从孝"。

历代帝王深知倡孝对于维护封建统治和宗法秩序的重要作用,一方面大力提倡和宣扬孝道,褒扬孝子,为世人树立孝子榜样,推行"孝治天下";另一方面采取法律措施,或罚"不孝",或举"孝廉"等,保障"孝治天下"的推行。自秦代以后,"不孝"被定为重大罪恶之一,不肯抚养甚至辱骂殴打父母或祖父母者,都要受到官府的严厉处治,甚至处以绞刑和腰斩。汉代推崇孝道,遵从"以孝治天下",上至天子、下至官吏都对民众进行孝道教化。不仅制定实施贬惩"不孝"的法律条文,而且制定实施褒奖"行孝"的具体规定,以确保孝道的贯彻执行。统治者认为,一个连自己父母都不孝敬的人,不可能把老百姓当成父母"孝敬";一个连基本家庭责任感都不具备的人,不可能对国家、对人民恪尽职守、认真负责,正所谓"修身、齐家、治国、平天下",其中表达的递进关系就不难理解。

2."孝廉"的表现形式

汉代统治者为了适应日益庞大的官僚机构对吏员的需要,逐步建立和形成了一套选拔统治人才的制度。这套制度包括皇帝征召、私人荐举等多种方式,但最制度化的是察举,即由地方(也包括中央各部门)长官负责考察和举荐人才,朝廷予以录用为官。"孝廉"之倡举,隐含着如下几方面重要的含义。

第一,孝与廉互为条件。孝与廉原本是分开的,分别为统治阶级选拔人才的科目,是古人非常推崇的两种德行,到后来则同为一科,所以史书中多将二者并称。孝与廉两者有着不可分割的关系。犹孝必崇廉,犹廉必倡孝,孝与廉相互影响、相互制约、相互促进。善事父母是孝的基本内涵,不能孝敬父母者,不堪为人子。一个人要在社会上立身,首先要懂得孝敬父母,打好牢固的道德根基。一个孝子也必然是个清白磊落廉洁之士。为官清勤慎,这是中华民族的千年古训,也是一个人立身不败的根本准则。要坚守孝道,必须严格要求自己,做到清正廉洁。不廉之人,一旦犯事难逃法律的制裁,到头来害人害己害家人,终究被世人唾弃,怎么能让父母"不忧""不辱",如何能"尊亲""荣亲"?因此要做到清正廉洁,必定要时时提醒自己,用孝子的要求严格约束自己。

第二,孝与廉都强调忠君。孝则忠君,孝子应是忠诚之人。《孝经·开宗明义》中说:"夫孝,始于事亲,中于事君,终于立身。"《孝经·士》也说:"故以孝事君则忠,以敬事长则顺。"孔子说:"孝慈则忠。"曾子说:"居处不庄,非孝也;事君不忠,非孝也;莅官不敬,非孝也;朋友不信,非孝也;战陈

第三章 《孝经》的文化背景

无勇,非孝也。"可见孝包含事君,事君首先要有孝的基本素质,孝的最高道德原则是忠君。廉则忠君,廉者应是忠君之士。古代将孝与廉一同作为选拔官吏的重要标准,说明孝与廉的意义同等重要,两者不可偏废,只有在同时具备这两个条件时,才能被举为"孝廉"。因此,朝廷对官员不仅有对孝的期待,还有对廉的要求。《吕氏春秋》有:"人主孝,则名章荣,下服听,天下誉;人臣孝,则事君忠,处官廉,临难死;士民孝,则耕芸疾,守战固,不罢北。"廉的最高道德要求也是忠君,不孝不廉的官吏就是对君王、国家的不忠。好好孝敬父母,扎扎实实做事,廉洁为政,堂堂正正做人,为国家效力,为人民家兴业旺效劳,才可谓尽忠。

第三,孝与廉都强调为民。孝则忠君,廉则为民。孝要求官对民以廉,廉体现官对民以孝。为官清廉,才能得到百姓的爱戴,自己也才能身心安然。包拯《乞不用赃吏疏》载:"臣闻:廉者,民之表也;贪者,民之贼也。"《历代名臣奏议·卷一百七十二》载:"惟廉而后能平,平则公矣。不廉必有所私,私则法废,民无所措手足矣。"清程含章在《与山左属官书》中说:"廉能之吏,上司贤之,百姓爱之,身名俱泰,用度常觉宽然。而贪污之吏,朘民之膏,吮民之血,卒之身败名灭,妻子流离。天道昭昭,报应不爽,吏亦何乐乎贪而不廉哉!"[1] 明人说:"吏不畏吾严而畏吾廉,民不服吾能而服吾公。廉则吏不敢慢,公则民不敢欺。公生明,廉生威。"孔子说:"政者,正也。"为官者要督率民众,就要做出表率,把廉洁奉公当作自己最基本最重要的道德要求,所谓"廉者,政之本也"。西汉刘向曾说:"廉士不妄取",为官者不能贪国之财,夺民之利,在物质利益面前,取或不取,其标准要看它是否符合道德。否则,夺民之利则为不孝,贪国之财则为不忠,不仅要受到道德的谴责,还要受到法律的制裁。

第四,孝与廉都强调几谏。孝廉之士不仅自己应该努力践行廉洁,而且要帮助父母不陷入不义的境地,这样才是真正尽到孝道了。孝重于义,这是儒家处理孝与义关系的基本原则。孔子说:"父有争子,则身不陷于不义。故当不义,则子不可以不争于父;臣不可以不争于君;故当不义则争之。从父

---

[1] 张希清:《"清、慎、勤"——为官第一箴言》,《文化的馈赠——汉学研究国际会议论文集》,北京大学出版社 2000 年版。

之令，又焉得为孝乎！"荀子说："从道不从君，从义不从父，人之大行也。"隋代王通《文中子》中有："故忠臣之事君也，尽忠补过。君失于上，则臣补于下；臣谏于下，则君从于上。此王道所以不跌也。"

孝和忠都要诤谏。对于父母的不义、君王的不道之举，作为子女和大臣应该"几谏"，要进行帮助和善劝，让父母避免陷于不义、君王避免陷于不道，这是通情孝子和忠臣之举。有这样事亲的"几谏"和事君的"匡救"，才有"上下能相亲"的和睦家庭与和谐社会。

3. "孝廉"的社会意义

孝廉，意为举孝子，察廉吏。"孝"是社会伦理道德的精髓，"廉"是为官治民的品行要求。二者兼而有之，则为道德楷模，因此往往连用。

"举孝廉"制度，是汉代封建统治制定的一整套较为完备的统治人才选拔制度。这个制度不仅为统治者提供了庞大的官员来源，有助于选拔好官；而且在孝廉制度刺激下，读书人竞相讲求孝行、廉洁，也有助于全社会养成一种注重名节、操守的风气，有力推动了传统美德的深入人心。察举各科设置之初，颇能体现选贤任能的原则，也的确选拔出不少济世之才。同时极大地促进了讲习儒经的社会风气的形成和教育的发展。当时，民间流行着这样一句谚语："遗子黄金满籝，不如教子一经。"在当时的社会背景下，虽不能从根本上消除当时统治阶级与老百姓之间的尖锐对立，但这也不失为一种缓和社会矛盾的巧妙方法。不可否认，原本仅具有伦理道德属性的孝道，又被增添了许多政治色彩的因素，对孝道的推行更具有强制作用和保障意义。虽然用强制的手段推行孝道，在一定程度上掩盖了古代封建帝王统治的实质，扭曲了孝道本身的意义，但从社会发展进步，从为老百姓的生产、生活提供安定的社会环境的实际效果来看，是起到了一定的积极作用的。

孝观念是中华民族的传统美德。它在历史的长河中孕育、发展，形成了内涵深刻的孝文化，并构成了中国社会特有的孝道体系。尽管由于历史的局限，其中夹杂着一些不良成分，但也掩盖不住它在历史文化中的文明光辉。即使在现代文明的今天，孝强调的人际关系的和谐，强调的仁爱思想和对国家的忠诚意识，也是值得宣扬和提倡的。中国传统文化中蕴含的这种孝文化，应是中华民族精神家园中的重要组成部分。

第三章 《孝经》的文化背景

第三节　中国经典典籍与《孝经》的关系

先秦文化丰富，传统的伦理观念正是在那个时期建立起来的。学者面对社会转型与礼崩乐坏，不能不考虑孝道，于是发表了各种不同的见解，撰写的许多经典都与《孝经》有密切关系。以下从比较的角度论述《孝经》与其他典籍的关系，一是评介其他典籍中的孝道思想，二是研讨这些书与《孝经》的关系。这样有利于我们对《孝经》的形成与风格特征作全面的了解。

一、《孝经》与《诗经》

我国现存最早的诗歌总集《诗经》反映了周代社会的各个方面。从《诗经》看，当时的统治者重视教化，经常派官员到民间观风察俗。《毛诗序》云："是以一国之事，系一人之本，谓之风。言天下之事，形四方之风，谓之雅。雅者，正也，言王政之所由废兴也。政有大小，故有小雅焉，有大雅焉。颂者，美盛德之形容，以其成功告于神明者也。"

《诗经》有丰富的孝道思想。如《小雅·蓼莪》颇能反映孝子的心情。此处摘录几句："蓼蓼者莪（莪菜长得茂盛），匪莪伊蒿（那不是莪，而是蒿）。哀哀父母（我真哀伤年老的父母），生我劬劳（生我是多么辛劳）"；"父兮生我（父亲养了我），母兮鞠我（母亲生了我）。拊我畜我（抚育我，扶持我），长我育我（养大我，教育我）。顾我复我（照顾我，提携我），出入腹我（进出抱我）。欲报之德（想要报恩德），昊天罔极（恩大报答不完）"。这首小诗充满孝子的深厚情怀。

此外，《诗经》的其他篇目，如《国风·凯风》记载的"母氏圣善，我无令人""有子七人，母氏劳苦"以及《国风·匪风》记载的"谁将西归，怀之好音"等，都反映了子女对老人的怀念和祈福，成为千古传颂之句。《诗经》中还多次明确叙述了对孝的看法，并大力提倡。如《大雅·卷阿》有诗云："有孝有德，以引以翼。"《大雅·下武》有诗云："永言孝思，孝思维则。"

《孝经》现代解读

《孝经》与《诗经》的关系很密切。翻检《孝经》，不难发现《孝经》中多次引用《诗经》，如《开宗明义》引《大雅》云："无念尔祖，聿修厥德"；《诸侯》引《小雅》云："战战兢兢，如临深渊，如履薄冰"；《卿、大夫》引《大雅》云："夙夜匪懈，以事一人"；《士》引《小雅》云："夙兴夜寐，无忝尔所生"；《三才》引《小雅》云："赫赫师尹，民具尔瞻"；《孝治》引《大雅》云："有觉德行，四国顺之"；《圣治》引《曹风》云："淑人君子，其仪不忒"；《广至德》引《大雅》云："恺悌君子，民之父母"；《感应》引《大雅》云："自西自东，自南自北，无思不服"；《事君》引《小雅》云："心乎爱矣，遐不谓矣。中心藏之，何日忘之？"据此可知，《诗经》一定在《孝经》之前，且在当时影响很大。

有人认为《孝经》引文杂乎其间，使文义分断间隔，故应删去引书。明代吕维祺在《孝经或问》"论引诗书"认为这有益于强化《孝经》的内容，不无益处。他说："本经所引又未尝不亲切。如论孝之始终，引《诗》曰：无念尔祖，聿修厥德，益立孝在修德当以立身行道为重也。"①

古代学者总是把《诗经·蓼莪》与《孝经》结合起来读。晋代王裒的父亲死于非罪，王裒每读《蓼莪》，常常泪流满面。后世的人们称王裒为孝子。王裒的事迹说明《诗经》是有伦理教化作用的。

二、《孝经》与《春秋左氏传》

在历史上，《孝经》与《春秋》总是被称为姊妹篇。传闻孔子曾说："吾志在《春秋》，行在《孝经》。"此话出处待考，一说出自《孝经钩命诀》。《三国志·秦宓传》："故孔子发愤作春秋，大乎居正，复制孝经，广陈德行。杜渐防萌，预有所抑，是以老氏绝祸于未萌，岂不信邪！"可见至迟三国时已把《孝经》与《春秋》并提。宋邢昺在《孝经注疏》说："孔子云：欲观我褒贬诸侯之志，在《春秋》；崇人伦之行，在《孝经》。是知《孝经》虽居六籍之外，乃与《春秋》为表矣。"②这就是说《春秋》关系政治，《孝经》关系伦理，两

---

① 王玉德：《试论〈孝经〉与先秦典籍的关系》，《孝感学院学报》2006年第4期。
② 李学勤主编：《十三经注疏》（标点本），北京大学出版社1999年版，第3页。

第三章 《孝经》的文化背景

者都反映了孔子的社会观。

明代学者注重讨论《孝经》与《春秋》的关系。明杨起元认为,《孝经》者,诏万世以常。《春秋》者,防万世于变也……《孝经》生道出,其德为阳。《春秋》刑书也,其德为阴。在杨起元看来,孝与刑互为补充:"人维失其常行,然后不孝焉。不孝然后刑罪及焉。周之衰也,下陵上僭,害礼伤尊,僭上犯分,罪不容诛,原其所由至此者,孝德亡也。嗟夫,此《春秋》之所作也,人徒见《春秋》诛伐之笔若是其严,不知皆因孝德之亡。"(见《丛书集成初编·孝经本义》)

明代学者吕维祺也有类似的看法,他在《孝经本义·序》说:"《孝经》继《春秋》作,盖尧舜以来帝王相传之心,而治天下之大经、大本也。"吕维祺在《孝经或问》指出有《春秋》而不可无《孝经》,他说:"或问孔子既作《春秋》,复作《孝经》,有微意乎?曰:孔子之意若曰:吾令天下万世不敢为乱臣,孰若令愿为忠臣?在天下万世不敢为贼子,孰若令愿为孝子?此作经微意也。"这就是说仅靠《春秋》是远远不够的。当孔子完成了《春秋》和《孝经》,才算是完成了他的思想体系。吕维祺还专门讨论了孔子的"志在《春秋》,行在《孝经》"。他说:志者,犹言其心之所欲也。行者,犹言行此道于天下后世也。盖《春秋》天子之事也,孔子不能得位行道,诛乱臣,讨贼子,但寓诛讨之意于笔削间耳。孔子自言曰:吾志在《春秋》,行在《孝经》,夫五经不可无《春秋》,犹法律之不可无断例也。《春秋》不可无《孝经》,犹洪水之疏瀹决排,不可不归诸海也。子舆氏曰:《春秋》,天子之事也。愚亦曰:《孝经》,天子之事也。《春秋》成而乱臣贼子惧,《孝经》成而察于天地,通于神明,光于四海,其道一也。①

《春秋左氏传》又名《左传》,其为《春秋》的传释之作。关于《孝经》与《左传》的关系,朱熹在《朱子语类》中提到:只逐章除了后人所添前面"子曰"及后面引诗,便有首尾,一段文义都活。自此后却似不晓事人写出来,多是左传中语。如"以顺则逆,民无则焉;不在于善,而皆在于凶德",是季文子之辞。却云"虽得之,君子所不贵",不知论孝却得个甚底,全无交涉!如"言斯可道,行期可乐"一段,是北宫文子论令尹之威仪,在左传中自有

---

① 王玉德:《试论〈孝经〉与先秦典籍的关系》,《孝感学院学报》2006年第4期。

首尾，载入孝经，都不接续，全无意思！只是杂史传中胡乱写出来，全无义理。疑是战国时人斗凑出者。又曰："胡氏疑是乐正子春所作。乐正子春自细腻，却不如此说。"朱熹认为有些话在《左传》中很通顺，但是在《孝经》中难成文理，因此怀疑《孝经》中有一些内容来自《左传》。

清姚际恒在《古今伪书考》中把《孝经》与《左传》进行了比较，认为《孝经》有些部分抄袭了《左传》。他说：其《三才章》"夫孝，天之经"至"因地之义"，袭《左传》子太叔述子产之言，惟易"礼"字为"孝"字。《圣治章》"以顺则逆"至"凶德"，袭《左传》季文子对鲁宜公之言；"君子则不然"以下，袭《左传》北宫文子论仪之言。《事君章》"进思尽忠"二语，袭《左传》士贞子谏晋景公之言。《左传》自张禹所传后，始渐行于世，则《孝经》者，盖其时之人所为也。

古人作书，你中有我，我中有你，并不少见。《左传》比《孝经》成书早，影响大。如果说《孝经》承袭了《左传》的一些内容，这是完全可能的。但是，若要说《孝经》抄袭《左传》，又不太确切，需要进一步考证。

三、《孝经》与《论语》

孔子有弟子三千，贤人七十二。其得意门生曾子，是孝道理论的集大成者。孔子提出了以仁为核心的道德体系，《论语》把中庸、礼、义、智、勇、信、忠、恕、孝、悌、宽、敏、惠、温、良、俭、让、敬、和、爱、友、善、逊、勇、正、聪、庄等都归于这个体系。《论语·述而》云："志于道，据于德，依于仁，游于艺。"这就是说：君子有志于道，根据在德，依靠在仁，以六艺为生计。汉代刘向《说苑·建本》记载孔子以孝为立身之本，并引用孔子语：行身有六本，本立焉，然后为君子。立体有义矣，而孝为本；处丧有礼矣，而哀为本；战阵有队矣，而勇为本；治政有理矣，而能为本；居国有礼矣，而嗣为本；生财有时矣，而力为本。由此可见，孔子在孝道理论的建构方面是卓有功劳的。

《论语》中的孝思想有以下三个方面。第一，孝悌并称，不可偏废。《论语·学而》说："弟子入则孝，出则弟。"第二，父母在，不远游，游必有方。

第三章 《孝经》的文化背景

子女要养父母。《论语·为政》记载孔子之语:"今之孝者,是谓能养。至于犬马,皆能有养;不敬,何以别乎?"养亲,包括两方面内容,一是物质奉养,二是精神慰藉。二者并有,才是真心实意。第三,执孝者应当为去世的父母守丧三年,并恪守孝道。《论语·学而》说:"子曰:'父在,观其志;父没,观其行;三年无改于父之道,可谓孝矣。'"

由于《孝经》和《论语》都重要且容易读懂,所以古时父母总是在家中教孩子同时读《论语》和《孝经》。如《颜氏家训·勉学》云:"虽百世小人,知读《论语》《孝经》者,尚为人师;虽千载冠冕,不晓书记者,莫不耕田养马。"这就强调了《论语》与《孝经》的重要性。《旧唐书》记载:苏世长十岁上书言事,周武帝问苏世长平时读什么书,苏回答读《论语》和《孝经》,并说:"《孝经》云:'为国者不敢侮于鳏寡。'《论语》云:'为政以德。'"

吕维祺在《孝经或问》中比较了《论语》与《孝经》的异同,说:《孝经》言孝之始,孝之中,孝之终,则孝之全体大用备矣。且《论语》论孝大抵在事亲上说,《孝经》论孝大抵在立身行道德教治化上说,此论孝之大者也,非徒为曾子言,盖为天下后世之君天下者言也。

研究《孝经》,不能不研究《论语》。学者们大都说孔子作《孝经》,又都认定孔子作《论语》,既然两本经典都是同一作者,其思想就必然有一致性。然而,有些疑问一时还很难说清楚,例如为什么《孝经》没有引用《论语》且《论语》中也没有引用《孝经》?这些问题有待进一步研究。

四、《孝经》与《孟子》

《孟子》一书对孝有许多论述,如《孟子·万章上》云:"孝子之至,莫大乎尊亲。"意为孝子极致的孝行就是尊敬双亲。孟子以上古圣贤为尽孝的楷模,《孟子·告子下》云:"尧舜之道,孝弟而已。"孟子还提出了"不孝有三,无后为大"和"老吾老以及人之老"等,这些观念对后世有很大影响。

《孟子》一书与《孝经》也有某些说不清的关系。清人陈澧在《东塾读书记》中指出:《孟子》七篇中与《孝经》相发明者甚多。《孝经》曰:"非先王之法服不敢服,非先王之法言不敢道,非先王之德行不敢行。"《孟子》曰:"子服

《孝经》现代解读

尧之服，诵尧之言，行尧之行，亦以服言行三者并言之。"《孝经·天子》曰："刑于四海。"《孝经·诸侯》曰："保其社稷。"《孝经·卿、大夫》曰："守其宗庙。"《孝经·庶人》曰："谨身。"《孟子》曰："天子不仁，不保四海；诸侯不仁，不保社稷；卿大夫不仁，不保宗庙；士庶人不仁，不保四体。"亦似本于《孝经》也。《孝经》和《孟子》成书时间相近，同时期的学者讨论相关的问题是完全可能的。不过，曾子、孟子、子思等人在孝道思想方面是如何相互影响的尚值得学术界留意研究。

五、《孝经》与《吕氏春秋·孝行》

《吕氏春秋》成书于战国末期，其《察微》篇云："《孝经》曰：'高而不危，所以长守贵也；满而不溢，所以长守富也。富贵不离其身，然后能保其社稷，而和其民人。'"这段话与《孝经·诸侯》文字相同。

《吕氏春秋》的《孝行》是专门论孝的篇目，该文综合了孔子和孟子的孝观念，陈奇猷先生考证此篇的作者是乐正子春。传闻乐正子春是曾子的弟子，以孝闻名。《孝行》云："故爱其亲，不敢恶人；敬其亲，不敢慢人。爱敬尽于事亲，光耀加于百姓，究于四海，此天子之孝也。"这段话与《孝经·天子》的文字相近。《孝经·天子》的原文是："子曰：爱亲者，不敢恶于人；敬亲者，不敢慢于人。爱敬尽于事亲，而德教加于百姓，刑于四海。盖天子之孝也。"

《孝行》论治国必以孝为本，这是依据《论语·学而》所述："君子务本，本立而道生。孝弟也者，其为仁之本与！"《孝行》与《孝经》一样，把孝分为不同的类别，说有三种人必须讲孝："人主孝，则名章荣，下服听，天下誉；人臣孝，则事君忠，处官廉，临难死；士民孝，则耕芸疾，守战固，不罢北。"臣子以孝事君，当君父有难，应视死如归，义重身轻。庶民发展农耕，衣食足则知荣辱，必然守则坚，战必克，不退走。

《孝行》说君王也应讲孝。"夫孝，三皇五帝之本务，而万事之纪也。"这就是说，三皇五帝都重视孝道，爱敬亲人，加惠于百姓，为后世统治者树立了榜样。

《孝行》说做人有五种行为属于不孝："居处不庄，非孝也；事君不忠，非

第三章 《孝经》的文化背景

孝也；莅官不敬，非孝也；朋友不笃，非孝也；战阵无勇，非孝也。"居处不整洁，对君不忠心，从政不恭谨，对朋友不诚恳，战斗不勇敢，这五种不孝都是违背父母愿望的，所以应该注意。

《孝行》说在执孝过程中，最基本的是养老人，其次是敬老人，再次是安置老人。"父母既没，敬行其身，无遗父母恶名，可谓能终矣。"能够在父母去世后，不给父母留下恶名，这才是完美的孝，这个观点是可取的。

《吕氏春秋》的其他篇目也论述了孝。如《应同》主张"故君虽尊，以白为黑，臣不能听；父虽亲，以黑为白，子不能从"。这就是说：子女应当有自己的看法，明辨是非，不应唯命是从。《劝学》提出了"忠孝"这个统合性的概念，说："先王之教，莫荣于孝，莫显于忠。忠孝，人君人亲之所甚欲也。"

传闻《吕氏春秋》是吕不韦组织当时的许多名士编写的，所以能集中当时的各种思想和学术成果，《孝经》的思想在其中有所体现是很自然的事情。

六、《孝经》与《韩非子·忠孝》

韩非子是一位很有见解的思想家。《韩非子·忠孝》有个明显的特点，即与儒家的圣贤孝道观唱反调，与《孝经》提倡的思想不一致。

孔子和孟子都很推崇尧、舜，认为他们是孝子，人人皆为尧、舜，天下则大治。然而，《韩非子·忠孝》对尧、舜、汤、武大加鞭挞，指出："尧为人君而君其臣，舜为人臣而臣其君，汤、武为人臣而弑其主。"尧本是人君，却让臣子做君王；舜本是臣子，却使君王变成臣子。商汤和周武王都是臣子，却杀了天下的君王，这算什么忠孝？正因为天下以他们四人为榜样，所以"至今为人子者有取其父之家，为人臣者有取其君之国者矣"。这是何等大胆的言辞！

在韩非子看来，忠和孝属于人伦道德，道德应服从于法制，法是第一位的，道德受其约束。离开了法，道德就无从谈起。韩非子站在法家的立场上提出"废常上贤则乱，舍法任智则危"，社会不应以圣贤的忠孝为标准，而应以法为标准。

韩非子认为天下能够执孝的人极少，"孝子爱亲，百数之一也"，一百个

185

人中难得有一个孝子。韩非子不看好当时子女对父母的态度，这实际上反映了当时的世风。父母对子女的恩德，不是子女所能报答万分之一的。所以，韩非子说孝子很少。但是，韩非子似乎过于悲观了。

韩非子还主张对孝道应加以辨别而采纳，不要以为所有的孝道都好。"天下皆以孝悌忠顺之道为是也，而莫知察孝悌忠顺之道而审行之，是以天下乱。"一个"审"字，讲的就是辨别。韩非子在《韩非子·忠孝》提出："今有贤子而不为父，则父之处家也苦。"他还认为作为孩子，在双亲面前不宜赞誉别人的双亲，这样会给自己的双亲增加压力，也是对双亲的不敬。"夫为人子而常誉他人之亲曰：'某子之亲，夜寝早起，强力生财以养子孙臣妾。'是诽谤其亲者也。……非其亲者知谓之不孝。"

针对韩非子的观点，在此提出三点异议。

第一，韩非子把尧、舜、汤、武这样的古代圣贤当作家、国动乱的根源，这是不妥的。他看不到历史的进化，看不到统治权的更替是社会发展的一种趋势。《韩非子·忠孝》否认了尧、舜的政绩，这种观点与《韩非子》的其他篇目，特别是《韩非子·五蠹》的历史进化论大相径庭，这点值得进一步讨论。

第二，评价历史人物的标准是什么？是忠孝，还是社会贡献？韩非子只看到尧、舜、汤、武颠倒了君臣关系，没有看到这种颠倒是一种社会发展，而单以不忠不孝完全否定人物，这也是不妥的。

第三，不能过分强调法的作用。应当看到，道德是民众约定俗成的为人准则，法不能约束它，也不能代替它。道德与法相互影响，但互不从属。道德制约的范围远远大于法，靠的是民众的自觉行为和潜移默化，而法靠的是强制，且范围有限。尽管法网恢恢，疏而不漏，但法不能管到一切。因此，韩非子的唯法主义失之偏颇。

七、《孝经》与《礼记》

《礼记》，又称为《小戴礼记》，传闻是西汉戴圣编。该书全面讲述了伦理道德，多次论及孝道。

第三章 《孝经》的文化背景

近代学者梁启超一直认为《孝经》不像是一本书，而应当是《礼记》中的一篇。他在《古书真伪及其年代》中说："《孝经》是十三经的一部，古人最重通经，若像这经，通起来最易，解绎意义，读几年书的人就行，列为一经，本极可笑。若论他的文章，和《礼记》相同，倒很像是《礼记》的一部分。……以文体论，若放进《礼记》，倒非常像。……这部书不是孔子做的，只可以放入《礼记》，作为孔门后学推衍孝学的一部书。"① 梁启超的推断也许有一定的道理，尽管他的这种观点不为人们所重视，但也不是完全没有可能。《孝经》很短，短得只够算是一篇文章。战国时的《考工记》也是附着在《周礼》中流传的。②

孝是十种伦德之一。《礼记·礼运》说："父慈、子孝、兄良、弟弟、夫义、妇听、长惠、幼顺、君仁、臣忠十者，谓之人义。"古代有许多敬老的礼仪，子女对老人要早晚问安，更换四季用物。《礼记·曲礼上》也记载了许多规定："为人子者，居不主奥，坐不中席，行不中道，立不中门。食飨不为概，祭祀不为尸。听于无声，视于无形。不登高，不临深。不敬訾，不苟笑。"

孝子修身养性，以求正道。《礼记·祭义》提出孝子对待双亲应有温和的态度，"孝子之有深爱者，必有和气；有和气者，必有愉色；有愉色者，必有婉容。孝子如执玉，如奉盈，洞洞属属然，如弗胜，如将失之。"《礼记》还提出了孝的一些禁忌：不在黑暗处做事，不攀登危险之处，不藏私房钱，不外出斗殴，不乱穿衣裳。出入必向父母汇报，以免父母担心。居住的房间不可在最尊的位置，座位亦不可居中，走路也不要占据中间，处处要让父母处于最突出的地位，这就是养正。

《礼记·祭义》指出："众之本教曰孝，其行曰养。"这是说孝是每个人最基本的教养。《礼记·祭义》还提出："父母全而生之，子全而归之，可谓孝矣。不亏其体，不辱其身，可谓全矣。故君子顷步而弗敢忘孝也。……一举足而不敢忘父母，是故道而不径，舟而不游，不敢以先父母之遗体行殆。"这段话有明显的保守性，反映了农耕民族的宗法观念。

《礼记》有《大戴礼记》和《小戴礼记》，都与《孝经》有密切的关系。《大

---

① 梁启超：《饮冰室合集》（第十二册），中华书局 1989 年版，第 113 页。
② 王玉德：《试论〈孝经〉与先秦典籍的关系》，《孝感学院学报》2006 年第 4 期。

戴礼记》有《曾子立事》《曾子本孝》《曾子立孝》《曾子大孝》《曾子事父母》《曾子制言》《曾子疾病》《曾子天圆》。《大戴礼记》的作者是戴德，为什么戴德在书中记载如此多的曾子事迹？《大戴礼记》与《孝经》之关系或可从中窥见一斑。

《小戴礼记》（即戴圣的《礼记》）与《孝经》也有某些内容相似。如《小戴礼记》的《孔子闲居》开篇云："孔子闲居，子夏侍。"而《孝经》开篇亦云："仲尼居，曾子侍。"姚际恒在《古今伪书考》说，《孝经》绝类《戴记》中诸篇，如《曾子问》《哀公问》《仲尼燕居》《孔子闲居》之类，同为汉儒之作。后儒以其言孝，特为撮出，因名以《孝经》耳。

八、《孝经》与《周易》

关于《孝经》与《周易》的关系，当代学者较少论及。在许多人看来，《孝经》是讲孝的，而《周易》是讲预测的，两者风马牛不相及。其实，《周易》其中也涉及伦理，因而也必然涉及孝道。《孝经》与《周易》都是经书，是儒家"十三经"的经典。

《周易》中讲了许多关于孝的内容，大致有以下几个方面。

一是慎终追远，享祀宗祖。《萃卦》讲了孝道的内容，《萃》曰："亨，王假有庙，利见大人，亨，利贞。用大牲吉，利有攸往。"《彖传》曰："萃，聚也。顺以说，刚中而应，故聚也。王假有庙，致孝享也。利见大人亨，聚以正也。用大牲吉，利有攸往，顺天命也。观其所聚，而天地万物之情可见矣。"《彖传》说"致孝享"，说的是孝敬先祖。《诗经·天保》有"是用孝享"，可见"孝享"在当时也许是一种专门的宗教活动。

二是尊敬父母，家规严明。《家人》讲孝，《彖传》说："家人有严君焉，父母之谓也。"又说："父父，子子，兄兄，弟弟，夫夫，妇妇，而家道正；正家而天下定矣。"《蛊》卦说："初六：干父之蛊，有子，考无咎。厉终吉。"《象传》："干父之蛊，意承考也。"

《周易》是一部具有哲学性质的卜筮书，作为"群经之首，大道之源"，《周易》在理论上为《孝经》提供了启示。

第三章 《孝经》的文化背景

在《御注孝经》中，元行冲、刑昺在《疏》和《正义》中多次引用《周易》。如《三才》"则天之明"的《正义》云："《易·文言》曰：'利物足以和义。'……《周易》曰：'常其德，贞。'孝是人所'常德'也。"在《孝治》"以事其君"条的《正义》云："《易》曰：'先王以建万国，亲诸侯。'是诸侯之国。"在"厚莫重焉"条，《正义》云："《易》称'乾元资始'，'坤元资生'。"在《五刑》"此大乱之道也"条，《正义》云："《易·序卦》称有天地然后万物生焉。自《屯》《蒙》至《需》《讼》，即争讼之始也。"在"天地明察"条，《正义》云："《易·说卦》云：'乾为天，为父。'"这些说明《周易》与《孝经》有相通的义旨。①

明代杨起元在《孝经引证序》中说："《易》曰：'天之所助者，顺也。人之所助者，信也。'履信思顺者，其唯孝乎！"

清代曹元弼撰《孝经学》，提出："《孝经》之义，本自伏羲。"他从几个方面作了比较：谈到"至德"，他说："易曰'易简之善配至德'，良知良能，至易简也。易简而天下之理得，故顺民如此其大。"谈到"顺"，他说："易言顺最多……顺天下之本在敬，易乾为敬，坤为顺。"谈到"扬名"，他说："易曰善不积不足以成名。"谈到"在上不骄"，他说："与易安不忘危。"谈到"制节谨度"，他说："易曰节以制度，不伤财，不害民。"谈到"配上帝"，他说："易曰先王以作乐崇德，殷荐之上帝，以配祖考。"谈到"罪莫大于不孝"，他说："易离四恶人。"

九、《孝经》与《中庸》等书

《中庸》是"四书"之一，一般认为是子思撰写了此书。明代吕维祺在《孝经或问》中论述《中庸》与《孝经》的关系时说："《中庸》一书言命，言性，言教，言子臣弟友，言舜武之孝，言周公之成德。七篇中言仁义，言性善，言孩提爱亲，言尧舜之道，不外孝弟，无一非从《孝经》来，不必引《孝经》也。如《中庸》七篇亦未尝引《易》。盖深于《孝经》者不言《孝经》，犹深于《易》者不言《易》也。"这就是说，《孝经》的字句已经融到《中庸》的字里行间了。吕维祺的观点有点牵强附会。

---

① 王玉德：《试论〈孝经〉与先秦典籍的关系》，《孝感学院学报》2006年第4期。

《孝经》现代解读

《大学》也是"四书"之一，也是《礼记》的一篇，后来独立行世。它把孝道提高到忠君的地步，说："孝者，所以事君也。"《大学》似乎也没有明引《孝经》。吕维祺在《孝经或问》中讨论了《大学》与《孝经》的关系。针对当时有人说："《大学》经一章，传十章，《孝经》以《大学》之例推之，似亦当分经传。"吕维祺回答："《大学》首章止列三纲领八条目，而未及发挥，故曾子杂引孔子之言立传以释之，章旨始明。若《孝经》首言至德要道，次言孝德之本，次言孝之始终，次言五等之孝，即于本章已发挥详尽，何必更立传以释之。"

《尚书》是古代政论文献的汇编，《孝经》是有关孝的文献。这两本书在内容上应当有差别。汉代孔安国为这两本书作过传。针对"《尚书》寄古难读，安国传之，其言甚简。《孝经》之文平易，安国传之，乃不厌繁文，何也"的问题，日本学者太宰纯回答道："传《尚书》者为学士大夫也，故不尽其说使读者思。而传《孝经》者为凡人也，故叮咛其言以告谕之，此其所以不同也。"

《荀子》是一部集大成经典。《荀子·子道》云："孝子所不从命有三：从命则亲危，不从命则亲安，孝子不从命乃衷。从命则亲辱，不从命则亲荣，孝子不从命乃义。从命则禽兽，不从命则修饰，孝子不从命乃敬。"荀子提出的孝道观以维护亲人的利益为出发点，强调孝子要慎思，不可随随便便地苟从孝道。在服从君王命令时，孝子应当经过思考后明辨服从还是不服从，这就是孝道。当今有学者认为，《孝经》一书系由儒家学者综合孔子、孟子、荀子及以乐正子春为代表的孝道派的孝道理论而成，经过孔子的论述，孝道理论得以初步形成。孟子就孝道理论提出了不少有价值的观念，为《孝经》的形成提供了一些思想材料。荀子则将仁义作为孝的标准，从另一方面补充了儒家的孝道理论。《孝经》自成体系，言约义丰，不能将之简单地归结为某一学派的著作。《孝经》吸收了荀子的孝道理论，有明显的证据。第一，荀子以天、地、人为三本。《孝经》以孝为天之经，地之义，人之行。第二，荀子言礼的差等，常常以天子、诸侯、卿大夫、士、庶人五等立论。《孝经》有五等之说。第三，《孝经·丧亲》所言可以在《荀子·礼论》中找到出处。第四，《孝经·谏诤》主张从义不从父，与《荀子·子道》所言完全相同。①

---

① 黄开国：《先秦儒家孝论的发展与〈孝经〉的形成》，《东岳论丛》2005年第3期。

第三章 《孝经》的文化背景

《墨子》主张兼相爱,重利贵义。《墨子·兼爱下》指出:"为人君必惠,为人臣必忠,为人父必慈,为人子必孝,为人兄必友,为人弟必悌。"章太炎对《墨子》中的"孝"进行过研究,写过专门的文章,这说明《墨子》是我们研究《孝经》不可忽略之书。

《管子》是先秦时期各学派的学术结晶,它与《孝经》之间的关系目前还没有人研讨。不过,《管子》是很注意伦理的,提倡以"礼义廉耻"作为"四维"。《管子·牧民》说:"礼不逾节,义不自进,廉不蔽恶,耻不从枉。"《管子·五辅》提出了七体:孝悌慈惠、恭敬忠信、中正比宜、整齐撙诎、纤啬省用、敦蒙纯固、和协辑睦。《管子》的孝道思想有待发掘。

古人治学,不存在相互抄袭的观念,在古书中经常出现"你中有我,我中有你"的情况。除非是学派之歧见,各部书籍中的内容都有一定的包容性。《吕氏春秋》《左传》《礼记》等书的内容极其广泛,当然会涉及孝的理论。通过与这些书籍比较,不难发现《孝经》的特色在于:它是一部专题书,是专讲孝道的理论著作。它与其他书籍互有影响,既受到其他书的影响,也影响了其他书。正是这样的互动过程中,古代的孝文化才得以丰富和发展。同时,《孝经》是对先秦相关文献中"孝"思想系统化、理论化的总结。当代有学者提出:孔子、曾子的孝论,主要讲的是物质、情感关系,强调的是家庭伦理之孝。到了《孝经》则有了一个巨大的变化,它把家庭伦理之孝发展提升为社会政治之孝,"移孝作忠",完全走向了政治化。《孝经》将儒家的孝道论证为宇宙间的根本法则,这一法则是永恒的、普遍适用的。孝不仅是自然界的根本法则,也是人类社会的通用法则。①

十、《孝经》与《忠经》

(一)《忠经》成书时间

关于《忠经》的成书年代,一直存在争议。旧说为东汉马融撰,郑玄注。

---

① 张晓讼:《"移孝作忠"——孝经思想的继承、发展及影响》,《孔子研究》2006年第6期。

清代考据学大盛，《忠经》成书时间受到质疑。

清代学者丁晏根据避讳旧俗，认为《忠经》是唐人马雄所写，理由是书中讳"民"为"人"，讳"治"为"理"，是为唐太宗李世民讳。清代四库馆臣认定《忠经》为宋代之书，其理由见于《四库全书总目提要》："《忠经》一卷：旧本题汉马融撰，郑元注。其文拟《孝经》为十八章，经与注如出一手。考融所述作，具载《后汉书》本传。元所训释，载于《郑志》，目录尤详。《孝经注》依托于元，刘知几尚设十二验以辨之，其文具载《唐会要》，乌有所谓《忠经注》哉？《隋志》《唐志》皆不著录，《崇文总目》始列其名，其为宋代伪书殆无疑义。《玉海》引宋两朝志，载有海鹏《忠经》，然则此书本有撰人，原非赝造，后人诈题马、郑，掩其本名，转使其本变伪耳。"

《忠经》在宋代始见著录，如《宋史·艺文志》等书。如果《忠经》成书于宋以前，为什么宋以前的书籍不见记载？因此，四库馆臣的见解是有一定道理的。清代的姚际恒在《古今伪书考·孝经》中说："《忠经》托名马融作，其伪无疑。张溥辑《汉魏六朝文集》，列于融集中，何也？"姚际恒提出了问题而没有回答。此拟续论如下。

首先，从时代背景看，《忠经》有可能成书于宋代。我们知道，宋代积弱积贫、外侮内忧，朝廷上下都提倡一个"忠"字，涌现了岳飞及杨业、文天祥等人。《忠经》这样一部书正是特定背景的产物，其《天地神明》云："忠能固君臣，安社稷，感天地，动神明。"这正是宋代帝王所特别期待的。

其次，宋人喜欢讲"理"。《忠经》的"理"字多，《政理》有"夫化之以德，理之上也"；《观风》强调"理辨则忠""不害理以伤物"；《广至理》说"王者思于至理，其远乎哉"。宋人喜欢讲"一"。宋人写书往往有开宗明义讲"一"的习惯，《忠经》短短的《天地神明》就出现了十个"一"，开卷即云："昔在至理，上下一德……忠也者，一其心之谓也。……身一，则百禄至，家一，则六亲和，国一，则万人理。"宋人喜欢讲"化"，《忠经》多次讲"化"，《圣君》讲君王"以临于人，则人化之"。《冢臣》讲"本立而后化成"，"任贤以为理，端委而自化"。《政理》讲"夫化之以德"。这些写作习惯均表明极有可能是宋人撰写了《忠经》。

不过，要真正搞清楚《忠经》的成书时间还需要其他的证据。当然《忠经》

第三章 《孝经》的文化背景

是否有可能是宋人在前人基础上改编的,我们还不得而知。

(二)《孝经》与《忠经》之比较

《忠经》模仿《孝经》的体例,与《孝经》的体例、章节相似,都是十八章。具体篇名见下。

《孝经》章名	《忠经》章名
开宗明义章第一	天地神明章第一
天子章第二	圣君章第二
诸侯章第三	冢臣章第三
卿、大夫章第四	百工章第四
士章第五	守宰章第五
庶人章第六	兆人章第六
三才章第七	政理章第七
孝治章第八	武备章第八
圣治章第九	观风章第九
纪孝行章第十	保孝行章第十
五刑章第十一	广为国章第十一
广要道章第十二	广至理章第十二
广至德章第十三	扬圣章第十三
广扬名章第十四	辨忠章第十四
谏诤章第十五	忠谏章第十五
感应章第十六	证应章第十六
事君章第十七	报国章第十七
丧亲章第十八	尽忠章第十八

以上可见,两书的章名多有近似。以第一章为例,两章都有一个"明"字。章中都讲了三个阶段,《孝经》说:"夫孝,始于事亲,中于事君,终于立身。"《忠经》说:"夫忠,兴于身,著于家,成于国,其行一焉。"以每章末为

193

《孝经》现代解读

例,《孝经》每每引用经典,《忠经》也引用经典。如《孝经》第一章引《诗经》"无念尔祖,聿修厥德"。《忠经》第一章末也引用了《尚书》"惟精惟一,允执厥中"。《孝经》第二章引用了《尚书》的"一人有庆,兆民赖之",《忠经》第二章引用了《诗经》的"昭事上帝,聿怀多福"。两书都是关于伦理道德方面的历史文献,都讲了孝和忠。从伦理上说,孝与忠有同样的本质,孝是忠的基础,忠是孝的扩延。古代求忠臣必于孝子之门。但是,《孝经》重点在"孝",《忠经》重点在"忠"。《孝经》说"君子之事上也,进思尽忠"(《孝经·事君》),"君子之事亲孝,故忠可移于君"(《孝经·广扬名》),即"孝"对于君王而言则是"忠"。《忠经·保孝行》认为忠比孝重要,忠在孝先,"君子行其孝,必先以忠;竭其忠,则福禄至矣"。历代帝王之所以宣扬《孝经》,本质上是为了讲"忠"。张舜徽先生曾评论《孝经》说:"观此书所云'资于事父以事君,而敬同','以孝事君则忠','事亲孝,故忠可移于君',可以看出封建统治阶级是想通过教孝而收到人人忠君的效果。他们之所以重视这一短简的篇章,是有其重大政治意义的。"①

从内容上看,《忠经》比《孝经》论述的范围要广泛些。《忠经》讲了观察民俗、各司有责、文武兼顾等内容。如《忠经·武备》讲在立武之时要注重道德:"王者立武,以威四方……仁以怀之,义以厉之,礼以训之,信以行之,赏以劝之,刑以严之,行此六者,谓之有利。"《孝经》的着眼点在于个人和家族,诸如"不敢毁伤""以显父母"之类。《忠经》讲"人之所履,莫大乎忠",忠的标准不仅是殉国忘家,而且还要出谋划策、起贤用能。《忠经·百工》说:"言事无惮,苟利社稷,则不顾其身。"《忠经·守宰》对百官的要求很具体,说:"在官惟明,莅事惟平,立身惟清。清则无欲,平则不曲,明能正俗。"

从当代借鉴角度而言,《忠经》的价值也很大。如《忠经·报国》提出:"报国之道有四,一曰贡贤,二曰献猷,三曰立功,四曰兴利。贤者,国之干;猷者,国之规;功者,国之将;利者,国之用。"这样的报国观是有可取之处的。又如,《忠经·忠谏》特别强调直谏,说:"谏于未形者,上也。"当君王的错误尚未明显显露出时,官员就应及时指出来,是为忠谏。因此,我们也

---

① 张舜徽:《郑学丛著》,齐鲁书社1984年版,第25页。

应当重视《忠经》，认真诠释之，以之作为我们以德治国的历史教材。明代吕维祺在《孝经或问》中认为《忠经》不宜与《孝经》并称。理由是："孔子万世帝王之师，其作《孝经》为万世帝王法。马融乃敢僭拟之乎？……且《孝经》立训言事君者不一而足，第十七章更详言之，融不赘乎。至《忠经》中谓引夫子之言而多参臆撰，试比而观之，无论其文字猥鄙，其意义亦索然无余味，以拟《孝经》何异井之窥天蠡之测海也。"

现在还有两个问题值得人们注意，即：为什么《忠经》没有被列入"十三经"？为什么《孝经》比《忠经》更受重视？这或许是《忠经》比《孝经》晚出，且《忠经》模仿了《孝经》，再加上两书在本质上是一样的缘故。

十一、《孝经》与《女孝经》

相对于《孝经》，《女孝经》更针对女性。唐朝散郎陈邈之妻郑氏模仿《孝经》，撰《女孝经》。与《孝经》一样，《女孝经》也是十八章。《宋史·艺文志》载有此书。

体例上，《孝经》采用了问答的形式，《女孝经》也采用了问答的形式。《女孝经》以曹大家（即东汉史学家、才女班昭，因嫁曹世叔，又奉诏入宫为后妃教师，故被尊称为曹大家）与诸女问答的形式谈女孝规范。如其《开宗明义章第一》"曹大家闲居，诸女侍坐"，与《孝经》开篇的形式一样。《女孝经》大部分章也引用《诗》《书》。

《女孝经》从女性的角度进行说教，郑氏在《进〈女孝经〉表》云："妾闻天地之性，贵刚柔焉；夫妇之道，重礼义焉。仁义礼智信者，是谓五常。五常之敬，其来远矣。总而为主，实在孝乎！夫孝者，感鬼神，动天地，精神至贯，无所不达。盖以夫妇之道，人伦之始，考其得失，非细务也。《易》著乾坤，则阴阳之制有别；《礼》标羔雁，则伉俪之事实陈。妾每览先圣垂言，观前贤行事，未尝不抚躬三复，叹息久之。欲缅想余芳，遗踪可躅。妾侄女特蒙天恩，策为永王妃，以少长闺闱，未娴诗礼，至于经诰，触事面墙，夙夜忧惶，战惧交集，今戒以为妇之道，申以执巾之礼，并述经史正义，无复载于浮词，总一十八章，各为篇目，名曰《女孝经》。上自皇后，下及庶人，不行孝而成名者，未之闻也。"

《女孝经》有些内容有积极意义，如《广要道章第十二》说："临财廉，取与让，不为苟得，动必有方，贞顺勤劳，勉其荒怠。"《贤明章第九》讲了直谏的故事，说："人肖天地，负阴抱阳，有聪明贤哲之性，习之无不利，而况于用心乎！昔楚庄王晏朝，樊女进曰：'何罢朝之晚也，得无倦乎？'王曰：'今与贤者言乐，不觉日之晚也。'樊女曰：'敢问贤者谁欤？'曰：'虞丘子。'樊女掩口而笑。王怪问之，对曰：'虞丘子贤则贤矣，然未忠也。妾幸得充后宫，尚汤沐，执巾栉，备扫除，十有一年矣。妾乃进九女，今贤于妾者二人，与妾同列者七人。妾知妨妾之爱，夺妾之宠，然不敢以私蔽公，欲王多见博闻也。今虞丘子居相十年，所荐者非其子孙，则宗族昆弟，未尝闻进贤而退不肖，何谓贤哉？'王以告之，虞丘子不知所为，乃避舍露寝，使人迎孙叔敖而进之，遂立为相。夫以一言之智，诸侯不敢窥兵，终霸其国，樊女之力也。"

《女孝经》的作者身为女性，但有些思想却十分封建、保守且不正确，如《广守信章第十三》有"丈夫百行，妇人一志；男有重婚之义，女无再醮之文"，这说的是女子不得再嫁，要终身守节。《举恶章第十八》也说"三代之王，皆以妇人失天下，身死国亡"，明显受了封建正统文人的影响。由此推论，《女孝经》到底是不是女性所作还存疑，说不定是陈邈托名而撰。

第四节　中国孝文化的发展历程

曾国藩曾经说："读尽天下书，无非是一个孝字。"近代梁漱溟先生也表示：中国文化就是"孝的文化"。我国孝文化源远流长，始于原始社会末期，经历代帝王和圣贤的研究探索，有着丰富的内涵，对中华民族的深层心理、行为模式的形成和发展有着举足轻重的作用。

第三章 《孝经》的文化背景

一、孝演进的历史进程

（一）先秦时期：孝观念的形成与完善

至殷商时期，"孝"字的出现，标志着孝的伦理道德观念初步形成。到了西周，统治者致力于礼乐政刑的建设，有关"孝"的观念获得了空前的发展。孝的伦理道德体系开始建立。周代的金文，出现了若干个不同体式的"孝"字。《尚书·周书》则较多地谈及孝。还有具体谈及对父母奉养的，如周公《周书·酒诰》中有"……孝养厥父母"等说法，意思是要引导人民勤于耕作，种植黍稷，侍奉父兄，孝养父母。对于孝的伦理观念，在《诗经》中有着更多更生动的反映。如《诗经·小雅·蓼莪》诗："父兮生我，母兮鞠我。拊我畜我，长我育我。顾我复我，出入腹我。欲报之德，昊天罔极。"此诗就把父母的养育之恩，写得至深至切，把不能终养父母的哀痛写得有血有泪。后人评说："此诗乃千古孝思之作。"被列为儒家经典的"三礼"（《周礼》《仪礼》《礼记》）也反映了不少先秦时期的孝的思想。孔子说的"生事之以礼；死葬之以礼，祭之以礼"是对周代孝礼的高度概括。周礼对过世父母的丧葬礼仪已有详细规定。例如，小殓和大殓之间子女每朝晚都要临尸痛哭等。

总之，西周时，孝的伦理道德观念已经基本完备，而且达到了内容和形式的统一。《诗经·小雅·楚茨》中的"孝孙有庆，报以介福，万寿无疆"表明孝已经被作为优秀的道德品质被世人认可、称颂，成为社会风尚。

孝自西周开始与宗法、政治发生联系，西周宗法制采用祭祖的宗教方式，吸取孝的精神，使祭祖成为孝的重要内容，孝因而宗法化。儒家移孝作忠，使孝政治化。在宗法和分封制度下，强调对祖先和父兄的崇敬和孝顺，有利于巩固周王室政权。因此，周代的孝道是移用孝的思想对同亲同族血缘关系进行巩固的一种有效方式，提倡孝悌便成为强化周王朝统治和维系社会秩序的迫切需要。春秋战国社会结构发生了深刻的变化。由于社会生产的进步，分封制已不适应社会生产力发展的需要，王室衰微，礼崩乐坏，以强凌弱、背亲忘祖的现象常常发生，宗族势力登上社会舞台。家族势力以至于个体小农家庭在社会上逐渐处于越来越重要的位置,社会发展要求进一步完备孝道。

孝道伦理,从周公到孔子、曾子、孟子,经过了初生到成熟。孝道理论由孔子奠基,而在哲学上进一步将其体系化、思辨化的人物则是曾子、孟子。养亲、敬亲、谏亲与全体、贵生,构成曾子人伦之孝的基本框架。《孝经》是孝的完善和大成,反映的是孔子再传以后的儒家思想。曾子在孝道理论方面从广度和深度两方面都继承和发展了孔子的孝道思想。孟子进一步发展了孔子的仁孝思想,把家庭伦理之孝推己及人,从而使最初产生和存在于家庭中的孝悌观念推广到整个社会。这样,原本是血亲大家庭道德规范的"孝"超越出家庭的范围,扩大成普遍的社会道德规范就成为必然。至此,孝成为一套在理论与实践上都相当完备的道德体系。这一道德体系在中国两千多年的历史长河中牢牢占据着意识形态的主导地位,并对中国的政治、经济、法律制度和人们的生活产生了深远的影响。

(二)秦汉时期:孝的繁荣与"孝治天下"

秦代继承先秦"惩治不孝"的传统,专有惩罚不孝的规定。其后历朝都有对"不孝"进行惩治的法律条文,而且更加严厉。

汉代以"孝治天下"著称,是中国历史上最重视孝的朝代。作为社会主推的一种道德观念,"孝"对于汉代社会影响很大。司马迁著《史记》、班固著《汉书》都是立志完成其父遗留下来的未竟事业,是孔子孝道观的体现。统治者受到儒家思想的启发,把孝悌作为"治国平天下"的出发点,这是孝道政治化的开始。汉初推行改造过的孝道思想更适应新兴封建王朝的要求,其成为实现传统儒家"齐家、治国、平天下"目标的出发点和有力途径。董仲舒提出的"三纲五常"学说,将儒家的人伦孝道思想进一步政治化。由事亲于孝到事君于忠,反映了汉代孝道观念的新变化,即忠孝一体观念的形成。《孝经》被提升到至高无上的地位,成为重要的政治统治思想和意识形态来源,也是全社会通行的教科书。孝成为重要的统治方法,对于儒家来说,"忠"体现于"孝","国"不过是"家"的放大形式,家国同构的宗法格局造就了忠孝一体的伦理思想。"求忠臣于孝子之门"正是忠孝一体观念的反映。

汉代通过对先秦孝道思想的继承、改造,完成了由事亲的人伦家庭的孝

第三章 《孝经》的文化背景

向事君的政治化的忠的转变。董仲舒的"三纲五常"学说是由传统家庭人伦思想转向社会政治思想在理论上的完成;"以孝治天下"表示汉朝统治者在统治实践上实现这种转变的完成;《孝经》的推广、传播是实现这种转变在教化上的手段。

(三)三国两晋南北朝时期:孝的继续与"三教并峙"

三国两晋南北朝时期是封建国家分裂和民族大融合时期,是继春秋战国之后又一个思想解放的时期。孝治为各朝治国之本,统治者还以封建法统对忠君孝亲加以维护。法律规定"存留养亲""冒哀求仕",以强制力量鼓励、约束人们尽孝。这一时期,孝与清议制度紧密相连,选官论孝行,继续沿用汉朝"孝廉"的标准来评判人物。之后历朝都将这一制度沿用下来,只是在具体的方法上不同而已。

魏晋时期,玄学盛行,正统的儒家学说受到来自佛教、道教的冲击,尤其是佛教,对中国正统学说的冲击尤为巨大,形成儒释道三教并立局面。佛教自汉传入中国,出家削发、无君无父的最初教义冲击着封建传统人伦。自魏晋后,佛教在中国孝文化的影响下不断向儒家思想靠拢,强调身在寺庙、心系父母,"佛以孝为至道之宗"。孝作为儒家学说的核心,在不断的冲击下不仅没有被削弱反而在某种程度上得到了加强;这种加强,既表现在对外来文化的冲击的自我保护,也表现出当时特殊的历史背景下的特有文化特征。

(四)隋唐五代时期:孝的崇尚与"三教融合"

隋唐五代时期是中国封建社会向上发展的时期,伴随着政治上的统一和稳定、封建宗法专制的加强,封建经济和文化得到高度的发展。统治者继续用政治手段强化孝道。唐初高祖颁布了一条诏令,褒扬史孝谦教授幼童,"讲习《孝经》,咸畅厥旨,义方之训,实望励俗"。

唐代法律重孝道、重伦理。《唐律》规定,官吏在为其父母服丧的27个月中必须辞去官职,清代减为一年;唐律还规定任何人都不得在为其父母服丧的27个月中生育孩子,否则要处一年徒刑。唐律被后世统治者奉为圭臬,宋元明清皆准于此。在思想文化上,唐朝采取了三教并重的政策。儒学仍被官方作为实行政治思想统治的主要工具。佛教伦理认同与肯定世俗孝道,借孝道肯定佛教。儒、道、佛三大思想流派,既相互论争,又互相影响,形成了一种相互融合的潮流。

(五)辽宋夏金元时期:孝的强化与"双重效应"

宋元时期,商品经济的高度发展和社会矛盾的尖锐复杂,促使封建统治者强化专制主义中央集权统治。为适应在思想意识上强化控制的需要,北宋张载、"二程"(程颢、程颐)大力阐发孔孟孝道观。张载对孝作了更深层次的引申。他认为:人与天地万物同出一元,人的本性也就是天地万物的本性。对"孝"的解释是"乾称父,坤称母"。人都是天地的子女,百姓万民都应看作兄弟,万物应看作朋友。君王是天地的长子,大臣是长子的管家。孝的原则被认为是最高原则。一切违反孝的行为都是不忠的。他把中央集权的君王专制与以家长为核心的小农经济有机地统一起来。君权神权合一,宗教政治合一,从而完成他的封建社会宗教神学体系。"二程"还提出"知医为孝",这表明孝文化的研究已经进入微观的视角,被引进了自然科学的因素。这是宋元时期商品经济的发展、科学技术的进步对孝文化的演进产生的积极影响。这一时期,出现了我国历史上民族融合的第三个高潮,儒家"忠信孝悌"道德观念逐渐深入各民族中。辽太祖建孔庙;金章宗命臣下学《孝经》《论语》等儒家经典,并以孝义作为任用官吏的标准。到元朝,入主中原的蒙古族把儒家伦理道德与民族伦理道德融为一体。元代重视孝道的学习、研究和宣传。[1]

理学维护、强化忠孝等封建纲常给社会带来了双重效应。一方面人们的忠孝意识和民族气节在宋元时期确实得到发扬,出现了文天祥那样"大忠大孝"的抗元英雄和包拯那样"忠孝双全"的爱民清官。另一方面理学给孝道加入了很多分裂人格、扼制人性的观念,提出"存天理,灭人欲",将发自人天然本性的孝的思想抹上了保守落后的积垢,是否犯上成为评判是非的标准。从最初的"父慈子孝,兄友弟恭",到"君为臣纲,父为子纲,夫为妻纲",最后到"君要臣死,臣不得不死;父要子亡,子不得不亡"的愚孝、愚忠思

---

[1] 高飞:《略论中国传统孝文化的当代价值》,《法制与社会》2010年第22期。

第三章 《孝经》的文化背景

想,这说明随着封建专制的强化,孝的内涵被严重异化。《二十四孝》的流传对人伦秩序的维护起了重大的良性作用,但也扭曲了人们心目中人性的"孝"的观念,从而导致了不近人情的"愚忠""愚孝"行为现象的发生。

(六)明清时期:孝的坚守与"四化现象"

明代后期,江南地区某些领域已经出现了资本主义生产关系的萌芽。这种代表未来发展趋势的新的生产方式要求平等、独立的人格。旧的孝意识形态已经成为生产力发展的桎梏,而为了维护封建秩序,统治者进一步强化孝意识形态。明、清都非常重视孝道,孝道在该时期呈现出论证哲学化、教化通俗化、义务极端化、实践愚昧化的特征。明代朱熹认为万事万物、"三纲五常"都是"理"的表现,而且永恒不变。"万物皆有此理,理皆出于一原……为君须仁,为臣须敬,为子须孝,为父须慈"(《朱子语类》),从哲理上论证了恪守封建伦理的天然合理性。清雍正帝多次"命举忠孝节义",促使人们争做忠臣孝子。

明清时期的文学名著亦大肆宣扬包括孝在内的封建伦理。《三国演义》有丞相贤孝、大将忠义;《水浒传》有李逵探母、宋江吊孝;《封神榜》有祭祖、救父;《儒林外史》中有多回以孝义立题。这一时期孝道观念在人们衣食住行、节日习俗各方面广泛渗透,影响广泛。由于孝道被严重异化,愚孝之风愈演愈烈,遍及社会生活的各个角落。许多怪诞、荒唐、愚昧甚至残忍之事,诸如"割股奉亲"之类的愚孝行为,暴露出旧礼教"吃人"的本性。明末清初,黄宗羲、顾炎武、王夫之等进步思想家首先表现出具有时代性的觉悟意识,黄宗羲对封建孝道中的"事君如父说"愤慨陈词,指责昏君妄称"如父如天"。他们对中国传统政治思想的反思,为近代思想转型奠定了基础。究其根本,生产力的发展促进了思想领域的变革,这是生产力决定生产关系、经济基础决定上层建筑的规律所决定的。

(七)近代时期:孝的挣扎与"徘徊改良"

鸦片战争后的一百多年,中国社会在艰难曲折中由传统社会向近现代社会过渡,包括孝道在内的伦理道德也实现着从传统向近现代的转换。社会制度的转换使封建孝道的生存缺少了根基，加之孝道本身人民性与封建性同在、精华与糟粕并存，这时孝文化受到了激烈批判与弘扬重释两种截然不同的对待。

在这个时期，对传统孝道的批判与支持同时存在。鸦片战争后最早放眼看世界之一的魏源对孝道有所阐发，他在《孝经集传》中说："君子之言孝也，敬而已矣；君子之言敬也，孝而已矣。一举足不敢忘父母，一出言不敢忘父母。"他把侍奉双亲的"孝"和"敬"紧密结合起来。改良派思想家冯桂芬主张"以中国之伦常名教为原本，辅以诸国富强之术"；薛福成提出"今诚取西人器数之学，以卫吾尧、舜、禹、汤、文、武、周、孔之道，俾西人不敢蔑视中华"。太平天国对传统文化作了很多否定，但对于传统孝道格外推崇，洪秀全颁行的《幼学诗》多次强调孝道。

1911年辛亥革命推翻了中国两千多年的君王专制制度，建立起了以三民主义为思想基础的中华民国。这一时期出现了一些新理念，子女的独立地位也得以确认。孙中山指出，在民国，孝已不是"父为子纲"，而是孝敬老人、尊敬师长。他对仁爱、信义、和平也作出了适应时代要求的新解释，为这些传统道德注入了新的思想内容。孙中山提倡"忠孝仁爱信义和平"等道德，他说，中国人至今不能忘记的中国固有的道德"首是忠孝，次是仁爱，其次是信义，其次是和平"。这一时期，只有谭嗣同等少数人批判孝道。谭在《仁学》中抨击孝道使人与人之间失去平等，使统治者便于对反抗者罗织罪名。这种批判对于人的思想解放是有意义的，以至成为近代启蒙运动的一部分。

（八）现代：孝的批判与"重释阐扬"

五四运动到新中国成立这一时期，中国的思想文化界出现了错综复杂的局面，形成了对孝道激烈批判与精心重释之间相互激荡、相互作用的格局。新文化运动中一批自由主义思想家多次对孝道展开尖锐批判；与此相反，也是从新文化运动开始另一批知识分子在其后的六七十年里，一直致力于弘扬、重建传统孝道。不过这一阶段对孝道激烈批判者众，而且在政治上占优势。

五四运动中，陈独秀、吴虞、鲁迅为代表的一些知识分子对儒家传统进行了全面批判和否定。孝道思想首当其冲成为被讨伐的对象。对孝道的批判主要集中在批判家族本位主义；批判吃人的礼教；批判忠孝合一；批判有悖

第三章 《孝经》的文化背景

人道的愚孝行为。吴虞指出:"把中国弄成一个'制造顺民的大工厂','孝'字的大作用,便是如此!"鲁迅控诉了"易子而食""割股疗亲"等愚忠愚孝的行为,尖锐地揭露几千年来封建伦理道德的实质,发出了"救救孩子"的呐喊。

五四时期的批判起到了解放思想的伟大作用,而另外一些思想家则在为传统文化向现代转换进行着理论研究和呼吁。梁漱溟等对孝做了文化学和历史学的阐扬。梁认为:中国文化自家族生活衍来……伦理处处是一种尚情无我的精神,而此精神自然必以孝悌为核心而辐射以出。

(九)当代:孝的再批和"反思再构"

新中国成立到20世纪80年代,中国发生了翻天覆地的变化。这其中,对传统的认识及孝道的重建中出现了一些曲折、反复。

1957年后"左"的错误逐步升级,"孝"多次被批判。似乎"孝"专属于封建主义,在历史上只具有消极作用,完全为社会主义制度所不容。这种对"孝"简单化、片面化的看法和做法,导致了严重的后果。"孝"被作为"封"、"资"、"修"黑货批倒批臭。"文革"后期的"批林批孔"运动更是点燃了全民性"批孔"的烈火,孔夫子被当作封建主义的"代言人"受到尖锐批判。人们在灵魂深处产生了对"孝"的反叛,后来有人言及"孝"就会遭到某些嗤笑,人们几乎谈"孝"色变。

1979年后,中国共产党系统地清理了"文革"及以前"左"的错误,实行拨乱反正,对中国传统文化和孔子学说进行了正确认识。既结束了盲目迷信孔子与儒学的时代,又结束了粗暴批判孔子与儒学的时代,进入了真正科学认识与评价儒学的新时代。对孝文化科学全面的重新认识理应从此开始。但是,曲折又一次出现。20世纪80年代我国实施改革开放后,一些人要求对传统"全面扫荡",实行"全盘西化"的思想一时甚嚣尘上。孝传统也在被扫荡之列。

但是,对于普通中国人来说,尽管政治生活历经了几多沧桑,家庭伦理在其发展过程中深深地打上了社会发展的烙印,但血缘亲情和家庭关系始终存在,家庭伦理在发展中有其相对独立的价值体系。人民群众中仍然不断涌现出一些孝德高尚的典型。

20世纪90年代中期以来，对传统孝文化的理论研究开始复苏。在反思历史的基础上重建新型孝道的有益探索业已开始。这体现出中华民族的子孙有能力让古老的孝文化在新的时代返璞归真，放射出新的光辉。

二、孝文化演进的根本原因

（一）孝演进的经济根源

社会的物质生产方式，决定了人们的生活方式和人际社会关系的类型，也决定了思想状况、伦理道德、风俗习惯等。因此，子代与父辈的关系作为一种社会关系和一种意识形态，理所应当由物质生产方式所决定。几乎历代的统治者都把农耕经济尤其是小农经济视为立国之本。中国农耕民族的生活方式是建立在土地这个固定的基础上的，稳定安居是农耕社会经济发展的前提，所以他们的活动范围相对狭小，长期过着"日出而作，日落而息"的定居农业生活，这就形成极强的安土重迁观念。这种与世隔绝、聚族而居的生活方式，使人们的时空观念得不到足够的拓展。返诸外而求之于内，初民的意识触须更多地伸向自己的圈子内，以孝为基础的伦理道德规范因此得到了充分发展，形成了中国文化独特的人文色彩。中国自古以孝治天下，实在是深得小农经济状态下治家与治国之真谛的，也足见家长制与君王制之间的本质联系。

（二）孝演进的文化根源

中国农耕经济的血缘色彩决定了中国极富特色的文化基因。中国是在血缘纽带解体不够充分的情况下步入文明社会的，其社会意识对血缘纽带的执着在世界文化中是相当罕见的，这注定了中国的农耕经济与其他文化体系中的农耕经济有着根本的不同。中国农耕经济的自然经济体系与西欧中世纪庄园制自然经济体系，在基本经济细胞上有着根本性区别：一个是家庭，一个是庄园。家庭是以血缘为基础的，这种以血缘纽带相联系的社会组织形式必

第三章 《孝经》的文化背景

然产生将血缘情感和实践理性融为一体的情感方式。聚族而居，同宗共祖，整个社会成为一个亲亲关系的网络，派生出反映血缘情感和家族中尊卑贵贱长幼男女之序的道德规范。尤其是西周宗法制度的确定，把血缘关系上升为组织社会、结构国家的根本所在，奠定了中国古代延续几千年的宗法传统和家长制统治的基础。

中国血缘宗法制度的超稳定性，决定了数千年来家国同构式的中国之"家"。无论大家或小家的文化结构都可以用"忠""孝""仁""义"四个字来概括。这四个字之中又以"孝"为根本。"孝"维系了家庭与家族的基本伦理："孝"可向上延伸和扩展成为"忠"，"义"是家族伦理的横向扩展，四海之内皆兄弟，而"仁"则是君王官吏或家族长辈对下承担的责任和义务。"忠""孝""仁""义"是搭起中国传统文化结构的四根支柱，上下纵横互为支撑，形成一个不可拆散的完整框架，衍生出中国文化中大部分意义、价值、伦理与道德。血缘宗法制的发展路向，影响着孝观念的发展路向，决定了孝在传统伦理道德体系中的核心地位，奠定了中国传统社会结构的定势，血缘纽带数千年来始终是维系中国社会稳定和发展的基石。

一个个家族形成稳固的社会实体，成为社会有机体生生不息的细胞。与此相一致，尽管朝代更替、社会变迁，孝观念的内涵及其表现形态也有相应的发展变化，但是，作为宗法制度的产物和维护宗法社会基础的手段，孝观念在传统道德体系中的核心地位从未发生根本的动摇，尤其是当它再次与政治联姻后，历代统治者对孝在维护社会稳定中的巨大作用更是青睐有加，这反过来又促进了孝文化的发展演进。

宗法观念、祖先崇拜等伦理观念就作为中华文化的因子而积淀下来，进而又作为一种"遗传基因"，成为培育中国文化的独特土壤，成为中国古代社会意识、社会心理的普遍根据。这种土壤就是几千年来家国同构的"家"文化，这种"家"文化，对以中国之"家"为起点和支点产生和演进的孝文化来说是极富营养的肥田沃土。

（三）孝演进的政治根源

历代封建统治者及其思想家注意到了孝道对巩固和稳定封建社会秩序的

作用，倡导"孝治天下"。几乎历代帝王都对儒家孝道、孝行推崇有加，并以强有力的法律制度和统治措施大力倡导孝行，惩治不孝。

首先，严刑峻法维护孝道。封建法律中所规定的义务"不是家族主义的孝悌伦理，便是由孝悌推行出去的忠信之类伦理"。在中国传统法律内容中，可以清晰地看到历代法律对孝道的维护，这种维护或约束正是孝传统得以推行的重要保障。第一，将"不孝"定为重罪。"五刑之属三千，而罪莫大于不孝"，"五刑，谓墨、劓、刖、宫、大辟也"。此五种重刑，专门用来惩罚大凶大恶之人，并非常用。北齐的"重罪十条"，唐律的"十恶"中都包括"不孝"。而且这些"罪""恶"还不在"八议"之列，遇大赦也不予宽宥。第二，赦罪孝义之人。对于孝子顺孙，依照法律有罪当诛杀人偿命，但历朝均有赦免孝子罪行的记载。第三，将"亲亲相隐"作为法律的原则。汉代规定了"亲亲得相首匿"的诉讼原则。这一原则自汉律始，直至清朝皆列于法典。

其次，选贤入仕高扬孝道。历史上道德理性与政治伦理践履能直接结合的就是孝，所以汉以后的封建统治者把孝作为衡量和选拔人才的标准。汉代"以孝治天下"，为了表彰和鼓励行孝，在选拔官吏制度上设有"孝廉"专科，与"贤良"同由各郡国在所属吏民中荐举。让郡守从所辖区域内举荐孝悌清廉者给中央政府，由中央政府任用授官，此法称"举孝廉"，成为汉代血缘选官的补充。北周太祖因大臣杨向希讲《孝经》，直接将其擢升为国子博士。

最后，褒奖践行尊崇孝道，即运用多种方式对臣民的孝行进行表彰。褒奖形式有：（1）立坊（牌坊）、建祠（庙）、立碑、挂匾。（2）入史列传和赠号赐谥。谥或号是封建王朝对有特殊地位的人死后追加的称号，有美恶之分。作为使百姓认同孝行的手段，将忠孝节义和不忠不孝不节不义各类人等"列于史册，可示将来"。对孝节义行为突出的人进行赐号，如"孝义之门"。（3）赠官赐爵与宗庙配享。如宋刘芳五世同居，赐进士出身。（4）赐物赏金与免役。如明代徐溥施义田赡养宗族，诏免除徭役。

如此强力褒奖孝行、擢用孝士、惩治不肖，历代孝子受到人们的嘉奖和尊重，并获得实际的物质利益。这使孝道广久传扬，举世仿效，促进了社会风气向仁爱宽厚方向发展。"孝"与"不孝"成为社会普遍接受的评判他人的道德标准。争当忠孝之士成为知识分子的人生理想。但是需要注意的是，这

第三章 《孝经》的文化背景

种社会氛围不仅巩固了封建专制统治,也促使孝文化异化演进。封建末期社会道德力量对孝的过分强化,尤其是将《二十四孝》故事作为人们学习的典范,致使孝的合理因素不断衰变,出现了大量畸形的愚孝记载。

第四章

《孝经》的现代拓展

第一节 现代社会"孝"道德的践行

中华传统孝文化是中国传统伦理道德的重要内容之一。《孝经》经过历代大儒们的宣传和统治者的提倡,从理论到实践逐步得到了发展和完善,不断积累和丰富了"孝"的思想资源,推动形成了具有中国特色的孝文化,并成为中华文明宝贵的精神财富。

一、"孝"道德的现实意义

"孝为德(仁)之本。"道德的形成是一个过程,首先要从孝开始,如果"孝"道德缺失,个体或社会道德大厦就没有基础,不坚实、不牢靠,会带来一系列社会问题。

首先,"孝"道德缺失必然造成家庭不和谐,带来社会不稳定。"孝"道德缺失对青年人来说,会造成个人品德发育不健全,不知感恩,漠视生命,不求进取;影响责任感与义务感培育,影响与老辈亲情的养成,甚至影响个人未来的发展。对家庭来说,造成家庭道德发展不平衡,家庭矛盾加剧,家庭成员责任意识、自然情感、集体精神淡化,影响和谐家庭关系的建立。"孝"道德的缺失尤其会影响养老问题的解决。现在养老的主要形式还是居家养老,如果家庭不养老,就会有大批老人生活没有着落。笔者在河北省秦皇岛市山海关区石河镇某村调研发现,该村利用文化场地,经常组织村民开展孝德教

第四章 《孝经》的现代拓展

育与实践活动，这个村的小孩没有一个犯罪的，没有一个不赡养老人的。

其次，"孝"道德缺失必然造成社会不和谐，使国家不安定。上层建筑要适应经济基础的发展，上层建筑的腐朽必然影响经济基础，使国家不安定。民族道德决定一个民族的生死存亡，国民素质决定一个国家的文明程度。文化是一个民族的灵魂，是民族生命力之所在。

中国传统孝文化虽有过时之处，存在维系封建等级制度的历史痕迹，但它也有积极的一部分。无人性的"孝"要彻底破除，而"孝"之精华不能抹杀。社会文明的进步，更应彰显道德的力量。

二、现代社会"孝"道德的践行

孝文化是一个历史概念，每个时期的内涵都不一样。那么，当代应如何行孝呢？

（一）要有仁爱情感

孝的本质是爱，没有爱的孝行不是发自内心的，没有真挚的情感，就有作秀的嫌疑。当代青少年要有爱的情怀，这奠定了孝的基础。不仅要爱父母，还要做到爱家、爱党、爱国。"孝"源于心，"爱"生于情。子女与父母的亲情是与生俱来的，这种情感是天然的纯洁的无条件的，要感受与珍惜。

（二）要有规则意识

规则是一个社会的契约，它的形式各种各样，但目的只有一个：让每一个生命个体感受到尊重，促进整个社会的和谐与稳定。规则意识是素养的核心，所以做人不可任性妄为，要坚守做人的规则。从孝道要求的角度看，坚守做人的规则要做到践行四大修养，提高自己的道德觉悟。

加强法治修养。遵纪守法是做人的底线，也是孝的底线。违法乱纪，为大不孝。应知法、懂法、守法，违法就是大不孝。如果不注意自己的法治修养，做出违法乱纪的事，不仅让父母痛心，还会让他们蒙羞，是大不孝。

加强品德修养。子女不仅要保持身体健康，还要做到品德高尚，要加强品德修养。《弟子规》中说:"身有伤,贻亲忧。德有伤,贻亲羞。"如果不注意自己的品德修养,做出伤风败俗的事,不仅让父母担心,还会让他们羞愧难当,是大不孝。

加强性格修养。性格不好,孝不圆满。想尽孝,必须培养良好性格。要理解尊重父母,而不应一厢情愿为父母做决定。

加强礼仪修养。不知礼仪,难以行孝。孝是一种思想观念,礼是孝的一种表达方式,是一种规范与程式,两者结合起来,就是孝行。例如,早晚问安、进出打招呼、吃饭让老人坐上位、走路让父母走中间等。

(三)要有文化素养

文化素养指人们在文化方面所具有的较为稳定的、内在的基本品质,表明人们在这些知识及与之相适应的能力行为、情感等综合发展的质量、水平和个性特点。素养从广义上讲,包括道德品质、外表形象、知识水平与能力等各方面的修养。我们关注的是道德品质素养,因为它与孝文化有关。

中国的文化在某种意义上是伦理文化。我们讲中华传统文化或国学,即主要讲儒、释、道,就是这个道理。作家梁晓声曾对文化有过高度概括:根植于内心的修养,无须提醒的自觉,以约束为前提的自由,为别人着想的善良。从内容上看,它描述的是伦理文化,从形式上看,它描述的是一种伦理修养境界,是一种伦理修养方法。

孝文化与伦理文化具有高度的统一性。不仅内涵精神高度一致,而且修养境界与方法也高度一致。孝文化是伦理文化的重要组成部分,故孝文化与伦理文化都具有爱与善的基本精神,在人的德性培养上其基本路径与方法相对一致。孝的文化,不仅要讲孝心,更重要的是要讲表达孝心的孝行。如何表达孝心,主要体现在对待长辈的态度与方法上,如不仅要保持爱敬、和蔼、礼貌、宽容等的态度,还要保持自觉、约束、内修、养成等的定力,保持孝心与孝行的完美统一,这就是孝的文化境界与素养。

文化素养与学历文凭有时不完全统一。一个人有没有文化素养(包括孝文化素养),并非看他的学历有多高。在现实生活中,有学历的人,不一定有文化素养;没学历的人,不一定没文化素养。人的文化素养是后天养成的,

第四章 《孝经》的现代拓展

但有些时候伦理道德、文化素养的培育往往被忽略。这也为以后的精神文明建设，留下了空间，指明了方向。

（四）要有事业精神

《孝经·开宗明义》："立身行道，扬名于后世，以显父母，孝之终也。"古人告诉我们，人在世上要遵循仁义道德，立身于世，有所建树，扬名后世，光宗耀祖，这是孝的终极目标。这也是孔子提出的最高层次的孝道追求，它已在老百姓中成为根深蒂固的传统观念，并成就了千百万中国人的宏伟事业。我们要传承和弘扬这种事业精神，立足本职，不辱使命，在不同的岗位上不断追求，从现在做起，从自己做起，干出一番事业。

身为学生，就要好好学习，德智体全面发展。在科技飞速发展的时代，没有科学知识，就不可能振兴国家。修好德，积好智，健好体，为为国家作贡献积淀力量。

身为职工，就要有爱岗敬业、无私奉献的精神，要有工作责任感和事业心，充分发挥自己的主观能动性与创造性，认真干好自己的本职工作，并做到精益求精，干出一番事业。

身为干部，就要认真履行自己工作职责，一心一意为老百姓谋利益，品行端正，对待任何事任何人都要秉公办理，要有坚定的立场，不要被金钱所迷惑，清正廉洁，为党的事业而奋斗。

（五）要有敬老作为

一是养父母之身（满足物质生活）。

衣：要主动为父母及时准备好四季更换的衣服，款式、颜色都要适合老人需求与品位。

食：让老人享受口福。要考虑到老人运动量小、消化功能减退，多给他们做些好消化的食物。要确保食物少盐、少糖、少脂肪，既健康又美味。

住：要在自己能力的范围内，给老人提供最好的住所。如果与老人同住，尽量把阳光充足、空间较大的房间让给老人住。老人睡眠轻，稍有响动便睡不踏实，要尽量给他们准备更舒服的寝具。

行：人老腿先老，行动要有人搀扶。主动给父母买些辅助工具，比如拐杖和轮椅。多陪老人出去散散心，带着他们去旅游或去附近的公园走走。

二是养父母之心（满足精神生活）。

让老人开心。父母老了，子女让父母开心非常重要。古代《二十四孝》故事中老莱子戏彩娱亲，就是让父母开心。要让父母开心就要遇事"顺"一点，接受父母的言教，满足父母的成功感、骄傲感。人老了，心有余而力不足的事情就多了，我们要理解老人的心情，顺其心而想，顺其心而为。在家里一些非原则小事上不要与父母较真。父母犯错时要坚持原则，也要智慧处理，不可盲目顺从，这样才是尽孝道了。

让老人安心。一方面要让老人想到我们就高兴，不让老人牵挂，让老人放心；另一方面要帮助老人解决他们所牵挂的事，让老人安心。让老人安心，就要做到急父母所急，想父母所想。老人的心愿，子女要尽力达成。

让老人放心。父母最担心子女的身体安全问题。《孝经·开宗明义》中这样论述："身体发肤，受之父母，不敢毁伤，孝之始也。"就是说，一个人的身体、四肢、毛发、皮肤都是从父母那里得来的，要特别地加以爱护，不能轻易损伤，这是孝的开始，是基本的孝行。要让老人想到我们就高兴，让老人放心，不让老人担心。

在让父母开心、安心、放心的时候，一定要诚敬。《论语·为政》有："子游问孝，子曰：'今之孝者，是谓能养。至于犬马，皆能有养；不敬，何以别乎？'"给父母物质上的满足，只是一种义务，还不算孝。"孝"是真心诚意的付出，是尽自己的本分，让父母放心，不给父母添麻烦，才算真正的孝。

（六）要有大孝格局

要尊亲荣亲。《礼记·祭义》有："孝有三：大孝尊亲，其次弗辱，其下能养。"孝顺的行为可以分成三个等级：最大的孝顺就是用自己的行为使自己的亲人长辈得到世人尊重，其次使父母不受辱没，最下等的是仅仅赡养父母。

要终于立身。《孝经·开宗明义》有："夫孝，始于事亲，中于事君，终于立身。"所谓孝，最初是从侍奉父母开始，然后效力于国家、恪尽职守，最终建功立业，这才是孝的圆满结果。

第四章 《孝经》的现代拓展

要践行大孝。我们提倡忠孝，不仅是忠于某一个人，孝于某一个人，更是为国家尽忠，为民族尽孝。"不独亲其亲""不独老吾老"的传统美德被提炼、升华为革命大无畏牺牲精神。在这种移孝作忠的道德观指导下，许多革命先烈通过尽忠来实现尽孝，抛头颅洒热血，舍生取义，使全体中华儿女过上了幸福生活，实践了最大的孝，体现了最大的忠。

孝文化由事亲之孝，扩展为忠孝一体，又扩展为五伦之义，强调不仅要在家里孝顺父母、待兄弟姐妹友善，在学校里尊敬师长，在工作岗位上尽忠职守，在商业经营中诚实守信，在人际交往中有情有义，更要对国家、对民族、对社会也要有忠有义，气节不亏。

三、新"二十四孝"行动标准

新"二十四孝"行动标准是由全国妇联老龄工作协调办、全国老龄办、全国心系系列活动组委会于2012年8月13日共同发布的。新"二十四孝"行动标准，应该是我们实践孝德的依据。

（一）新"二十四孝"行动标准的背景

2012年6月老年人权益保障法修订草案提交全国人大常委会审议，修订草案中新增一条"常回家看看"，引起社会关注。相关人员称，新"二十四孝"行动标准与旧"二十四孝"形成对比，就是想告诉大家，时代的脚步在不断向前迈进，"我们对'孝'文化的理解，既要传承又要有创新"。

（二）新"二十四孝"行动标准的特色

与传统的"二十四孝"相比，新"二十四孝"更简洁易懂，朗朗上口。其不仅包括"教父母学会上网""为父母购买合适的保险"等与现代生活紧密结合的行动准则，还包括"支持单身父母再婚""仔细聆听父母的往事"等观念突破和对老年人的心理关怀。

（三）新"二十四孝"行动标准的宣传

在北京、上海、天津、重庆等15个城市免费发放孝心宣传册，宣传新"二十四孝"行动标准的内涵，传唱新"二十四孝"歌曲和童谣，倡导新"二十四孝"行动，号召全社会"敬老、爱老、助老、孝老"，使老年人得实惠、普受惠、长受惠。

（四）新"二十四孝"行动标准内容的解读

"百善孝为先"是中国广为流传的古训。时代的脚步在不断向前迈进，对孝文化的理解既要传承又要创新。新时代的"孝"不需要卧冰求鲤、卖身葬父，需要的是在生活中对老人无微不至的呵护与关怀。我们不仅要用与时俱进的方式去孝顺父母，更要让孝顺成为一种时尚。

时代在变，老人的需求也在变，旧"二十四孝"主张的老式愚孝已经很少被人提起，而新"二十四孝"充满鲜活的时代元素，又不乏人文关怀，不仅与现代生活紧密结合，还包括了对老人的心理关怀。新旧"二十四孝"之间，变的是践行孝道的方式，不变的是千古孝道的内涵。新"二十四孝"行动标准如下。

1. 经常带着爱人、子女回家。老人期望的是合家欢乐，物质上的充足并不能满足老人的精神赡养需求。在空闲之余携家人回家看望老人，让老人感受到家庭中的浓郁亲情，享受到含饴弄孙的天伦之乐。

2. 节假日尽量与父母共度。在当代社会，大多数人在外地创业或者打工。然而无论是在外地或和父母同在一城，逢年过节尽量创造机会回家和父母团聚。

3. 为父母举办生日宴会。谨记父母生日，为他们贺寿。不论是在饭店为父母摆席还是在家为他们煮一碗长寿面，只要记得在父母生日之时陪在他们身边，为他们捧上蛋糕或寿桃，父母就会倍觉幸福。

4. 亲自给父母做饭。哪怕只学一道拿手菜，只要用心，就会换来他们满足的笑容。

5. 每周给父母打个电话。定期打电话和父母聊聊天，知道他们心里在想

第四章 《孝经》的现代拓展

什么、需要什么、担心什么，又有什么让他们不愉快的事情。通过聊天得到有效信息，有针对性地进行安慰。

6. 父母的零花钱不能少。父母年老，不能工作赚钱，经济上难免紧张，心里就会产生担忧。孝顺孝顺，既要孝，也要顺。所以给父母零花钱，说到底，就是让他们安心，过得顺心，这才是孝顺。

7. 为父母建立"关爱卡"。"关爱卡"是一张写有姓名、地址、紧急联络电话的小卡片，让年迈的父母出门时带在身上，以防不测。年事已高的父母出门前，也要常常叮嘱，要他们注意安全。

8. 仔细聆听父母的往事。要时常跟家中老人聊聊天，孝顺需要尊重与理解老一辈人既成的价值观和生活习惯，把父母当成独立的个体。

9. 教父母学会上网。现在社会已是网络社会，学会了上网，可以使老年人视野更宽，他们可以常常给孩子发邮件、视频聊天。还要教父母网购，这样大件物品父母足不出户就可以买到。教父母学会上网，能让待在家中的老人实现在虚拟空间的自由沟通。

10. 经常为父母拍照。多为父母拍照，也要尽量多地留下全家福。要记得冲洗出来，方便父母整理、翻看照片，回味幸福。在父母结婚纪念日时，也可为父母补拍结婚照。

11. 对父母的爱要说出口。小时候我们很容易对长辈说爱，长大后反倒不好意思了。但是，把爱说出口，不一定只有"我爱你"这句直接的话；即使关心的话，逗乐的话，互相夸奖的话，也算是说出了爱。

12. 打开父母的心结。要常反思，有没有在父母晚年为他们解开心结。在聊天中发现父母的心结，对症开导父母，为他们解惑。

13. 支持父母的业余爱好。要知道父母的爱好，要理解这些爱好给父母带来的快乐。如果自己恰好懂得这方面的事情，多给父母讲讲。若不懂，也可以"赞助"父母，帮他们将爱好进行到底。

14. 支持单身父母再婚。为单身父母找个伴，他（她）可以代替我们陪伴着父母，让他们的生活不再孤单，无形之中，更是为他们的健康和安全提供了一份保障。

15. 定期带父母做体检。老年人年纪大了，身体各脏器功能减退，每年做一次体检能使老年人对自己的健康情况有个全面了解，从专业医师那里获得正确的保健指导。带父母定期体检，有病积极治疗，没病也可防患于未然。

16. 为父母购买合适的保险。学会从实际处关心老人。中老年人非常容易出现因为摔倒导致骨折等意外事件，为父母购买保险是一种保障。

17. 常跟父母做交心的沟通。平常和父母讲些有趣的事、家里的事、过去的事，不但能勾起老人的回忆，在温馨之余还能防止老人患老年痴呆症，何乐而不为呢？

18. 带父母一起出席重要的活动。父母在年轻时曾参加儿女的毕业典礼、婚礼，现在孩子可以提议带父母去听音乐会、看话剧，让父母有参与感。

19. 带父母参观你工作的地方。可以在方便的时候带父母去看看自己工作的地方，或者让他们拍点照片，给他们介绍一下具体情况。

20. 带父母去旅行或故地重游。父母老了，可以带他们到老房子看看，到郊外走走。要了解父母的过去，有哪些地方是他们的故地，对他们有哪些特殊的意义，陪伴父母踏上寻找回忆之旅。

21. 和父母一起锻炼身体。陪父母逛逛公园、打打太极拳，总归是很温馨的。

22. 适当参与父母的活动。父母晚年社交活动比较少，参与父母的活动能激发父母参与社交的热情，使父母有更丰富的老年生活。

23. 陪父母拜访他们的老朋友。同父母一起见见他们的朋友，在谈话之间能够了解到关于父母的一些想法，比如他们有哪些新的兴趣，有没有烦心的事，又有哪些趣事等。从父母与朋友谈话中，你往往能够了解到更多面的父母。

24. 陪父母看一场老电影。我们应陪父母看电影，无论是怀旧老片，还是时髦新电影。这也是丰富他们精神生活的一种途径。

新"二十四孝"的条款一经发布，就引起了热议。的确，"孝"是一种品德、一种情感，更是一种能力，同样需要与时俱进的时代精神。用心去孝顺，使老人在精神上得到满足与快乐，这就是现代社会道德发展新趋势中真正的孝道。

尽孝是每一个为人子者该做的。但在许多时候，尽孝成为一个奢侈品，也有些人不仅不尽孝，反而虐待父母，这是社会道德所不齿的。尽孝需不

第四章 《孝经》的现代拓展

要行动标准？这个问题其实并不重要。本来，尽孝不必按照行动标准，但我们无妨将新版"二十四孝"行动标准看作建议，对照自己的做法，在父母还健在的时候，多做一些让父母高兴的事。

每一个家庭的幸福是不相同的，每一个儿女对父母的尽孝方式也不一定是相同的，行动标准也恐怕覆盖不了尽孝的所有行动。但却不必据此看轻新"二十四孝"行动标准。我们不妨换一种心态和眼光看待，把其当作尽孝的建议，对照自己，使自己变得更加孝顺，这或许才是发布新"二十四孝"行动标准的真正意义所在。有则加勉无则补之，莫等子欲养而亲不待。

（五）各地出台孝敬长辈的规定

1. 福州把孝敬父母纳入公务员考核标准。福州打破公务员"铁饭碗"，从德、能、勤、绩、廉方面对公务员进行全面考核，其中，孝敬长辈、情趣健康等被纳入个人品德评价标准。

2. 江苏海门设立5个"孝敬日"。江苏省海门市把母亲节、父亲节、重阳节和学生父母生日定为"孝敬日"，要求孩子们在这个充满温情的"孝敬日"中，至少用一个课时的时间，做一些力所能及的家务和社会公益劳动，以各种方式向生育和培养自己的父母、长辈表达孝敬之心和感恩之情。

3. 北京大学校长推荐制要求"孝顺"。北大在公布推荐生遴选条件时重点强调了道德品质，明确规定有下列情形者不得被推荐：不孝敬父母；不关心他人，从未参与社会公益活动；有不良诚信记录；考试作弊、受到处分或有其他违法违纪违规行为。这是北大首次将孝敬父母列入推荐条件。

4. 河津将"孝敬父母"作为提干标准。山西省河津市曾在《局级领导干部选拔任用工作的暂行办法》中规定：拟提任的干部必须孝敬父母，善待配偶，诚实忠信。不孝敬父母、不善待配偶者不能当领导干部，在职的不能提拔重用。一时引来各方舆论热议。

四、不要忘记几个重要节日

父亲节、母亲节等现代节日和春节、清明节、中秋节、重阳节等传统节日都是我们值得记住的敬亲节。

传统节日中寓托着重要的传统文化内容，是活的传统文化。传统节日是民族情感的黏合剂，其中包含了亲情情结、敬祖意识、寻根心理、报本观念，唤起对亲人、对家庭、对故乡、对国家的感情，唤起对民族文化的记忆和对民族精神的认同。我们应该以传统节日为平台和载体传扬孝文化。

（一）重阳节

农历九月九日为传统的重阳节。因为古老的《易经》中把"六"定为阴数，把"九"定为阳数，九月九日，日月并阳，两九相重，故而叫"重阳"，也叫"重九"，古人认为是个值得庆贺的吉利日子，并且从很早就开始过此节日。

庆祝重阳节的活动丰富多彩，一般包括出游赏景、登高远眺、观赏菊花、遍插茱萸、吃重阳糕、饮菊花酒等活动。九九重阳，因为与"久久"同音，有长久长寿的含义，况且秋季也是一年收获的黄金季节，重阳佳节，寓意深远，人们对此节历来有着特殊的感情，唐诗宋词中有不少贺重阳、咏菊花的诗词佳作。

1989年，我国把每年的重阳节定为老人节，将传统与现代巧妙地结合，重阳节成为尊老、敬老、爱老、助老的老年人的节日。全国各机关、团体、街道，往往都在此时组织从工作岗位上退下来的老人们秋游赏景，或临水玩乐，或登山健体，让其身心都得到放松；不少家庭的晚辈也会搀扶着年老的长辈到郊外活动或为老人准备一些可口的饮食。

（二）中华母亲节

母亲节，是一个感谢母亲的节日。这个节日最早源于古希腊的民间习俗。母亲们在这一天通常会收到礼物，康乃馨被视为献给母亲的花，而中国的母亲花是萱草花，又叫忘忧草。

现代意义上的母亲节起源于美国。1906年5月9日，美国费城的安娜·贾薇丝的母亲不幸去世，她悲痛万分。在次年母亲逝世周年祭日，安娜组织了追思母亲的活动，并鼓励他人也以类似方式来表达对各自母亲的感激之情。此后，她到处游说并向社会各界呼吁，号召设立母亲节。她的呼吁获得热烈

第四章 《孝经》的现代拓展

响应。1913年5月10日,美国参众两院通过决议案,由威尔逊总统签署公告,决定每年五月的第二个星期日为母亲节。这一举措引起世界各国纷纷效仿,至1948年,已有43个国家设立了母亲节。

2007年,我国45位全国政协委员联名提出提案,呼吁设立中华母亲节。

他们指出,现在全世界有许多国家都设立了自己的母亲节,不同文化的母亲节形象代表都有不同的文化个性,流淌着自己民族文化的血液,承载着不同的民族精神。当前,我国过的母亲节,其母亲代表形象却是洋妈妈,这样的事不宜再继续下去。他们指出,我们要维系中华文化血脉、培育中华民族精神,需要自己的中华母亲节。

委员们分析指出,在众多中华贤母中,推选孟母为中华母亲形象最为合适:一是孟母为中华历史人物,不是传说、神话人物;二是现在流传的许多贤母故事,大多只有一件事而且缺少情节,而在西汉《韩诗外传》和大历史学家刘向的《列女传》中都翔实记载了孟母仉氏在不同阶段教子的事件,有情节、有故事,从儿童成长的外部环境到学习内部规律,都注意到了,形成颇具系统的教子思想和方法;三是仉氏生孟子在公元前372年,至今已伴中华民族走过两千多年。唐以后历代都有封赠祭祀,留下许多遗迹;四是孟母的故事家喻户晓,民众有广泛的认同感。刘向记载孟母教子五件事中"孟母三迁""断织喻学"二事流传最广,南宋《三字经》中的"昔孟母,择邻处,子不学,断机杼",中华儿女耳熟能详;五是孟母教子成效大。孟轲成为我国古代的大思想家、儒家的代表人物,被称为亚圣,他的第一个老师就是孟母。孟母教子懿范千秋。

这45位全国政协委员认为,我国传统节日以农历计,农历四月初二是孟母生孟子之日,因此,建议每年的这一天设为"中华母亲节"。

(三)中华父亲节

世界上第一个父亲节于1910年诞生在美国,是由住在美国华盛顿州斯波坎的布鲁斯多德夫人倡导的,目的是纪念自己劳累而死的父亲威廉·斯马特。1966年美国签署总统公告,宣布当年6月的第三个星期天为美国的父亲节,直到1972年,美国总统尼克松才正式签署文件,将每年6月第三个星期日定为全美的父亲节，并成为美国永久的纪念日。

相较于美国父亲节的设立，中国的父亲节具有更深厚的文化内涵和历史意义。中华父亲节是每年公历8月8日，又称为"八八节"，谐音"爸爸节"，在1945年就由国家正式宣布设立。中华父亲节具有如下文化意义。

纪念文化的意义。1945年8月8日，全民抗战胜利的曙光已经来临，上海的有志之士为了纪念在战争中为国捐躯的父亲们，特地提出父亲节的构想。于是上海文人发起了庆祝父亲节的活动，市民立即响应举行庆祝活动。战争胜利后，上海市各界名流绅士，联名请上海市政府转呈中央政府，定"爸爸"谐音的8月8日为父亲节，政府对这份请求十分重视，特地开会讨论并正式确定每年的8月8日是中国父亲节。

文字文化的意义。两个"八"重叠在一起，经过变形就成了"父"字，其文字发音的谐音是"爸爸"，其既有创意又顺口，简单好记又响亮。

中华孝文化意义。中华孝文化一直弥漫、浸淫在中华大地，孝之思想、理念、实践，无处不在、无时不有。当年社会各界名流如吴稚晖、李石曾、潘公展、杜月笙等人倡导设立父亲节也是弘扬中华孝文化的体现。8月8日与中国悠久传统的敬老节日九九重阳节也遥相呼应。

我们自己的母亲节与父亲节，能展示文化自信，弘扬传统文化，传承敬老传统，纪念长辈老人，让中国自身的文化传承走进人们的生活，并充满生机地走向未来，令我们的传统节日文化更加丰富多彩、意蕴深厚。

总之，我们每年的春节、清明节、中秋节、重阳节等传统节日，其实质都是在演绎孝。人类的美好感情，包括体验和感受感情的能力，需要精心保护、着意培养。设立中华父亲节、母亲节，就是为了让天下父母的爱心有一个得以彰显、得以传达的节日；让天下子女的孝心有一个受到唤醒、勇敢表达的节日。

"每逢佳节倍思亲"，节日中饱含着浓浓的人伦情义。祭拜祖先，感恩长辈，敦亲睦邻，关爱晚辈，充盈着亲情情结。敬祖意识，寻根心理，报本观念，慈爱心肠，唤起我们对民族文化的记忆和对民族精神的认同，唤起同根同宗同源的民族情，凝聚起和睦和谐和平的亲和力，这也是节日的魅力所在。

第四章 《孝经》的现代拓展

第二节 《孝经》"孝"思想的现代阐释与价值

《孝经》作为儒家孝道的经典,自成书以来便受到极大的关注。我国古代先后有魏文侯、晋孝武帝、梁武帝、梁简文帝、唐玄宗、清世祖、清圣祖、清世宗等君王和多位学者为该书做注解释义。近代以来,孝道曾受到严重冲击,甚至被全盘否定。因此,对《孝经》的阐释与研究也基本处于停滞状态。当今社会,随着传统文化的复兴,对《孝经》中孝道思想的阐释与研究也日益增多。习近平总书记强调:"坚定文化自信,推动中华优秀传统文化创造性转化、创新性发展,继承革命文化,发展社会主义先进文化,不断铸就中华文化新辉煌,建设社会主义文化强国。"目前,孝道文化园中呈现出"百花齐放,争奇斗艳"的良好局面。

一、《孝经》"孝"思想的现代阐释

传统孝道是中华民族传统人伦道德的核心和根本,对于塑造中华民族的民族特性起了重要作用,也是构建现代和谐社会的重要资源。《孝经》作为传统"孝"道德集大成之作,对其思想进行分析无疑具有重要的理论和现实意义。

(一)"孝"的合理性:天之经,地之义

所谓"孝"的合理性主要是指儒家为了使人们信仰并践行孝道而提出的关于"孝"道德的一些合理性依据。儒家学者反复强调并推崇这些依据,认为孝道是最根本的道德,是"天之经,地之义"。据此,《孝经》从哲学、伦理学以及人性方面系统地阐述了孝道的理论依据。

1."孝"思想的哲学依据

孝道思想对中国影响深远。那么,孝是从何而来的呢?其源于何处呢?人为什么要行孝呢?《孝经·三才》中指出:"夫孝,天之经也,地之义也,

221

民之行也。"

经，常也；天之经，天之常道也。义，宜也；地之义，地之厚德，宜长万物也。行，德行也；民之行，即孝、悌、忠、信之行为。如此说来，孝道如天道运行一般，有其规律和法则，是人们必须要做的事情。很显然，《孝经》为了强调孝的重要性，把孝道提升到了"天道"的高度，劝导人们不要违背"天道"，只有遵循孝道才能"则天之明，因地之利，以顺天下"。需要注意的是《孝经》中只是将孝道比喻成"天之经，地之义"，是为了凸显孝道的重要性，并不是说孝道是天地万物的尺度。显然，直观的理解是有偏差的。孔子的实际意图是，天地离不开其运行的准则，而人类也离不开孝道。

2. "孝"思想的伦理学依据

《孝经·开宗明义》中提到"夫孝，德之本也，教之所由生也"，很显然，孝道是一切道德的根本，所有的品行都是孝派生出来的。因此，唯有推行孝道、教化孝道，才能孝天下之为父母者，敬天下之为兄弟者，敬天下之为人君者，才能最终实现"民用和睦，上下无怨"。可见，《孝经》所提倡的孝道的出发点是十分美好的，现在看来，将孝作为一切道德的根本未免太绝对，不过，将孝作为教化的开端，却值得现代教育学习和借鉴。

3. "孝"思想的人性论依据

中国传统的孝道思想就其纯粹的、本质的意义说，是符合人性的，能完善人性的。如果鄙弃这种本质，即使不能说是堕落，也绝不意味着"超越"。

"天地之性，人为贵。人之行，莫大于孝。""父子之道，天性也。"这两句意思是说，天地万物，人是其中最宝贵的，人的各种品行中，孝是最重要的。父子之间的关系是人的天性。因此，有"故亲生之膝下，以养父母日严。圣人因严以教敬，因亲以教爱"。这些都是人的天性。如此，《孝经》便巧妙地在人伦的基础上，把"孝"抽去了特定的社会性、历史性，而说成是生而具有且人人具有的当然之理，并由此衍生出封建伦理纲常都是天经地义的永恒真理。从人性的角度分析孝道就剥离了孝道的功利性，使孝道变得更加纯粹。

如今，我们不但应看到《孝经》中的孝道思想对巩固道德所起的作用，更应该看到其在维护社会稳定与民族团结方面不可忽视的力量。

第四章 《孝经》的现代拓展

（二）"孝"的实践性：事亲、事君、立身

《孝经》中孝道的践行是一个重要的内容，分为三个阶段：事亲、事君、立身。《孝经》对各个阶段提出了具体要求。事亲是行孝的基础，儒家认为一个人如果不爱自己的父母，那么更何谈爱别人。事君和立身则是孝道的延伸和扩展。

1. "事亲"，是"孝"的基础

事亲即对父母的奉养，包括事生和事死。《孝经·纪孝行》提出了事亲的"五致"和"三不"。"五致"即"居则至其敬，养则致其乐，病则致其忧，丧则致其哀，祭则致其严"。意思是说，孝子对父母的侍奉，日常起居要尊敬父母；供奉饮食，要充分地表达出照顾父母的快乐；父母生病了，要心生忧虑；父母过世了，要竭尽悲哀之情，料理后事；祭祀时，要严肃对待。现代人也可以这样理解：日常生活中，对父母要敬爱，与父母相处要保持愉快的心情，不仅要满足父母的物质需要，也要满足父母的精神需要。要想方设法让父母开心，尽量不让父母为自己的事忧心。"三不"即"居上不骄，为下不乱，在丑不争"。要求人们身居高位不骄傲，身处低位不犯上作乱，身处同辈朋友之间，应相互礼让，互相关切，不可斗争。这"三不"要求人们遵守法律和社会秩序，让父母不必为自己担心。可见，孝行不仅能使父母身心愉悦，而且能使人们遵守法律，促使人们和睦相处。事死，是事亲的重要内容，《孝经·丧亲》对此有专门论述。孝子丧亲，必须有"哭不偯，礼无容，言不文，服美不安，闻乐不乐，食旨不甘"的哀戚之情。同时又强调悲伤应有度，绝食以三日为限，不可损伤身体。此外，孝子举行丧葬、祭祀时要为父母做一系列事情，如"为之棺、椁、衣、衾而举之；陈其簠、簋而哀戚之；擗踊哭泣，哀以送之；卜其宅兆，而安措之；为之宗庙，以鬼享之；春秋祭祀，以时思之"。可见，这一系列的程序是比较复杂的。其所提倡的"厚葬久丧"的精神是与现代社会精神文明建设相违背的，其中一些具体要求也过于陈腐，违背人性，不值得提倡。不过，对先人进行祭祀，适当表达对父母、祖先的追念是必要的，也是与祖辈建立情感联系的一种方式。

2."事君",是"孝"的延伸

《孝经》除了讲述子女对父母的孝敬外,还有两个重要的内容,即事君和立身。"事君"是行孝的第二阶段,即奉事君王。《孝经》巧妙地将家庭道德延伸到了社会生活中。《孝经·广扬名》说:"君子之事亲孝,故忠可移于君。"《孝经·事君》说:"君子之事上也,进思尽忠,退思补过,将顺其美,匡救其恶。"这两句话的意思是说,君子可以将对父母的孝顺转化为对君王的忠诚,即"移孝作忠"。"孝"是"忠"的前提,"忠"是"孝"的延伸。君子奉事君王,在朝时要竭尽忠心;退官居家时,要思考补救君王的过失。对正确的政令要服从,对错误的政令要想办法匡正补救。由此可见,奉事君王需要忠诚与顺从,一定情况下也要善于谏诤。

3."立身",是"孝"的目的

所谓"立身"是指孝子要做到建功扬名以光宗耀祖,是行孝的第三阶段,也是最高境界。"立身"的前提是爱护自己的身体,使其不受损伤,要做到前面所提到的"三不"。此外,还需"宗庙致敬,不忘亲也。修身慎行,恐辱先也"。要努力加强自身的修养,修身慎行,积善积德,最好能辅助君王成就伟业,以达到光宗耀祖的目的。这对于促使人们培养高尚的情操以及建功扬名有着巨大的激励作用,一定程度上鼓舞了当时的人们不断奋斗,为国奉献。

(三)"孝"的社会性:孝治天下

孝道的宗旨是孝治天下。有学者指出:《孝经》一书虽然也大谈孝道,说到了一些行孝的具体事项,但是,它的核心却并不在阐发孝道,而是以"孝"劝"忠"。那么,《孝经》是怎样论述孝道宗旨的呢?我们可以发现,《孝经》将"孝"上升为治国之条目,守社稷之纲领,天子通过从上到下的示范作用,以孝化民,辅以刑法,民以孝顺,从而达到"天下和平,灾害不生,祸乱不作"的目的。《孝经》论述了"孝治天下"的功用以及"孝治天下"的方式。

1."孝治天下"的功用

在《孝经》看来,理想的政治模式的根本是"孝"。《孝经·开宗明义》有云:"先王有至德要道,以顺天下,民用和睦,上下无怨。"这里所讲的"至德要道"就是"孝"。意思是说,先王以孝治天下,使天下归顺,民众和睦,

第四章 《孝经》的现代拓展

人们无论尊贵或者卑贱,上下之间都没有怨气。可见,孝道具有重大的社会政治功用。关于孝道的政治作用,《孝经·孝治》有专门的讲述。云:"昔者明王之以孝治天下也,不敢遗小国之臣,而况于公、侯、伯、子、男乎?""夫然,故生则亲安之,祭则鬼享之,是以天下和平,灾害不生,祸乱不作。故明王之以孝治天下也如此。"当然,此处"灾害不生"并不是说灾害不发生,而是即使灾害发生,明王也能保民爱民,采取措施使灾害降低到最小的程度。《孝经·圣治》云:"圣人因严以教敬,因亲以教爱"。"是以其民畏而爱之,则而象之。故能成其德教,而行其政令。"意思是说,君王孝治天下,则法律严明,君臣和睦,百姓服从。

《孝经》论述了"孝治天下"的巨大功用,将"孝"延伸和扩展为"忠",将整个国家看成一个大家庭,君王是最大的家长。这就通过讨论其功用,证明了其合理性和现实意义,并试图通过"孝治天下"达到儒家的理想政治模式。这是一种很吸引古代君王的政治模式,因此得到历代君王的重视。

2."孝治天下"的方式

《孝经》主要论述了"孝治天下"的三种方式,即"移孝作忠""以孝化民""以刑辅孝"。这三种方式不是相互独立的,而是互相联系、不可分割的。

第一,移孝作忠。融家庭伦理道德之孝于治国之道,道德政治化是《孝经》的核心内容,是"孝治天下"的关键所在。《吕氏春秋》言:"人臣孝,则事君忠。"《孝经·圣治》云:"父子之道,天性也,君臣之义也。"中国古代封建君王制是以宗法制为基础的,父权相当于君权,尊父就能尊君。"移孝作忠"正是契合并发展了这种观念,强调在政治领域忠孝服从,维护君王权威,受到历代统治者的重视。

第二,以孝化民。古语云:"百善孝为先。""孝"乃万德之本。因此,"以孝化民"便也不足为奇了。《孝经》中论述"以孝化民"主要是从两个方面对百姓进行教化的。首先,统治者要独善其身,发挥自己的榜样作用,要做到"爱敬事于亲",其后才能达到"君子之教以孝也,非家至而日见也。教以孝,所以敬天下之为人父者。教以悌,所以敬天下之为人兄者。教以臣,所以敬天下之为人君者也"的目的,具有强大的感染力。可见,儒家很早就认识到领导者的个人修养与魅力对于施政的影响,因此,这里我们不仅可以把"以孝化民"的对象看为君王对臣民，也可以看为普通的上级对下级。其次，要用礼乐对百姓进行教化。《孝经·广要道》云："移风易俗，莫善于乐。安上治民，莫善于礼。"美好的音乐可以净化人的心灵，良好的礼仪可以规范人的行为，融洽人际关系。可以说，儒家所宣传的"以孝化民"是十分重视社会环境对人民个性特征塑造的作用的。

第三，以刑辅孝。《孝经》论"孝"，有一个重要的特点，即提出通过法律措施来推行孝道。《孝经·五刑》云："五刑之属三千，而罪莫大于不孝。要君者无上，非圣者无法，非孝者无亲。此大乱之道也。"可见，"不孝"的罪名是十分严重的，可以说是罪大恶极的。因此，必要时对不孝的行为应当使用严峻的刑罚。但是，刑罚只是孝治天下的辅助措施，《孝经》所言"孝治天下"主要是推行德教仁政。不过，将"不孝"上升为大罪也体现了儒家对孝道的重视，因此而采取的法律手段是值得理解并探讨的。综上所述，《孝经》主要从孝道的理论依据、孝道的践行、孝道的宗旨三方面论述了孝道思想。其内容全面而又系统，深刻地展示了儒家的治国模式及美好的政治理想。其中对个人修养的要求，养亲敬亲的家庭伦理观念以及治国爱国的思想对当今社会主义精神文明建设具有重要的参考价值。

二、《孝经》"孝"思想的现代价值

孝是儒家学说的基石。没有对家庭的敬爱归属之情，就不会具备成为社会之君子所必需的道德和修养。《孝经》是儒家孝道思想的集大成者，以最小的篇幅实现了最大的影响，历代对其进行编写、研究的名人无数，可以说《孝经》中的孝道思想经过两千多年的流传，生生不息，已经沉淀为中华民族的内在特质。我们今天研究《孝经》有何意义呢？有学者说：《孝经》对于我们每一个人，不管是自由主义者还是保守派，每一个渴求明天会有一个比今天大多数人所享有的更和平更公正的社会的人，每一个在世俗社会寻求精神之光的人，都具有极大的意义。这种说法从个人及社会层面阐明了《孝经》的现代价值。本书从孝道思想对个人修养的提高与人生价值的实现、对家庭和睦与社会和谐、对增强民族凝聚力和培养爱国情操三个方面来阐述《孝经》

第四章 《孝经》的现代拓展

中孝道思想的现代价值。

（一）有利于个人修养的提高和人生价值的实现

《孝经》中对个人如何行孝提出了切实可行的要求。具体说来分为三个层次：事亲、事君、立身。按照《孝经》的说法，在这三个过程中真心实意地投入并遵循相关的规范，对于个人修养的提高和人生意义的实现是意义非凡的。我们可以在"事亲"的过程中加强对生命的领悟，培养美好的情操；在"事君"的过程中形成敬忠职守的良好品质；在"立身"的过程中理解人生的价值，树立远大理想。

1."事亲"：生命的领悟和美好品质的培养

《孝经·开宗明义》言："身体发肤，受之父母，不敢毁伤，孝之始也。"这包含了爱护生命的意识。人的生命只有一次，应珍惜生命。当代人要从《孝经》中汲取营养，领悟那远久而深刻的生命智慧，从而珍爱自己的生命，不轻易言弃，不让父母为自己忧心。这就是孝，也是对生命的敬畏，是值得我们现代人学习的。

事亲之孝德是人性最自然的流露，无丝毫虚伪存于其间，所以，孝之爱敬必包含真诚。只有对父母、兄弟真诚相待，才会将此感情传导给别人。孝德中包含着爱、敬、诚等美好的情感，行孝的过程有助于培养我们谦恭有礼的美德。同时，老一辈人经历过艰难困苦的生活，由此而具备的艰苦奋斗、勤俭节约的美德会自然而然地影响子女。现代社会虽然物质日益丰裕，不过自然资源是有限的，人们拥有艰苦奋斗、勤俭持家的精神更有利于"用天之道，分地之利，谨身节用，以养父母"。此外，《孝经》强调对先人的祭祀，当前看来，这种祭祀活动本身也是通过追根溯源来表达对生命的敬畏。在这种活动中获得对生命神圣性的体悟，在精神层面感悟祖先的存在，表达对生命的尊敬。

2."事君"：培养敬忠职守的职业道德

《孝经》是肯定封建等级秩序的，因此强调"移孝作忠"，以此"事君"。"事君"即要求人们不但要孝敬自己的父母，同时要把对父母的孝敬转变为对君王的忠诚。前面提到，在研读《孝经》的过程中我们应把"君王"看作所对应的民族和国家,而不是君王本人。因此,现代人可以将"事君"转变为对事业的热爱与忠诚,以报效祖国的热情实现自己的社会价值。在社会工作中,要认清自己的位置,以便扮演好自己的角色,做好自己的本职工作,恪守本分,坚守自己的职业道德。这样做既孝敬了父母,也对国家有所贡献。

3. "立身":领悟人生的价值,树立远大的理想

"立身"是践行孝道的最高层次。当代,这可以体现为自立自强的精神,体现为努力实现自我价值的不懈追求,因此具有积极意义。《孝经·开宗明义》有"立身行道,扬名于后世,以显父母,孝之始也",即要求个人不断加强自己的修养,扬名于后世,以显耀祖宗。这种思想粗看有些功利性,但细细分析我们会发现这是对人生价值的深刻思考,是一种高尚的人生理想。儒家提倡"立德""立功""立言"。"立身行道"即"立德""立功"的体现。"立言"即"扬名于后世"。可见,儒家十分重视精神生命的构建。人具有血缘生命、社会生命和精神生命,而精神生命是其中的最高层次,是人之所以为人的本质特征,是连接人类历史的桥梁。因此,我们需要理解人的价值不应只是存活于世,满足自己的物质需要,更应该是建功立业,服务社会,以此使自己的精神生命流传于后世。我们需要不断丰富自己的科学文化知识,丰富自己的精神世界,培养自己高尚的情操,树立服务社会、报效祖国的远大理想。

(二)有利于家庭和睦与社会和谐

《孝经》中的孝道思想对我国古代家庭的和睦和社会的和谐起过巨大的作用。那么,在当代这一思想是否就没有意义了呢?答案当然是否定的。《孝经》中"养亲""敬亲""谏亲"的思想对当代家庭伦理道德的建设仍具有启示意义。推己及人的博爱思想,尊老敬老的思想以及敬忠守法的品质对于当代人际关系的和谐与社会的和谐也有重要意义。

1. 对家庭和睦的影响

"父慈子孝"是家庭和睦的一个重要表现,然而放眼当今社会,子女因为工作需要不得不离开父母,使父母独自生活,有的甚至不履行对父母的赡养责任。随着养老面临越来越多的问题,我们需要从《孝经》中吸收其孝道思想的合理成分,构建社会主义和谐家庭。

第四章 《孝经》的现代拓展

首先,要做到敬养,使父母安享晚年。子女要理解孝的基本内核——赡养父母。体会父母生育我们、养育我们的艰辛与不易,懂得知恩图报。对父母的赡养要做到既要满足父母的物质需求又要满足父母的精神需要,给父母创造一个安静祥和的晚年。

其次,要学会谏亲,促成和谐家庭的氛围。父母也会犯错,这就需要子女适时地指出。当然,谏亲需要一定的技巧,语言要柔和诚恳,态度要真诚恭敬。同时,父母也要学会接受子女的建议,以此形成和谐的家庭氛围。

2. 对和谐社会的价值

《孝经》中孝道思想的精华有利于家庭和谐,能一定程度上缓解社会养老的负担,有利于社会的和谐。

《孝经》中的孝道思想是极具友爱精神的。《孝经·广至德》曰:"教以孝,所以敬天下之为人父者也。教以悌,所以敬天下之为人兄者也。教以臣,所以敬天下之为人君者也。"这同孟子的"老吾老以及人之老,幼吾幼以及人之幼"的思想本质上是相同的,尽管带有尊卑有序的等级性,但其精华仍可以为当代社会所借鉴。国家要坚持以民为本,人们的日常交往要真诚相待、推己及人。如此,政令能通达,人民素质能提高。

此外,《孝经·纪孝行》要求"事亲者,居上不骄,为下不乱,在丑不争"。这"三不"要求人们遵守法律和社会规范,以免父母担心,也是我们可以学习的。做到这"三不"对于减少犯罪,增进社会和谐是有益的。

(三)有利于增强民族凝聚力和培养爱国情操

《孝经》中的孝道思想传承千百年而始终拥有旺盛的生命力,影响了千千万万中国人的品行,塑造了中华民族的民族特性。这种传承千年的精神,对于增强民族凝聚力和培养爱国情操是有启示意义的。中华民族民族凝聚力形成的原因固然很多,但血缘渊源与传承是最根本的原因,是通过家庭、信仰、民族来表达的,是以孝敬祖先为核心的一系列孝意识和孝行为来体现的,孝敬祖先深深扎根在我们的心里并内化为特有的文化基因。中国人都爱自豪地称自己是炎黄子孙,旅居海外的华人、华侨回到故里必然要寻根问祖,祭扫墓园,访祠问谱,探究遗踪。这正是中华民族凝聚力的表现,反映了传统孝道的巨大影响力。《孝经》是中华民族几千年来孝道思想凝练的结晶，对于我们当代研究中华孝道有着举足轻重的作用。我们研读《孝经》也是同古代先贤对话的一种形式，是增强民族认同感的一种方式。

《孝经·开宗明义》云："夫孝，德之本也，教之所由生也。"本意是，孝道是一切德行的根本，所有教化都是从孝道中产生的。虽然这夸大了孝道的作用，但是以孝道作为当代道德教育的起点和突破点，对于培养当代青少年的爱国品质是有意义的。

《孝经·圣治》提倡"不爱其亲而爱他人者，谓之悖德；不敬其亲而敬他人者，谓之悖礼"，试想一个人如果父母都不爱，怎么还会爱别人呢？只有深深地爱自己的父母，才会形成爱他人的基础，才有可能将这种爱推广到其他人，直至推及社会、祖国，最终成为一个富有爱心的人。当代心理学也指出，人的爱国情感是爱亲人、爱老师、爱家乡等情感不断扩展、放大而形成的。这些情感的指向虽然大不相同，但心理结构却很相似。总的来说，对《孝经》中孝道思想的探析对于提高个人修养与人生意义的实现、家庭和睦社会和谐以及增强民族凝聚力和培养爱国情操都是十分有价值的，其中的精华值得我们大力弘扬。

三、《孝经》"孝"思想的现代弘扬

前面主要对《孝经》成书的渊源、主要内容、现代价值进行了详细的分析。《孝经》虽然是封建社会的产物，且距今已有两千余年的时光，但其作为我国传统文化的奇葩，其中许多思想仍值得我们学习与践行。应从现代社会、国家、学校、家庭及个人各个角度为弘扬《孝经》中的孝道思想做一些针对性的努力，从而促进孝文化的发展。

（一）社会角度：引导和加强正确的舆论导向

当今社会，科技日益进步，大众传媒发展迅速，其具体形式如报纸、书籍、广播、电视、电影、网络等具有覆盖面广、传递迅速、时效性强等特点。因此，弘扬孝道思想，有必要借助大众传播的影响，引导和加强正确的舆论

第四章 《孝经》的现代拓展

导向。具体需要做到以下几点。

第一，丰富孝道思想的传播形式。可以鼓励出版相关书籍、创作影视作品，举办孝道思想的专题讲座，建立相关网站等来宣传孝道思想。

第二，努力克服大众传媒的负面影响。大众传播的内容是庞杂的，其影响也是多方面的。既对人们的生活有积极影响，也不可避免会产生一些消极影响。因此，应加强对大众传播的宏观管理与指导，倡导网络道德，努力净化传播内容，使之健康向上。

除了依靠大众传媒外，社会团体也是弘扬孝道思想的重要角色，可以鼓励民间成立"孝学会"之类的相关组织，发动民间的力量宣传孝道。此外，还可以组织研究《孝经》以及相关作品，形成学术方面的积极影响。

（二）国家角度：完善孝道践行的法治规范

当今社会，孝文化的践行存在一些问题。究其原因，家庭规模缩小，传统的家庭观念转变，有些子女出于工作需要不能经常陪在老人身边。其次，市场经济的影响和对利益的追求一定程度上导致道德滑坡，有些子女并非真心赡养父母。国家除了鼓励宣传孝道思想的活动、表彰先进个人外，更应该从法律层面入手，将践行孝道纳入法治规范，并不断完善相关体制。国家将孝行纳入法治规范的过程中需要注意以下几点。

第一，法律只是辅助孝道践行的方式而不是强制性手段。孝道的践行应出于子女对父母的爱，这是建立在血缘基础之上的人类内心深处自发产生的情感，法律所要做的事是促进这种情感的实践。对于不孝的子孙，法律当然可以做出惩罚，但强硬性或强制性地逼迫子女行孝反而会造成亲子关系的破裂。这是在相关立法的过程中特别需要注意的。

第二，相关法律的确立需要征求广大人民群众的意见。行孝是与我们每个人息息相关的，群众的意见往往具有重要的价值。2012 年 6 月 26 日，全国人大常委会首次审议《中华人民共和国老年人权益保障法（修订草案）》。在草案的形成过程中"常回家看看"精神慰藉条款被写进了草案，引起了广泛的关注。人们纷纷对此发表自己的意见，指出其实施的阻碍和难以确定性，以及实施的结果难以衡量等问题。让广大人民群众参与到相关立法的过程中，有利于加强人民对孝道思想的认识，也有利于其自觉践行。

第三，相关司法程序的完善。虽然并不提倡通过强制性手段迫使子女行孝，但当今社会确实有不孝不悌之人，若难以通过其他渠道促使其承担对父母的责任，那么便需要采取严厉的法律手段。所以完善相关司法程序是十分必要的。司法程序的完善有利于保护父母的合法权益。

（三）学校角度：重视德育中的孝德教育

前面提到过，《孝经》将孝道视为诸德之本，所有的教化都从孝道中产生。虽是夸大了孝道的功能，但孝德教育一定程度上却可以作为中小学德育的起点和突破点。原因有三。

第一，孝道教育可以为培养青少年的爱心打下基础，有利于青少年爱人、爱国品质的形成，这一点在前面已经提到过。在此不赘述。

第二，孝德教育有利于青少年其他品德的形成。《孝经·纪孝行》云："事亲者，居上不骄，为下不乱，在丑不争。"这"三不"即要求人们遵守现行法律和社会规范，以免父母为自己担心。同时，"孝"十分注重与"礼"的关系，行孝必须守礼。"礼者，敬而已矣。"（《孝经·广要道》）因此，子女对父母之爱必须要敬，孝便成了明礼的基础。孝道包含着爱、敬、诚等美好的情感，这些都可以在子女孝敬父母的过程中塑造，有助于培养青少年谦恭有礼的美德。此外，青少年在孝顺父母的过程中会自然而然为父母一代艰辛奋斗、勤俭节约的品质所感染，并将之作为自己的行为准则。

第三，孝德贴近青少年生活实际，易为他们接受和实践。当前，少数中小学道德教育存在高、大、空的现象，内容过于抽象和空洞，难以为学生理解和接受。2004年3月，中共中央、国务院颁布了《关于进一步加强和改进未成年人思想道德建设的若干意见》，其中提出加强和改进未成年人思想道德建设必须"坚持贴近实际、贴近生活、贴近未成年人的原则"。孝德教育无疑是十分贴近青少年生活实际的，青少年长期与父母生活在一起，对父母有着强烈的感情，在这种感情的支配下自然也容易接受孝德教育。学校可以采取以下措施推行孝道教育：首先，开设相关课程，使学生领会孝道思想及学习相关著作；其次，可以布置家庭作业的形式让学生为父母做一些事情，并适

第四章 《孝经》的现代拓展

当开展相关讨论课,让学生谈谈学习心得;最后,在孝德教育中提倡青少年能够做得到的日常行为规范,使他们养成良好的行为。

(四)家庭角度:坚持养老敬老的家庭美德

《孝经》中"养老""敬老"的思想是十分值得现代家庭学习的。中国家庭数千年来十分注重养老、敬老。家庭是个人走向社会的第一步。父母对待其父母的态度直接影响到孩子的行为。一个坚持养老敬老的家庭必定是十分和谐的,家庭成员更可能拥有孝心与爱人之心。因此,弘扬孝道思想,家庭的作用是不容忽视的。作为社会的一分子,必须坚持养老敬老的家庭美德。

(五)个人角度:提高自身的修养和基本的道德素质

孝道说到底是由人来践行的。我们弘扬孝道也是为了使每个人都能践行孝道。这就要求我们每个人在日常生活中自觉提高自身的修养和基本道德素质。首先,要努力学习科学文化知识,以丰富自己的思想,为服务社会做好准备;其次,可以通过各种方式学习孝道思想,增强自己对中华孝道的理解;最后,要积极参加实践,在孝敬父母、关爱他人的过程中实现人生的价值。

综上所述,孝道思想的弘扬需要社会、国家、学校、家庭、个人等多种力量的共同努力。各种力量需要形成合力才能推进当今社会孝道思想的构建与弘扬。全社会崇尚孝道才会使家庭和睦,社会和谐。

第三节 《孝经》"孝"思想的现代借鉴与启示

当前我国市场经济飞速发展,一方面有利于人们摆脱禁锢、革新观念,增强人们的自主意识、平等意识、竞争意识、效率意识、开放意识、民主法治意识以及积极进取、开拓创新的精神。另一方面也带来了一系列的负面影响,例如拜金主义、享乐主义、个人主义滋长等。因此,对《孝经》思想的深入探讨,对于启示当下,弘扬孝道,完善孝道思想的理论体系,对增强国人的民族认同感与和谐社会建设具有重大的理论和现实意义。

《孝经》现代解读

一、"开宗明义章"的现代启示

"开宗明义章"是《孝经》的纲领与宗旨，集中概述了孝道的义理。本章创造性地提出孝为德之本，还提出孝之始、孝之终，同时阐述了孝的三个层次，"夫孝，始于事亲，忠于事君，终于立身"，内容丰富，表达精练，论理深刻，给我们诸多重要启示。

（一）"孝为德本，教之由生"——务本莫过于孝

孝是德行的根本，一切的德行都从孝延伸出来。《吕氏春秋》："务本莫贵于孝。人主孝，则名章荣，下服听，天下誉；人臣孝，则事君忠，处官廉，临难死；士民孝，则耕芸疾，守战固，不罢北。"把治国之本归于崇孝，一个国家的强盛在于有明君和忠臣，在于有埋首耕耘的百姓和英勇善战的军队，这四个方面都可以视为从孝行中引申出来的。我们还可从《弟子规·孝》中体会到。"亲所好，力为具"，这是尽忠、尽力，忠也从孝中出；"物虽小，勿私藏；苟私藏，亲心伤"，廉洁也从孝中出；"德有伤，贻亲羞"，羞耻心也从孝中出。所以真正要教出有德行的人，一定要从孝开始。中华文化教育有两个目标。第一个目标，就是让对父母的亲爱，终生保持；第二个目标，就是把这个爱延伸到"凡是人，皆须爱"和"凡是物，皆须爱"。所以教育要从孝开始。

"夫孝，德之本也，教之所由生也。"孔子的论断，解决了两个基本问题：一是道德的根源问题；二是德育的源头问题。在这里，孔子不仅对孝给予了清晰的定位，而且指明了教育从什么地方开始，给予我们重要启示。

（二）"尊重生命，爱惜身体"——孝行的始发点

孝的首要条件就是要保护好自己的身体，珍惜自己的生命，使之不要受到损坏或伤害。健全的身体是开创事业的物质基础，所以孔子说："身体发肤，受之父母，不敢毁伤，孝之始也。"《礼记·祭义》也说："父母全而生之，子全而归之，可谓孝矣。"什么叫"全"呢？"不亏其体，不辱其身"，不使身

第四章 《孝经》的现代拓展

体受到伤害,就叫"全"。世上每一个人都是父母所生,其生命都是父母生命的延续,因此保全身体,珍惜生命,是行孝尽孝的起始,是最基本的孝。身体受损伤了,生命没有了,失去了尽孝的基本前提,何以尽孝?《礼记·哀公问》中记载,孔子把父母与儿女的关系比作"本"与"枝"的关系,他说:"身也者,亲之枝也,敢不敬与?不能敬其身,是伤其亲;伤其亲,是伤其本;伤其本,枝从而亡。"强调作为儿女的必须要保重自己的身体,尊重自己的生命,不然对不起父母,伤害了父母。《孝经》还说:"天地之性,人为贵。"天地之间的一切生命,人是最宝贵的,珍惜生命是人类最基本的价值观。保全好父母给予的身体,就是珍惜生命,珍惜父母给予的生命就是孝。

保护好自己的身体,珍惜自己的生命是一个全过程,从自己懂事有自主能力时开始直到生命的最后终结。《孟子·离娄下》记载的"五不孝",其中后两不孝为"从耳目之欲,以为父母戮"和"好勇斗很,以危父母",因为子女的行为使父母受到羞辱,并且危及父母的安全,就是不孝。意外事故难以避免,但出门还是要小心谨慎;斗勇好胜,打架斗殴,伤害了自己与对方,使双方父母悲伤,是不孝的表现;至于为非作歹,触犯法律,被处以重刑,不仅使父母悲伤,还给父母蒙羞,带来耻辱,更是不孝。为了尽好孝道,不但要小心谨慎,防止意外事故,更不要打架斗殴,触犯刑法。这不只是对父母尽孝,也是对自己生命的珍惜。

孔子的"身体发肤,受之父母,不敢毁伤,孝之始也"鼓励人们尊重生命,爱惜身体,人要经得起磨砺、挫折、考验等的理念,是具有积极意义和现实价值的。

(三)"立身行道,以显父母"——孝行的终结点

在孔子看来,立身行道的一切几乎都被看作孝。人生在世重要的是要"立身行道"。"立身行道"就是要建功立业,干一番事业。人人都要为实现这一目标与理想而不断奋斗。

首先要立德。中国古代哲人提出过"人生有三不朽"的著名论断:"太上有立德,其次有立功,其次有立言。"(《左传·襄公二十四年》)意思说人要先树立德行,然后才能立下丰功伟绩,再者有恒久的思想理论或者著作,即

235

使人过世了，事迹不死，还能在社会中不朽。树立德业，是个人的修为，也是人存于这个世间的根本。只要尽到个人的本分，即有德行的光辉呈现。如再加以反求诸己，尽其在我，则是德行之所在。做人应以德为重，《礼记·大学》中说"修身、齐家、治国、平天下"。自古百育德为首，要把修德做人放在首位，通过历练使自己具有高尚的道德情操、品德修养，一个人的道德修养对他的人生轨迹有着决定性影响。

其次要立志。要有自己远大的理想，"志以发言，言以出信，信以立志，参以定之"（《左传·襄公二十七年》）。立志，就是设立自己未来志愿的方向，为自己确立努力奋斗的目标。不仅要有理想，还要为实现理想而勤奋学习，孔子勤读《易》书，还谦虚地说：假如让我多活几年，我就可以完全掌握《易》的文与质了。学习就要孜孜以求，博学切问，恭俭谦约，终能成就本领。除此之外，还应磨练坚强意志，要有百折不挠的精神，以适应复杂和艰难的情况。朱熹曾说："立志不坚，终不济事。"想干一番事业，就要有克服困难的勇气和坚持不懈的精神。一个人具备了这些素质，就有了安身立命、建功立业、取得成功的内在的基本条件。

最后要立功。古代二十岁行加冠礼，表示已经成人了，要承担家庭责任和社会义务了。孔子说的"三十而立"，就是"立于礼"，三十岁就是很成熟的人了，就应该为国家、为民族建功立业了。子女们寒窗苦读，求取功名，为的是秉承父志，善继善述，实现父母对子女的希望。《礼记·中庸》说："夫孝者：善继人之志，善述人之事者也。"建功立业，为的是保持家风淳朴，维护家道兴旺，为父母、为家族取得荣誉，延续父母、家庭及家族的荣光。子女要像司马迁著《史记》、班固著《汉书》那样立志完成其父辈遗留下来的未竟事业。作为孝子，关键在于要在先人的基础上更加有所建树，以此扬名显亲，为父母增添光彩。光宗耀祖，光大宗门，这是传统孝道对子女在家庭伦理范围内的最高要求。

孔子提倡"立身行道，扬名于后世，以显父母"，鼓励人们加强道德修养、道德实践、建功立业、为父母争光的伦理思想与价值观念，是值得肯定与弘扬的。

第四章 《孝经》的现代拓展

（四）"事亲、事君、立身"——孝行的"三境界"

"夫孝，始于事亲，中于事君，终于立身。"我们谈到孝的时候往往会有一种误解，认为孝道只是在家中孝顺父母，但从这句话中我们了解到孝的三层次或三境界：人生要经历"事亲、事君、立身"的考验。

第一个阶段"事亲"。古人也称之为"养亲"，细讲起来又分为"养父母之身"，奉养父母、照料父母的饮食起居、保障父母的衣食住行；"养父母之心"，了解父母的心中所想，解决父母的担心和忧虑，在精神上让父母快乐。

第二个阶段"事君"。我们在社会工作中应认真负责、勇于担当、不断成长，这也是让父母安心、放心。"事君"中还包含着遵纪守法，遵守道德标准，恪守良心。我们要爱护自己的身体，也爱护他人的身体；对自己的亲人孩子负责，也要对他人的亲人孩子负责。

第三个阶段"立身"。我们的人生是一个学习的过程，在短短百年的人生之中，我们每个人都应该思考自己能为这个世界留下什么。古圣先贤告诉我们，人生最重要的就在于"立身"，修身立德，为子孙后代做出好的榜样，能够对得起父母的养育、对得起祖先长辈的期待。不空过一生，让自己的人生过得有意义，人生境界能够得到提升，这才真正是把孝道做得圆满。

"夫孝，始于事亲，中于事君，终于立身"，说的是孝的全过程，但归根结底是鼓励人们立身行道。要深刻审视自己的人格道德，明辨是非、拓宽胸怀、开启智慧，全面提升自己的人生境界。为国家和民族建立了功业的人，就能"光宗耀祖"，这是对父母最大的孝，也是孔子孝道观最高道德要求的体现。这种孝道观是值得肯定的价值追求。

二、"五等之孝章"的现代启示

"五等之孝章"包括天子，诸侯，卿、大夫，士和庶人章。"五等之孝"针对天子、诸侯、卿大夫、士、庶人等各个社会阶层人的地位与职业，展示出其实践孝亲的内容、法则与途径，并总结出"故自天子至于庶人，孝无终始，而患不及者，未之有也"，给五个层次的人以明确的尽孝责任，给我们诸多

《孝经》现代解读

启发。

（一）"天子章"的现代启示

孔子将孝道进行了理论化、系统化、模式化的构建，并将其划分为五层，即"五孝"，而其中最高层的是天子之孝。孔子首先论说天子的行孝。一是天子应该讲孝道，天子的"爱亲""敬亲"，延伸为"不敢恶于人""不敢慢于人"，由这种孝道推广出去，教化开来，由此就有了对百姓普遍的爱与敬了。二是由天子做表率，用自己的爱与敬教化感化他人，再将之转换为民众之间的爱与敬，社会出现了彼此之间的爱与敬，直接影响社会风尚。三是着重揭示君王的"孝"道德对民众的道德建设、对社会的道德建设影响是巨大的，效果是不可低估的。

今天人们早已没有了那套陈腐的天子等"五孝"的概念了。但是，孔子的智慧依然能启示我们，领导者的道德倡导与修养对民众有着深刻的影响，一个国家如此，一个地方如此，一个企业如此，一个单位也还是如此。因此领导者必须以身作则，以自己的德行教化他人。

俗话说，上梁不正下梁歪。《论语·子路》有："其身正，不令而行；其身不正，虽令不从。"领导者自我品行端正了，即使不发布命令，民众也会去实行；若自身不端正，即使发布命令，老百姓也不会服从。中央把"正衣冠"作为开展党的群众路线教育实践活动的总要求之一，意在强调党员干部特别是领导干部应加强自我约束、努力自我净化、实现自我完善，以身作则，率先垂范，发挥模范带头作用。党员领导干部只有作风正派、为人正直、充满正气，才能真正发挥好带头、带领、带动作用。正人先正己，各级党员领导干部无论从事什么工作、担当什么职务，都要树立高度的政治责任感和敬业精神，一切都要以党和人民利益为出发点，加强道德修养，从自己做起，在家遵孝道，在外循爱心，倡导社会文明。

（二）"诸侯章"的现代启示

诸侯行孝道，不仅要孝敬自己的父母、兄弟之间友爱，还要能守住自己的富贵，从而造福民众，让他们过上安稳的生活。

第四章 《孝经》的现代拓展

孔子把诸侯孝行与自身利益、国家安全、人民福祉联系起来,强调德行修养的重要。如果"在上不骄""制节谨度",就会"高而不危""满而不溢",长守富贵;就会"保其社稷""和其民人"。把诸侯孝行与自身利益、国家安全、人民福祉联系起来,强调诸侯的责任与德行修养的重要,这就是孔子强调的孝道标准。

当然,当代我们早已没有诸侯这一说法,但是在国家担任重要公职者也应审视自身。若视党和国家利益于不顾,视人民福祉于不顾,把个人利益凌驾于党和国家、人民利益之上,其结局只能是地位不保,声誉不再,锒铛入狱,使家庭蒙羞。这就是孔子为什么把诸侯孝行与自身利益、国家安全、人民福祉联系起来,强调位高权重的责任与进行德行修养重要的原因。

孔子还把诸侯孝行与自身安全、自我约束、自我修养联系起来,强调德行修养的重要。

"战战兢兢,如临深渊,如履薄冰"的深刻含义在于,当一个人自觉地遵循戒律,处处警惕,时时小心,那么会获得更长久的自由与安全。这是一种智慧的、必不可少的自我管理与监督,长期保持临危心理,会使人心不荒芜、贪欲不长、禁条不触、行为不失。

现代社会,有一些担任要职的官员,因为缺乏"如临深渊,如履薄冰"的自我约束的警惕意识,屡屡跌入深渊、陷入冰窟之中。有些企业家,在家虽为孝子,但是最终却因为腐败等而入狱。如果按照孔子的理念来看,那就不能算是孝子了。因为他们没有保住自己的名声与地位,损害了国家和人民的利益。

"在上不骄""制节谨度",则能够"高而不危""满而不溢",就像警钟一样长鸣。如果我们能细心体味其中的含义,就会深刻体会到其中的智慧,从而端正自己的前进方向。

(三)"卿、大夫章"的现代启示

卿大夫虽不负守土治民之责,但为朝廷的中坚,君王的辅佐,政治的良窳,具有重要的影响。本章具体阐明的"服先王之法服""道先王之法言""行先王之德行",对现代社会有着重要的启示。

《孝经》现代解读

第一,"非先王之法服不敢服",告诉我们穿着要符合自己的身份。

在春秋战国时期,因为礼崩乐坏,许多人在礼法上出现了僭越,比如使用不符合自己身份的称谓,穿着过于奢侈华丽的衣服,享受不应该享受的礼乐、食物、祭祀等。这些僭越的活动意味着人们失去了对秩序与天道的敬畏之心,一个安定太平的时代,自然不能有这些现象。

当代社会已无等级之分,但也同样有很多类似的事情,比如一个明明没有收入的年轻人,却追求大牌服饰,给自己的父母增加经济负担。有些学生从贫困地区来,不顾家庭经济困难的实际,与经济条件较好的学生攀比,讲究排场,追求奢侈生活,给父母带来痛苦。

第二,"非先王之法言不敢道",告诉我们讲话要符合自己的身份。

语言是人与人之间交流的重要途径,是心声的反映,通过语言可以了解一个人的修养、价值取向和人生志向。语言反映心态,我们的思想通过语言表达,好的语言带给他人欢喜、希望、信心,这就是语言的魅力。言语之中亦有生命、亦有灵魂,言语的能量可以带给他人以温暖的阳光和生命的活力,这就是语言的力量。反过来讲,有时不经意的一句话可能会带给他人莫大的伤害而不自知。这就需要我们将浮躁的心静下来,按捺急于表达的自我,对他人多一些关怀和体贴,在言语出口之前,先体察他人的感受,说话处事圆满、和谐。在这一点上,我们可以多向长辈学习人生的经验,遇事多向长辈请教、多与长辈商量。只要有一颗好学、谦卑、恭敬的心,长辈的人生经验与智慧一定会使我们得到启迪。

第三,"非先王之德行不敢行",告诉我们德行要符合自己的身份。

对于腐败官员,如果能用《孝经》中触及了人性根本处的道理去教化,让他们从这一根本上去反思、去警惕,或许能够挽救他们的堕落灵魂。

用《孝经》的观念来看,腐败官员都是愧对父母的不孝之子,因为都辱没了自己的父母与先祖。

(四)"士章"的现代启示

古代的士用现在的话来说,相当于基层干部,接受卿大夫的指导和管理,同时自身也要带领团队、管理事务,往往有一定的级别和工作能力,是第一

第四章 《孝经》的现代拓展

线的工作管理人员。士作为官员中的下层，孔子强调他们的孝道是由对父母的"爱敬"转化为"忠顺"，即对君王的"忠"和对长辈的"顺"。今天已经没有"士""君"的概念了，但是基层干部还是依然存在。因此，也能给我们诸多启发。

第一，孝与忠的结合，以孝道培养忠诚品质。

"以孝事君则忠。"用孝敬父母的心来奉事君王，这就是忠。

本章的可贵之处是作者很巧妙地把父与君、孝与忠联系起来，很有创意地完成了移孝作忠的逻辑推演。这里清晰地告诉人们，"忠"不是凭空而来，是有其深厚根基的。古人告诉我们"忠臣出于孝子之门"，在家尽孝者出外能尽忠，是有其深刻道理的。如果一个人不热爱、感恩生养自己的父母，又怎么可能爱国？这也就是为什么孔子没有直接强调爱国，而是强调孝敬和忠诚的重要性，这就是抓住了忠君爱国的根本。

曾参以孝为一切道德的根本与总和，以孝统帅一切伦理道德。他认为孝不只是个人行为和治理家庭的准绳，也是治国平天下的基本纲领，是天经地义、永恒普遍的基本原则。在中国传统社会里，人们将"孝"作为"忠"的前提。与当代社会相比，似乎古代人们对"孝"的理解更为深刻。在他们看来，当一个人将对父母的孝顺之情同时给予国家时，孝便是忠；而当一个人为百姓祈福，为苍生立命，为万世开太平，他便又最大限度地做到了忠。当天下太平，百姓安居乐业，难道其父母还要受穷苦不成？故这便又是孝。就是这样，"忠孝"一词就流传下来。有人言："自古忠孝不能两全。"其实，当忠孝一词流传开来的时候，我们就已说不清什么是纯粹的"忠"，什么是纯粹的"孝"了。

忠是孝的延伸。"古者求忠臣必于孝子之门"，说明忠与孝是统一的。古人云："大孝即忠"，这一说法来源于孝文化的三个层次。《孝经·开宗明义》明确指出："夫孝，始于事亲，中于事君，终于立身。"意思是：所谓孝，初始境界是侍奉自己的双亲，中层境界是尽忠于自己的祖国，最高境界是修身立命。在这里，孝已经不仅仅局限于孝敬自己的父母，而是应用到了爱国家爱民族乃至大爱天下的"大道之行，天下为公"的至高境界。《礼记·祭义》云，孝有三："小孝用力，中孝用劳，大孝不匮。"意思是，孝有三种情形：小孝奉

241

《孝经》现代解读

献气力，中孝建立功劳，大孝无穷无尽。贯彻到儒家的"修身，齐家，治国，平天下"的大纲之中，现代社会生活也包含了孝的三个层次：小孝治家，中孝治企，大孝治国。

孙中山说，现在世界中最文明的国家，讲到孝字，还没有像中国讲的这么完全。所以孝字更是不能不要的……要能够把忠孝二字讲到极点，国家便自然可以强盛。在这种移孝作忠道德观的指导下，许多革命先烈通过尽忠来实现尽孝，抛头颅洒热血，舍生取义，从根本上改变了中国的政治、经济地位，使百姓过上幸福生活，实践了最大的孝，体现了最大的忠。

在家尽孝，为国尽忠，做人有义，做事有信，是孝文化的具体行为体现。

第二，孝与悌的结合，以孝道培养团队精神。

儒家思想中，孝被认为是儒家仁学的基础，孔子云："孝弟也者，其为仁之本与！"社会伦理关系也是由以"孝"为基础的家族伦理自然扩展而来。"孝"向上延伸为大臣对君王的"忠"；"悌"横向延伸成朋友之间的"义"；"慈"可以向下延伸为君王对大臣的"仁"。只要孝文化的传统得以保持，社会伦理也就自然得以维系。《周礼·地官司徒》记载，周人将孝道作为人的基本品德，提出"三德""三行"："以三德教国子：一曰至德，以为道本；二曰敏德，以为行本；三曰孝德，以知逆恶。教三行：一曰孝行，以亲父母；二曰友行，以尊贤良；三曰顺行，以事师长。"《孝经》也有："教以孝，所以敬天下之为人父者也。教以悌，所以敬天下之为人兄者也。"（《孝经·广至德》）"君子之事亲孝，故忠可移于君；事兄悌，故顺可移于长；居家理，故治可移于官。是以行成于内，而名立于后世矣。"（《孝经·广扬名》）

"士"的孝道，在乎尽忠职守，与同僚和睦相处，虚心静气地学习。要服从命令，对前辈恭敬，多多请教。如果做事不负责任，那便是不忠；对同僚不太恭敬，那便是不顺。不忠不顺，那便得不到上级的信任和同僚的好感。一个人所处的环境，如果是这样的恶劣，那他还能保持他的禄位和守其祭祀吗？

今天已经没有士了，但基层干部还在。如果这些基层干部在家都能够做到对父母行孝道，出外都能够尊重长辈与敬重上级，对人民的事业都能够竭尽忠诚，那么他们一定会得到民众的欢迎与拥护，整个社会的风气就会因为

第四章 《孝经》的现代拓展

他们的行为得到改善。基层干部应如何带好自己的团队？"以敬事长，则顺。"恭敬在生活之中体现为悌道，在家中恭敬兄长，到单位敬重尊长，这种悌道精神，有利于团队建设。团队成员能够遵守规矩、尊敬前辈，能够服从命令、听从指挥，那么这个团队的执行力和行动力就会强。实践反复证明，培养团队凝聚力最好的方法就是发展悌道精神。《弟子规》讲："兄道友、弟道恭、兄弟睦、孝在中。"悌道首先就是在家庭中培养的，孩子对待父母孝顺、孝敬，兄弟姐妹之间和睦，形成一种良好的秩序与氛围。进入社会，悌道的精神指对上级、长辈、年长者的恭敬。当我们在国家、团队中提倡悌道精神的时候，那么成员服从命令、听从指挥的自觉性就会很强。

（五）"庶人章"的现代启示

庶人之孝，离我们的生活最近，我们大多数人都要面对世俗中的生活，柴米油盐的开销，普通平淡的日子。此章对我们的启发至少有三。

第一，庶人之孝，是每个人必须做到的基本要求。

在"庶人"孝道的逻辑系统的层次之中，"用天之道，分地之利，谨身节用，以养父母"是孝道最基本的要求。无论是天子还是庶人，都要践行孝道。即使每个人有不同的身份与地位，有不同的思维方式和行为准则，但是孝道却是每个人都应该认同的价值。孝道的存在凝聚了中国人的道德价值，使我们国家在各个行业领域都涌现出许多优秀的人，他们是中华文化的发扬者、中国的脊梁。

第二，赡养之孝，需要"劳动能力"和"创造财富"。

《史记·货殖列传》记载了许多特产，也记载了许多商人到一些盛产矿物的地方进行开采、经营而致富的故事。这种事业一旦成功，可以奉养父母的钱财自然就更加宽裕。奉养父母，子女的孝敬之心是前提，但还需要有创造物质财富的能力，有了物质财富才有尽孝的基础。也就是说，应努力工作，通过自己的辛勤劳动获得财富，去改善父母的日常生活，让他们过上好的日子。俗话说"君子爱财取之有道"，这个"道"其实就是规律，农耕有农耕的规律，经商、从政、职教各行各业都有自己的规律，这个规律也就是职业操守，坚守道德良知。这样创造的财富，才能让父母踏实、安心。

第三，敬养之孝，需要"修身养德"和"谨言慎行"。

"谨身节用，以养父母。"在外面慎言慎行，节衣缩食，不该花的钱不乱花，以供养自己的父母，绝不能让自己的父母遭受饥寒与非议。这是一种品德境界，是对父母爱与敬的具体表现，没有这种"谨身节用"的精神支撑，不可能做到"以养父母"。一个有恶习的人，一个缺乏德行修养的人，不可能做到"以养父母"。孝养父母，要顺应规律，遵道而行，而违背规律，逆道而行，便是败德，不可能"以养父母"。敬养父母，不仅要满足父母的物质需要，更需要满足父母的精神需要，做到"谨言慎行"，修于内心，表于外行，让父母满意。

综上，"五等之孝章"强调尽孝需要"政治勇气"和"理论智慧"。

"五孝"要求各本天性，各尽所能，这是一种和谐与理想的状态。孝道本无高下之分，也无终始之别。凡是为人之子女的，都履行好自己的义务，尽自己应尽的责任，大而为国为民，小而保全自身，都算是尽了孝道。这"五孝"中的赡养父母、孝敬亲人、悌友兄弟，在孔子看来，仅仅是行孝基本层面的东西。孔子的目的是要进一步把这些属于基本层面的孝道推广演绎出去，延伸到社会的每一群体中去，把对父母的孝道按照一定逻辑与社会的各个群体职责有机结合起来，体现了儒家的一种敢于规范上层的政治勇气，以及善于运用逻辑推演的理论智慧。

统治、管理阶层的道德风气影响着国家的未来。《论语》中有："君子之德风，小人之德草。草上之风，必偃。"邢昺疏："在上君子，为政之德若风；在下小人，从化之德如草。"用现在的话说，君子的德行好比是风，百姓的德行好比是草，风吹在草上，草就必定跟着倒。也就是说，君子的道德就是风，百姓的道德就是草，草往哪个方向倒，不是草的责任，而是风的责任。一个国家、一个民族的风气好不好，国家管理人员需要承担好责任。

儒家认为统治者如能用道德感化人民，人民就会像风一样顺从，因此称"德风"。故有君子为政之德为德风。正因如此，孔子在《孝经》中提出"分层之孝"，他认为越是高位，那么孝道的内容越是重要，意义与价值越是重大，要求也越高，越是要做出表率来。

孝道这种道德规范，不是越对下越严格要求，而是越对上越严肃庄重；

第四章 《孝经》的现代拓展

对那些越是手握职权的人物，如天子、诸侯、卿大夫、士，要求更为整肃，并逐级加重加大。孔子不仅对前人孝的理念进行了继承，而且加以总结与发展，"分层之孝"不仅需要政治勇气，更需要思想智慧。这也就是《孝经》之"经"的价值。

如果现代道德教育能借鉴孔子的这种智慧，那么不仅对于孝道，而且对于其他的品德教化，都会有新的认识。同时我们也可以学习孔子的这种思维方式，即对理念进行系统性分解，并赋予不同内涵、要求与目标等。

三、"五联之孝章"的现代启示

"五联之孝章"包括三才、孝治、圣治、纪孝行、五刑章，主要论述了孝道与治国的关系，强调孝在社会生活中的重要性。孔子对孝的意义和内涵进行了更加深入的阐述，提出实行孝道是天经地义的事情，一切从本心出发，以孝治理天下、国家和家庭，理顺父子君臣的关系，就能够"成其德教，而行其政令"。同时阐明不孝是最大的罪恶，并指出引致社会大乱的三个根源。

（一）"三才章"的现代启示

孝，是天经地义的——孔子如是说。中国人数千年以来也如是闻，因此孝的理念也如是深入到中国文化、人文性格的方方面面。孔子强调的"夫孝，天之经也，地之义也，民之行也""其教不肃而成，其政不严而治"等智慧，对现代社会具有重要启示意义。

第一，孝为天经地义，孔子非常明确地回答了为什么要尽孝。

"夫孝，天之经也，地之义也，民之行也。"孝道犹如天上日月星辰的运行，地上万物的自然生长，天经地义，乃是人类最为根本首要的品行。此处，孔子非常明确地回答了为什么要尽孝。

孔子不认为子女恪守孝道是在报答父母付出，不是"债务人"在偿还"债务"。他认为孝行是人的自然行为，这个孝道，它就像日月经天、江河行地一样是永恒的。父母对待子女慈爱，子女自然要尽孝。这不是做生意回报或曰等价交换，而是人本性的自然流露。人就应当这样做，因为这样做能让我们获得内在满足感，而不是被外力逼迫、被动付出以缓解精神压力。

在现代社会有些人虐待或遗弃父母，从肉体上和精神上迫害父母，还有人做些不符合道德规范的事情。《孝经》的道理对他们来说或许有醍醐灌顶之用。

第二，孝教不肃而成，孔子非常明确地回答了孝的教育效果。

"其教不肃而成，其政不严而治。"如何能够"其教不肃而成"，而不是"肃而不成"？如何能够"其政不严而治"，而不是"严而不治"？孔子在《孝经》里给后来者提供了思路，但这还要现代人取其精华去其糟粕，这又是如何面对智慧的智慧了。

"其教不肃而成，其政不严而治。"这里谈到的是古代圣人的教育学，他们不需要严厉的手段，而是顺着人性来教育，用亲情来培育仁爱之心，用父母的威严来树立恭敬之心，这样进行引导和教育会使社会形成良好的风气。政治管理也是如此，《论语·为政》中讲到："道之以政，齐之以刑，民免而无耻；道之以德，齐之以礼，有耻且格。"如果用政治制度或者法律手段来严格管理，老百姓可能表面上听话但是内心并不能认识和反省错误，会想方设法去钻法律漏洞。而一个有德行、有羞耻心的人，会遵守做人的准则、自我约束。"德"就是爱和敬，如果一个人有仁爱之心、对上级和长辈有恭敬之心，那么他做人就会比较稳健，难得犯错误。

孔子在那个年代，好像就已经懂得教育心理学和政治管理学。他非常清晰地告诉我们如何用亲情孝道、伦理道德进行教化，达到社会治理的目的。此章对我们现代社会进行社会精神文明建设有所启发。

（二）"孝治章"的现代启示

古代"以孝治天下"，现代也可以批判地继承、借鉴这种"孝治"的历史经验与智慧。"以孝治天下"，通过宣扬孝道，推行孝道，从而达到和谐民众、协调上下、和睦邦国的效果。"孝治"的深层智慧，其关键在于得到民心，而且得到民众的欢心。如果能够得民心，且还能得到民众爱戴拥护的欢喜之心、喜悦之心、愉悦之心，那是何等的大治境界！

第一，"三不敢、三得、三事"的核心，是"德泽天下，普得人心"。

第四章 《孝经》的现代拓展

孔子在《孝经·孝治》中指出了由"三不敢"而至于"三得""三事"。其一，是"不敢遗小国之臣，而况于公、侯、伯、子、男乎？故得万国之欢心，以事其先王"。其二，是"治国者，不敢侮于鳏寡，而况于士民乎？故得百姓之欢心，以事其先君"。其三，是"治家者，不敢失于臣妾，而况于妻子乎？故得人之欢心，以事其亲"。

若要得"万国之欢心""百姓之欢心""人之欢心"，那就要"三不敢"。尽管历史背景、社会群体构成都已经全部改变了，但是孔子思想中的核心含义——尊重、爱戴、关怀的精神都是值得保留的。

第二，"孝治、人和、国安"的智慧，是"人性感召，长治久安"。

古人对于孝道的重视，并不限于爱敬自己的父母，而要推其爱敬之心于最疏远的人群中去。在这样的孝德感召下，人人尽孝，化行俗美，国家何患不能强盛？假若不以孝道治理天下，爱敬之道不出门庭，家不能保，国不能治，天下万国，皆视如仇敌，虽科学昌明，武器犀利，都不是长治久安之道。孟子说过："天时不如地利，地利不如人和。"如以孝道治理国家，有了人和，还愁国家不能长治久安吗？

"孝治天下"，又未尝不可演绎为"孝治家庭""孝治小区""孝治企业""孝治乡村"等。"是以天下和平、灾害不生、祸乱不作"，这是何等的理想、何等的美妙！这不是空想与幻想的"孝理""孝治"，而是被实践证明了的实实在在的可行的、值得借鉴的管理大智慧。

（三）"圣治章"的现代启示

上章所讲的孝治，重在德行方面，而这一章的圣治，却在德威并重。其意以为，德是内在的美德，威是外在的美德，内在的美德与外在的美德合起来，才算是爱敬的全德。圣人讲学一步进一步，内外兼修，爱敬并施，自然德教顺利而成、政令不严而治了。本章对我们的重要启示如下。

第一，"人之行，莫大于孝"，呼唤人伦根本的回归。

孔子在"圣治章"中特别强调，人是天地万物之中最尊贵的，这种尊贵之中有一重要内容那就是不要忘记人伦的尊贵。在人伦的尊贵中，不要忘记"人之行，莫大于孝"。可惜的是，随着物欲的横流，人性中的孝，在一部分人那里渐渐变化、淡化、退化了。尤其在一些地区表现得更为突出。一是弱化了孝功能。一些基层管理干部，认为抓道德文化虚惠，抓经济产业实惠，因此重经济建设轻道德建设，也就弱化了孝的功能。二是淡化孝观念。有一些青年不认为赡养父母是自己应尽的法律义务与责任，他们不履行孝道，伦理道德意识缺失，淡化了孝观念。三是异化孝行为。有些人不太重视"孝养"，但十分看重"孝丧"，即"厚葬薄养"。父母在时态度冷淡，去世后不惜代价宰猪杀羊，表达丧情。孝德价值权重颠倒，价值观念发生错位和扭曲。我们应该呼唤现代人心灵中这一人伦根本的回归。

第二，"不肃而成，不严而治"，昭示人伦教化的复轨。

孔子的又一智慧是，孝的教化是治理社会、国家的一个重要方面。圣人教人以孝，是顺人性之自然，非有所勉强。因为一个人的亲爱之心，是在父母膝下玩耍之时就生出来的，因为父母把他养育长大，他便对父母一日一日地尊敬起来。这是人的本性，是良知良能的表现。圣人就因他对父母日加尊敬的心理，就教以敬的道理。本来爱敬出于自然，圣人不过启发人之良心，因其人之本性教敬教爱，并非勉强而为。故圣人之教，不持肃戒而自会成功。圣人之政，不持严厉而自会治理。他所凭借的就是人固有的本性。

正因为孝具有爱敬的本质，是人类共同的人性，具有道德的约束功能，因此历代统治者利用它治理国家。孝道的精神，在周以前就建立了。魏晋时代正式提倡以孝道治天下。之后历代，都是"以孝治天下"。我们看历朝大臣，凡是为国家大问题或是为爱护老百姓的问题所提供的奏议，很多都有"圣朝以孝治天下"的思想，这是中华文化提倡孝的好处与优点。

进入新时代，党中央大力推动中华优秀传统文化创造性转化、创新性发展，使优秀传统文化呈现勃勃生机。孝感市充分利用本地孝文化资源，打造孝廉机关、孝德校园、孝亲社区、孝诚企业、孝勇军营等"五孝"品牌，将孝文化这一圆心不断延伸发散，使其深深融入城乡血脉，让社会主义核心价值观落地生根、枝繁叶茂，为孝感发展提供强大精神动力和智力支撑。孔子孝的教化智慧在孝感得到充分发扬，以孝治理社会的功能得到充分发挥。实践再次证明，优秀传统文化在现代社会的文明建设中，仍可以发挥不可替代的应有作用。

第四章 《孝经》的现代拓展

孔子在《孝经·圣治》中还强调，人有不同社会角色，但是人人都应该行孝，而且不要出现"悖德""悖礼"的现象。现代社会，重要的是如何善于利用"所因者本"，顺从人性中孝的自然天性加以引导。既要从我做起，更要从管理者做起，做出表率来，然后上行下效，形成风气，达到一种"不肃而成""不严而治"的理想境界。

（四）"纪孝行章"的现代启示

孝是中华文化的根，敬是中华文化的本，弘扬中华美德要从孝亲尊师做起。我们要如何孝敬父母？《纪孝行》从正面"五事"，反面"三不"给我们讲得非常清楚具体了，只要我们做得完备周到了，方可称为对父母尽到了责任。

第一，事亲"五事"，现代社会似乎不能少。

孔子指出了古人行孝应该做的"五事"，虽然数千年过去了，仍有借鉴意义。比如今天的孝子平时侍奉父母也必定是"致其敬""致其乐"的，父母生病也必定是"致其忧"的，父母去世也必定是"致其哀"的，这"四事"古今几乎是一样的。只不过古人那种烦琐的讲究，比如"晨昏定省"和一整套枝枝节节的丧礼早已经不适用了，若再这样做就是"愚孝"了。

至于第五事"祭祀"，今人虽少有这类具体行为，但其精神本质仍得宣扬。曾子曰："慎终追远，民德归厚矣。"（《论语·学而》）儒家非常重视丧祭之礼，他们把祭祀之礼看作一个人孝道的继续和表现，认为通过祭祀之礼，可以培养个人对父母和先祖尽孝的情感。儒家对于慎终和追远的重视，在于对死亡的敬畏和对过往的崇敬。"慎终追远"是孝道的体现，是对先人一生行为的哀思与追忆，是一种有效的德行教育形式，通过对先人功勋事业的了解，对其高风亮节、嘉言懿行进行诚挚缅怀，达到教育的目的。

孔子概括孝子的"五事"彰显出其高超的智慧。几千年过去了，"五事"中孝道的情、理、义、礼，还在永不变色地延续着。

第二，事亲"三不"，现代社会似乎也需要。

孔子提出的"三不"——"居上不骄、为下不乱、在丑不争"，告诉人们如何侍奉父母。如果人们顺德，就是孝子。若逆道，自然会受到社会和法律的制裁。就是说，前一个途径，是光明正大的道路，可以行得通而畅达无阻的。后一个途径，是崎岖险径，绝崖穷途，万万走不得的。圣人教人力行孝道，免除刑罚，其用心之苦，至为深切了。

（五）"五刑章"的现代启示

"五刑章"谈的是古代刑事法律的一些问题，对现代社会有以下启示。

第一，不孝行为，毁坏人类社会的根基，罪莫大焉。

在古代，不孝是一种严重的犯罪。人最大的罪过就是不孝，不孝没有顺应上天的自然法则，所以上天动用它的威势来警告那些不孝的人。在隋唐律中，不孝被列入"十恶"范畴。此后各代沿袭。《中庸》云："君臣也，父子也，夫妇也，昆弟也，朋友之交也，五者天下之达道也。"人生在世，人人都生活在五伦关系中，人无伦外之人，而五伦关系的基础是父子有亲，有了父子亲情，才有后面的兄弟、君臣、夫妇、朋友情义。人类社会之所以井然有序，就靠这种伦常关系来维系。而孝就是人道伦常的根基，人类社会的摩天大厦建立在孝道的基础上，孝基一毁，人道无存。所以，不孝就是毁坏人类社会的根基，罪莫大焉！

法律与道德相互区别，相互联系，相互依存，相互制约，在功能上互为补充。法律与道德都是社会调控的重要手段，因此历代统治者倡导德法并治是有道理的。法律是最基本的道德，只有在道德不能调和某一社会关系时，法律才强制介入。《中华人民共和国老年人权益保障法》是为了保障老年人合法权益，发展老龄事业，弘扬中华民族敬老、养老、助老的美德，根据宪法而制定的。因此，法律的强制性也是必要的。

第二，不孝行为，败坏文明社会的风气，危害现世。

现代社会许多人有一种误解，认为不孝这件事情只是自己亲人之间的问题，是家庭事务，不构成犯罪。在古代社会，不孝的行为不仅仅会受到乡里乡亲的道德谴责，而且是犯罪行为，严重的不孝行为是要判刑的。这样的故事在古代非常多。为什么不孝行为会构成犯罪行为呢？孝不仅具有个体属性，同时具有社会属性，主要是由于其社会影响力。通常我们会对影响社会公共秩序和人心安定的犯罪行为给予刑事处罚，不孝好像是家人之间的事情，然

第四章 《孝经》的现代拓展

而不孝的行为对社会的影响力和破坏力是很大的。现在有一些人只顾着自己和小家庭，对父母很冷漠，甚至不赡养老人、遗弃老人。不孝本身是一种严重缺乏德行的行为，对社会风气会产生非常不好的影响，使人心越来越冷漠。

第三，不孝行为，影响民族素质的提升，危害后世。

父母的不孝行为会影响子女，不好的风气就会传下来，对于民族的未来危害很大，会使民族的整体素质下降。"得道多助，失道寡助"，如果一个人没有人情，对于呕心沥血、殚精竭虑生养抚育其成长的父母、对于付出一生心血的父母没有感恩之心、没有知恩图报之心，他就会变得非常冷漠、没有人性。这样的人乃至家族、民族未来是没有什么希望和力量的。"天道无亲，常与善人"，有良心、爱心、感恩心的人会得到运气的偏爱，一个冷漠刻薄、自私自利的人其未来堪忧。

不过孝之道总不会消失殆尽和灭绝，因为孝就扎根在每个人内心最深处、情感最原始的生发地。我们在电视中看到的那些罪犯，在临终的终极谈话时，都潸然流下悔恨之泪，并会不约而同地说："这一辈子最对不起的，是生我养我的父母！"这不正体现了《孝经》中的"罪莫大于不孝"了吗？这也许能让我们豁然开悟到"罪莫大于不孝"的真谛了！

第四，不孝行为，动摇人性生成的根基，亟待匡正。

"罪莫大于不孝"，"不孝"本属于"罪莫大焉"的理念，但是随着时间的慢慢流逝，这一格言中的"不孝"两字，被慢慢替换出来了，而换上了其他的罪行。"非孝"指父不父子不子，做父母的不知道如何做父母，做儿女的也不知道如何做儿女，究其原因，也许是知识学了不少，但最重要的孝道没有学好，为人的根基没有建立。"弟子入则孝，出则弟，谨而信，泛爱众，而亲仁。行有余力，则以学文。"（《论语·学而》）对一个孩子来讲，真正最重要、最先要学的，就是孝，孝的基础打好后，后面才可以学文。"夫孝，德之本也，教之所由生也"，如果不按照这个顺序来，虽然孩子很聪明，但难免走上错路。有才无德十分危险，没有孝的基础，受教育程度越高，危害越大。

我们主张重视孝道的传承与弘扬。针对那些对父母孝顺、对家庭忠贞、对社会奉献，热爱祖国、尽忠职守、见义勇为的行为，要树立典型、给予褒扬。现在，社交媒体越来越关注孝老爱亲的模范，推崇、鼓励和提倡这样的正面行为，并给予大力宣传、积极鼓励，这是值得肯定的。我们要反省和深思，如何能够汲取祖先传给我们的治理国家、改善社会秩序的智慧经验，正面鼓励奖励道德模范，同时对于负面现象给予严厉的处罚，从而让社会更加美好。

总之，从德治与法治的结合上下力气，依靠家庭、学校、社会各方面的力量共同努力，是解决这一社会难题的根本之策。尤其值得注意的是，要借鉴我国传统社会重视家风、家规、家训的宝贵经验。当今社会，家庭模式与历史传统已相去甚远，不管是家庭结构、人们的行为方式还是社会的现实环境，都发生了翻天覆地的变化。但是，《孝经》中体现的"孝义治家"的核心理念，家风、家规、家训教育这一传统社会的瑰宝，蕴含着中华民族绵延不断的优秀文化积淀，是不会因为时间流逝而失去其现实价值的。我们要本着取其精华去其糟粕，古为今用推陈出新的方针，对它们进行创造性转化和创新性发展，使之在新时代中焕发出更加灿烂的光芒。

四、"三广之孝章"的现代启示

"三广之孝章"包括广要道、广至德、广扬名章。本部分主要是对第一章中关于"要道""至德""扬名"三个基本概念的引申，阐述了孝的外延，即"广要道""广至德""广扬名"。"广扬名章"是整部《孝经》画龙点睛的章节，提出"行成于内，而名立于后世矣"。一个人的所有美好品德都是在家庭内部形成的，这些立身处世的能力，有助于他在社会上建功立业，成为后世的典范。这是整部《孝经》的主旨所在。

（一）"广要道章"的现代启示

《孝经》的开篇，孔子说："先王有至德要道，以顺天下，民用和睦，上下无怨。"我们的古代祖先、圣君明王，有实现"修身、齐家、治国、平天下"最高的德行（至德）和最好的方法（要道）。《孝经·广要道》也就是从更广的范围来专门解释"要道"最重要的方法。其中有四项最重要的内容，就是"孝、悌、乐、礼"。此处我们重点谈谈"乐教"对后世的启发。

第四章 《孝经》的现代拓展

如何教化民众？如何臻于和谐社会？如何移风易俗？这些是任何一个时代都会遇到的话题、问题、难题，也是永恒的政治主题。历朝统治者都在苦苦思索，上下求索，而这一章让我们看到两千多年前儒家的智慧。

第一，儒家"乐教"思想对我国音乐发展有着深远影响。

儒家的音乐理论体系充分肯定音乐在社会生活中的作用，尤其在政治生活的作用。认为音乐在战争环境中可以鼓舞将士勇敢征战，在和平环境中又能培养人们温良礼让等。同时，在音乐内容与艺术形式上，认为"善"与"和"是第一位的。中国传统的音乐审美以"和"为中心，对我国的音乐发展有着极深远的影响，同时把音乐艺术看成一种认识真理和穷极人生的途径。

《礼记·乐记》有："凡音之起，由人心生也。人心之动，物使之然也。感于物而动，故形于声。"意思是：大凡音乐的本初，是由人内心的感动而产生的。人内心的感动，是外物的触发使其这样的。音乐的根源是人的思想感情因外界事物而波动，"物动心态"，这是原始唯物主义反映论的观点。《礼记·乐记》还有："是故德成而上，艺成而下；行成而先，事成而后。"就是说，作品的思想内容是主要的，技艺是次要的；品德的修养是首要的，事情的完成是次要的。在当代的音乐教学中，音乐教育工作者并不只是要把他们的学生全部培养、训练成专业的音乐人才，而是通过音乐教育培养、扩展学生的音乐素质，使他们具有一定的艺术修养，符合时代新型人才的要求。

第二，儒家"乐教"传统在现代社会的转化与发展。

每个时代也都有自己的音乐，革命时期的红歌、改革开放后的摇滚乐、流行歌曲等，都是时代节奏的反映，也是人们心灵的映现，还是那个时代的潮流的凸显。音乐在我们身边、耳畔、心里，每个人都有自己喜欢的音乐，我们都在默默接受着音乐的教化，这就是"乐教"。孔子所提倡的孝、悌、乐、礼，对有些人来说，是"老掉牙"的、"落后"的、"糟粕"的东西。我们认为，中国现代时尚的、新潮的现象与理念的存在，有其存在的合理性，但是不能因此把中国传统文化予以全盘否定，这种割断历史的思维是十分错误的。传统的孝、悌、乐、礼中包含着许多宝贵的东西，抽绎其合理的内核，而加于时代的形式与内涵，照样可以将之转化为生气勃勃的现代智慧。

儒家传统的音乐美学思想，对中国的音乐影响深远，我们至今所使用的音乐美学还源于传统。但作为现代人，固守传统是无为的。必须取传统之精华并去其糟粕，随着时代的变革、发展而开拓出新的美学思路。既关注人又要对自然进行认识和改造，把传统的民族音乐作为根基，运用好的音乐手段、方法，建立新的音乐美学思想，为中国文化艺术作出贡献。

（二）"广至德章"的现代启示

现代人也要行教化，教化如何能"得法"？可以借鉴孔子的智慧，并结合现代社会的要求。

第一，努力践行"三德"，实现人生最高德行境界。

人生尽孝道、悌道、臣道，是人终身实践的一个重大课题。人说"善事父母为孝"。对父母，除了生活上给予照顾，更应该给予感情上的温暖和心理上的抚慰。欲尽孝道，关键在"敬"，子女必须要有无私的爱心，通情达理，否则是不可能尽好孝道的。

古人说"善事兄长曰悌"。在此扩充为兄弟姊妹之间，和睦相处，亲敬友爱之道。欲尽悌道，关键在"让"，道在自身为本，本立道自然生。为兄的，但问兄宽否，不问弟忍不忍，为夫的但问自己义不义，不必问妇顺不顺，这样就是"本立道生"。《孟子·离娄上》中说："欲为君尽君道，欲为臣尽臣道"，就是说要做君王，就要尽到做君王的责任，要做臣子，就要尽到做臣子的职责。提醒每个人牢记自己的身份，不要做与身份不相称的事。

孔子给予我们的一种智慧，是他主张在内容上抓住孝道、孝悌、臣道，即着眼于父子、兄弟、君臣（领导与被领导）之间关系的融洽，因为这是最高的德行，能够顺应民心，且能由此层层推广出去。

第二，努力践行"悌道"，实现人生完美德行结局。

虽然"悌"是指兄弟相敬相爱，但悌道也是孝道的一部分。兄弟姊妹本为同一父母所生，所以孝敬父母，就得和睦相处，相互帮助，如有不行正道的，要劝其遵循规矩与正道，这是出于天性之自然。兄弟姊妹之间互相爱护，彼此关怀，使父母放心，正是直接尽悌，间接尽孝了。如兄弟姊妹不和，或有的不行正道者，而其他兄弟姊妹不去规劝与帮助，让父母担忧操心，精神上受打击，这就是不孝，正所谓悌道不足孝道亏。

第四章 《孝经》的现代拓展

朋友要有规劝之义，兄弟更有规劝之情。朋友与兄弟不规正且偏邪的，特别是有能力却未做到的，不能让父母宽心，这是孝道不足。朋友与兄弟之间见善能为而不为则是恶。悌道能为而不做则是不孝。很多时候，未尽劝其规正之责，会造成不和，父母虽然有正道却也郁郁而终。但是很多时候，家人之中，不是讲理，而是讲情。揽罪者能劝家人改罪，把不是归己者能让家人改非。这就不是讲理，而是动情。朋友与兄弟之间的规劝也是要讲究的，要述之以理，还要动之以情，情到自然成。

悌道不足孝道亏。"立身行道，扬名于后世，以显父母，孝之终也。"兄弟不行正道，我们要力行规正，才是真正做到以悌行孝，孝道完满。同理，臣道不足孝道亏。愿天下间兄弟、朋友相敬相爱，悌道、臣道足，孝道行也！

当今，现代教化需要践行"三德"，同时也启发我们应该从"至德"入手，从人性自然存在的德性因而导之。这样做，才能顺应民心，收到实效。

（三）"广扬名章"的现代启示

"广扬名章"是整部《孝经》画龙点睛的章节，其核心旨意，就是教人立德、立功、爱护名誉，从而把忠孝大道推行到极点。西谚说："名誉是第二生命。"我国古代圣贤所讲的名誉，首重德行。德为名之实，无实之名，君子以为可耻。有德行的人，必定有名誉，因为德是根本，名是果实。本章给予我们的重要启示如下。

第一，家庭中培养的德行修养，影响着个人的前途命运。

由家内的"三事"，即"事亲孝""事兄悌""居家理"，由内而外，由家庭而至于社会，那么就会变迁、迁移、移用为另种"三事"，即"忠君""顺长""治官。"这是孔子设计的理想线路，是由内而外、由家庭之内推广到家庭之外、"家—社会—国家—天下"的推行逻辑。因为孝悌，子与父母和谐，弟与兄长和谐，而至于家庭和谐，再至于社会和谐，然后是一国和谐。由此可见，一个人在家庭中的德行修养十分重要，甚至决定这个人的前途命运。现代有些年轻父母，认为教育是学校的事，不太重视孩子的教育，这是错误的。家庭教育要以养成教育为宗旨，以孩子身体、心理发展特征为依据，以培养引导孩子学会学习、学会做事、学会交往、学会做人为主要内容，尤其要进行孝道教育。家庭是社会的基础，家庭教育搞好了，孩子的人生就有了一个良好的开端与基础，对社会来说带来的是新的希望，注入的是新的活力。

第二，现代企事业选拔干部，要重视德行修养标准。

孔子在几千年以前就告诉我们："君子之事亲孝，故忠可移于君。"一个人如果对自己的父母长辈非常孝顺、孝敬，尽到为人子女应尽的孝道，那么他的这种精神在为国家工作的时候一定可以体现为忠诚。正可谓"求忠臣于孝子之门"。忠诚是团队领导人最希望自己的团队首先具有的美德，他们希望成员都能忠于本职工作、忠于职守、忠于团队。从国家的角度，我们希望每一个公民都热爱自己的祖国。在家尽孝、在学校尊重老师、在社会工作中认真负责、做一个忠于国家的良好公民。汉代实行"举孝廉"，以"孝"和"廉"作为选拔干部的标准。当代也可借鉴此举，选择"在家中尽孝、在单位尽忠、在合作中讲诚信"的合作伙伴。

第三，人生在世要努力实践"立身行道，扬名于后世"。

现代人讲究人生的成功，孔子也提倡人生的成功。孔子曾说"三十而立"，人到三十不要还是匍匐着、挺不起胸膛，而是要堂堂正正、有名有姓、有为有成地挺立在人世，做个堂堂七尺汉子。孔子还说："后生可畏，焉知来者之不如今也？四十、五十而无闻焉，斯亦不足畏也已。"孔子在这里强调奋斗要趁早。

"广扬名章"提出一个重要观念，即"行成于内，而名立于后世矣"。一个人的美好品德主要在家庭内部形成，这些立身处世的能力，有助于他在社会上建功立业，成为后世的典范。孔子指出的是由内而外的途径与方法，那就是由"行成于内"即"事亲孝""事兄悌""居家理"的养成教育，而终至于外的"名立于后世"即"忠可移于君""顺可移于长""治可移于官"的事业实践。现代人可以更加理智地提取其中的智慧，那就是必须先有内在的品德、修养、素质、能力、智慧，然后才能转化为外在的事业，最后臻于人生的成功，而名立于后世。

第四章 《孝经》的现代拓展

五、"后四之孝章"的现代启示

"后四之孝章"包括谏诤、感应、事君、丧亲章。本部分主要是讲行孝的几个细节，分别就谏诤、感应、事君、丧亲作了进一步阐述，是对前三部分内容的发挥和补充。尤其值得关注的是"谏诤章"，可以澄清人们对孝是无原则服从的误解。本章说明了做子女、臣子的道理。如果父亲、君王做事违反义理，做子女、臣子的应该直言劝告，尽谏诤之义，才是真正的孝顺和忠诚。

（一）"谏诤章"的现代启示

此章让我们再次领略到孔子论孝的深刻与他的智慧风采。"孝"的本义是"善事父母"，家庭内的"谏诤"只是在儿女与父母之间，但本章将其范围扩大到君臣、朋友，这就是儒家的智慧。儒家善于从"孝"这个原点出发，由此及彼地推而广之，从一个小道理推到大的道理，彰显出逻辑的合理性和极强的说服力。

第一，孔子的辩证"孝道"，其智慧值得我们研习。

孔子不是一个方而不圆的"圣人"，而是一个能方能圆的"圣之时者"。孔子说过："当仁不让于师。"虽然"师道尊严"，但是他庄严宣称，面对仁道，就是对老师也不必谦让。这就是孔子的辩证师道观。同样，虽然要谨守孝敬孝顺，但是"当不义，则子不可以不争于父；臣不可以不争于君"（《孝经·谏诤》）。孔子在这里说明谏诤的重要性。

此章使我们又深入一层地了解了孝道。儒家的孝是有原则的，当不义而不争为不孝，并不是古时一些说书人所说"君要臣死，臣不得不死；父要子亡，子不得不亡"盲目地"愚孝"，也不是"三纲五常"中"君为臣纲，父为子纲"的绝对服从，是有"义"与"不义"的问题在的，是有"是"与"非"的原则在的。君权、父权和夫权，在后世尤其是清代被神化，成了不可挑战的权威，"君臣父子夫妻"被异化为了绝对服从的上下级关系，而这跟孔子的想法是不相符的。

细读此章，有双重意思。一面对于被谏诤的君父及朋友进行警醒，提醒他们接受谏诤，不但能改正他们的错误，且对于天下也有重大的影响。一面对谏诤者的臣子及友人一种启示：要事君尽忠，事父尽孝，对友尽义，若见恶不劝，见过不规，则陷君父朋友于不义，以至于遭受不测，那忠孝信义就化归乌有了。在此，我们领略了孝道的深刻内涵，同时也感悟到孔子的哲学智慧，给我们带来有益启示。

第二，孔子的不义"谏诤"，其原则值得我们借鉴。

孔子在《孝经》中还告诉人们，历史的经验是：一，谏诤对当权者来说是必不可少的，而且越往高层越是需要更多的人来进谏，这是一种必需的监督机制；二，当权者可能"无道"，但对于一个国家来说，那还不是最可怕的，最可怕的是没有"谏诤之臣"；三，谏诤之臣的重大价值，在于可以挽救"无道"当权者的将要被倾覆、失去的"其天下""其国""其家"；四，在臣、在子这一方，固然要"当不义则争之"，而在当权者这一方，如天子、诸侯、卿大夫，也要接受谏诤，认识到谏诤的重要意义与价值。

孔子在本章强调在君臣、父子、朋友之间建立一种具有道德约束力的谏诤监督机制，不能按照要求谏诤或接受谏诤的，就是"不义、不争、不孝、不忠"。他在当时君权、父权强大，等级森严的专制社会环境下，能够站在国家的高度与历史的角度提出谏诤监督机制，确实难能可贵。虽然其中有些东西不一定具有科学性，如"天子有争臣七人""诸侯有争臣五人""大夫有争臣三人"等，但为后人提供了可供参考的民主方案，其构建的监督机制具有现实意义与历史价值，值得现代社会借鉴。

在此，不得不提到唐太宗和魏徵之间的故事。魏徵是一位性情直爽，敢于直言的人。有一次，唐太宗问魏徵说："历史上的人君，为什么有的人明智，有的人昏庸？"魏徵说："兼听则明，偏听则暗。"他还举了历史上尧、舜和秦二世、梁武帝、隋炀帝等例子，说："治理天下的人君如果能够采纳下面的意见，那么下情就能上达，他的亲信想要蒙蔽也蒙蔽不了。"唐太宗连连点头说："你说得多好啊！"

又有一天，唐太宗读完隋炀帝的文集，跟左右大臣说："我看隋炀帝这个人，学问渊博，也懂得尧、舜好，桀、纣不好，为什么干出这么荒唐的事？"魏徵接口说："一个皇帝光靠聪明渊博不行，还应该虚心倾听臣子的意见。隋

第四章 《孝经》的现代拓展

炀帝自以为才高,骄傲自信,说的是尧舜的话,干的是桀纣的事,到后来糊里糊涂,就自取灭亡了。"

又有一次,魏徵在上朝的时候,跟唐太宗争得面红耳赤。唐太宗非常生气,退朝回到内宫后,见到妻子长孙皇后,气冲冲地放言要杀掉魏徵。长孙皇后问明原委后,一声不吭,回到自己的内室,换了一套朝见的礼服,向唐太宗下拜。唐太宗惊讶地问道:"你这是干什么?"长孙皇后说:"我听说英明的天子才有正直的大臣,现在魏徵这样正直,正说明陛下的英明,我怎么能不向陛下祝贺呢!"这一番话就像一盆清凉的水,把唐太宗满腔怒火浇熄了。

643 年,直言敢谏的魏徵因病去世。唐太宗很难过,他流着眼泪说:"人以铜为镜,可以正衣冠;以古为镜,可以知兴替;以人为镜,可以知得失。魏徵没,朕亡一镜矣!"这既是对魏徵人生价值的最佳注释,也表明唐太宗对难得敢于直言的忠臣的珍惜。执古御今,古人的智慧对我们现代社会建立新型父母与子女、领导与下属、朋友之间的人际关系有所启发。

(二)"感应章"的现代启示

这里着重谈谈本章"孝感"问题。正史上多有记载,如《晋书·王祥传》记叙王祥卧冰求鲤、黄雀入帷就是"孝感"的例子。再如《北史·孝行》有孝子王颁"夜中睡,梦有人授药,比窹而疮不痛。时人以为孝感"。《宋史·孝义》也有:"延庆居丧摧毁,庐于墓侧,手植松柏数百本,旦出守墓,夕归侍母。紫芝生于墓之西北,数年又生玉芝十八茎。本州将表其事,延庆肯辞。或画其芝来京师,朝士多为诗赋,称其孝感。"

关于"孝感",有以下两点可说。

第一,神秘的"孝感"不可取,但"孝感"具有教育的积极意义。

"孝感"在古书中有很多记载,在民间也有广泛流传,是孝行感应的意思。但是"孝感"只是一种人为认定的结果,是唯心的。把孝行感染力过分渲染和夸大,往往不可信,也不可取。而在封建社会,古人往往相信"孝感"存在,从心理上也接受这种渲染。

在《二十四孝》中,如虞舜"孝感动天"、郭巨"为母埋儿"、董永"卖身葬父"、丁兰"刻木事亲"、姜诗"涌泉跃鲤"、孟宗"哭竹生笋"、王祥"卧冰求鲤"等就有"神助"情节；曾参"啮指心痛"、王裒"闻雷泣墓"等就有"孝感"现象。《二十四孝》影响中国社会600多年，人们读《二十四孝》时，是以同情之心去了解古人的。郭居敬也许并非看重这些形式，要求后人照此办理，不过是想通过这些故事，告诉我们孝有神迹，启发、教育我们用心去孝敬父母。

第二，文学的"孝感"有真谛，但"孝感"不可简单表象化理解。

中国古代文学作品中，常有"孝感"现象或曰"神鬼"现象的存在。例如《聊斋志异》，俗名《鬼狐传》，是中国清代著名小说家蒲松龄创作的短篇小说集，记录了系列奇异的故事，在故事中塑造了众多的"鬼狐"形象。《西游记》是中国古代第一部浪漫主义长篇虚构神魔小说，主要写孙悟空、猪八戒、沙僧三人保护唐僧西行取经的故事，小说想象力丰富，将"神魔"与人的形象大胆地结合，创造了一系列令人难以忘怀的艺术形象。在古典小说里，"神鬼"的浪漫现象是常见的。

浪漫主义是文艺的基本创作方法之一，与现实主义同为文学艺术上的两大主要思潮。作为创作方法，浪漫主义侧重从主观内心世界出发，抒发对理想世界的热烈追求，常用热情奔放的语言、瑰丽的想象和夸张的手法来塑造形象。《聊斋志异》中的花妖狐魅，《西游记》中的妖魔鬼怪以及《孝经》中的孝行感应等，都应蒙上浓厚的浪漫夸张色彩。大众早已接受这种夸张想象，明知不现实，但是有其审美享受在，所以还是愿意接纳，乐于传播。

从对人的触动来说，"孝感"是千百年来都存在的，就像今天人们读孝子的故事还会被深深打动，这就是一种真正穿越时空的"孝感"了。如果现代人悟通了孝道"感应"问题，那么也可以在进行现代社会孝道教化的时候，充分利用其能"感应"的道理，来感化人们，和谐社会。

（三）"事君章"的现代启示

《孝经》对孝道的理解范围非常广泛，"事君章"谈到的是君子事君的方法。过去的"君"指的是君王，也就是国家的代表，所以事君指的就是为国家为人民而奋斗，尽忠职守，爱国爱民。

现代人没有"事君"的问题，但是也面临诸如领导与被领导、管理与被

第四章 《孝经》的现代拓展

管理、上下级相处等问题，本章或许也能给我们许多启发。

第一，"进思尽忠"，就是在岗时要恪尽职守，要坚持原则。

前面提到，君子事君的时候要以孝事君，在家中如何来孝敬父母，到单位就用这种态度来工作，如果发现不义之事，还要去劝谏。现代社会，员工在单位工作的时候，要认真努力地完成自己的任务，尽忠职守。所以"忠"我们可以理解为对待自己的工作认真负责、一丝不苟，对待事业有责任感、使命感，敢于担当、敢于承担，对于事情的结果好坏要敢于担责。

"尽忠"需要有良好的态度，同时还需要有尽忠的能力，包括体力、智慧、胸怀、眼光、方法。当我们想做好一项工作时，要找到做这项工作最合适的方法，即使出现一些问题，如果我们专注在工作上，问题总会得到解决。

第二，"退思补过"，就是离岗后要思改过失，要反躬内省。

在离岗后，要反省自己在工作的过程中是否很好地完成了领导交给的任务以及是否还有可以提升的地方。曾子云："吾日三省吾身：为人谋而不忠乎？与朋友交而不信乎？传不习乎？"（《论语·学而》）人非圣贤，孰能无过？每一个人都想做好事情，但不可能做的每一件事情都是完美无缺的。要时刻反思，提升自己。

"退思补过"重要的是要善于发现自己的过错，要有高度的人生智慧。很多人都会认为自己对待工作很认真、方法也很正确，这可能只是从个人的角度理解，自我肯定。要想发现自己的缺点和错误，首先要给自己静思的时间，不能带着疲乏浮躁，胡思乱想。现代社会的人往往有些浮躁、紧张、疲劳，要让自己的身体放松、心静下来才能发现自己的缺点和错误。知道了自己的过错，改过也不是简单的事情，不仅要有态度，也要有方法，还要有勇气。

第三，"将顺其美"，就是对正确的政令要尽心支持，尽力辅助。

如何理解"将顺其美"？在国家社会、单位团队中，正确的事情，我们去努力完成，就是"成人之美"。子曰："君子成人之美，不成人之恶。小人反是。"（《论语·颜渊》）"成人之美"重点在"美"上，"美"指的就是好的或善的，最起码也是对社会或他人无害的愿望或计划。"成人之美"不是单纯帮助别人达成愿望，而是帮助别人达成美好善良的愿望。如果帮别人干坏事，就算实现了，那也不叫成人之美，而是"助纣为虐"。因此，所谓"君子成人

261

之美",就是指有德行的人,总是想着让别人好,尽力为别人创造条件,成全别人的好事。这种"助人达成善良愿望"的行为,体现了儒家"推己及人"的思想。君子成人之美,出于对他人的关怀和尊重,是一种博大的情怀。这种助人达成美好愿望的情怀,不但能给人带来情感上的慰藉,还能给人以生活或事业上的帮助,是在积德行善。

生活在这个世界上,每个人都有自己的理想和追求,不管你是伟人,还是普通人,都不例外。我们自己也渴望实现理想,达成愿望,其他人也是同样;我们不希望自己追求理想的道路遭到拦阻,别人也如此;我们希望在追求理想的道路上得到真诚的帮助,别人也会这样希望。因此,成人之美是成全别人,也是成全自己的一种美德。成人之美是一种道德修养,它需要有宽广的胸襟和与人为善的态度。

第四,"匡救其恶",就是对领导的错误要尽心匡正,尽力救止。

"匡救其恶"怎么理解?当上级、领导出现道德上的问题,或做错了事说错了话,或决策上出现错误,我们要设法帮助其匡正、改正与弥补。比如,上级做了一个错误的决定且一意孤行,我们应该"匡救其恶",采取一些补救措施,不能放任不管,这是不认真、不负责任的。"匡"的意思是调整,"救"是补救,当错误决定、错误行动导致一些不好的结果的时候,我们要把危害损失尽量减少到最低程度;如果这个行动还没有付诸实施,我们要赶紧提出不能实施的建议,这都是属于在不同阶段的"匡救其恶"。

"匡救其恶",需要有足够的勇气与智慧。按照常理,领导者有错,旁观者应赶紧提醒。但是,往往"伴君如伴虎",劝谏领导改错谈何容易,没有冒风险的勇气,是难以进谏而达到目的的。要找准切入点,既要晓之以理,更要动之以情,如不得妙法,缺乏足够智慧,同样难以达成目的。

如果能做到"进思尽忠,退思补过""将顺其美,匡救其恶",则上下能够相亲相爱,亲如一家。这里面的智慧值得我们每一个人思考,我们都想要成为君子,"进思尽忠,退思补过""将顺其美,匡救其恶"是我们每个人在为国家、为社会、为团队、为他人工作中所应采取的工作精神和态度。

第四章 《孝经》的现代拓展

（四）"丧亲章"的现代启示

丧葬之礼虽不断变化，但不变的是孝子的孝。此章揭示出行孝的全过程，并且分为两大段：一是父母生前，子女应该以爱敬来侍奉之；二是父母去世后，子女应该为之送终，并常常思念他们。这些孝道观念当今也并不过时。

当然，古时的丧礼仪式已经过时了，现代的丧礼仪式已经大大简化了。这说明人们是在不断与时俱进的。读《孝经》也要与时俱进，抛弃不合时宜的东西，吸取其中合理的、可行的东西。

第一，葬之以礼，表达子女对父母的感恩心理。

"孝"是儒家思想的核心，而"事生事死"是"孝"的核心。这是中国人的精神基石。"事生"是在父母活着的时候好好侍奉他们；"事死"是在父母去世后办一场程序复杂的丧礼。在儒家的观念中，"事死"甚至要比"事生"还要重要。所以中国自古就有"礼莫重于丧"之说。

子曰："生事之以礼；死葬之以礼，祭之以礼。"（《论语·为政》）就是父母在世的时候，为人子女的要以礼来侍奉父母，礼节要一丝不苟地去落实。礼的本质是敬，事亲尽礼就是对父母的孝敬。父母去世之后，以礼来办理丧葬，以表达为人子女的哀伤、孝思。

中国丧葬文化，即中国人对丧葬后事的观念和处理方法，有千年传统。中国人的生死观是沉重的，所以特别注重丧葬礼仪后事料理。一方山水有一方风情，无论城市还是农村在丧事上都有着不同的讲究和习俗，尤其是在农村举办丧葬礼仪，有一些禁忌和讲究。现代社会由于文明程度的不断提高，即使在传统观念较为浓厚的农村，丧葬文化都已发生较大变化，倡导"厚养薄葬，丧事简办"，有的地方提出"控制费用、控制时间、控制规模"等规定，不仅进行文明丧事教育，还以行政力量管控丧事从简操办，废除像《孝经》规定的那种烦琐程序与礼节，实现丧事移风易俗。农村大部分地区还设有专门主持丧葬仪式的人，每当有白喜事，主家首先会找到他们安排相关事务，进行策划、调度等。既热闹、简约、文明，又让客人满意、主家有面子。废除烦琐礼仪，不是不讲"礼"，必要的"礼"或仪式感还是需要的，新的丧葬文明风尚，应根据形势的发展而不断变化。

丧葬期间营造的气氛应与哀戚的环境相协调，形式与内容相一致。农村所说老人去世的"白喜事"，是对老年人特别是高寿老人去世后的吉利说法，不能以"娱乐""高兴"的形式来表达哀戚之情。新时代的葬礼，尽管形式更加简洁文明，但也应该符合哀伤情绪的真实表达。

第二，祭之以礼，表达子女对父母的思念真情。

祭，是中国的一种传统纪念活动，表达对天地、祖先、父母的感恩、思念之情。从深层次说，是人们在心理思维的终极意义上感悟人神沟通、上下交感的精神境界，以表达人神天地和谐共生的信仰。"祭之以礼"，是人们内心的"敬"外化的体现。"祭"总要有仪式感，这种以"礼"为要求的仪式，古今有之，但表现形式不同。本篇所要求的"礼"烦琐且苛刻，是封建社会的遗留，现代人不会去效仿遵循，但可以用现代的方式重新设计"礼"，来表达人们的追思之情。

"祭之以礼"，是情感表达的方式，也是一种教育方式。《论语·学而》里面有"曾子曰：'慎终追远，民德归厚矣'"。慎终，就是去世的时候，葬之以礼；追远，就是祭之以礼，进行追思。所以祭祀是教育，是一种孝道或德行的教育。家庭的祭祀活动，如清明的扫墓活动、初一的祭奠父母或宗祖，祭之礼只要符合当地移风易俗的相关规定就可以。各级组织在清明或重要时间节点上，在烈士纪念碑前开展的祭奠活动例如公祭等，要按照相关管理办法。根据国家《烈士公祭办法》，烈士公祭仪式一般应当按照下列程序进行：礼兵就位；主持人向烈士纪念碑（塔）等设施行鞠躬礼，宣布烈士公祭仪式开始；奏唱《中华人民共和国国歌》；宣读祭文；少先队员献唱《我们是共产主义接班人》；向烈士敬献花篮或者花圈，奏《献花曲》；整理缎带或者挽联；向烈士行三鞠躬礼；瞻仰烈士纪念碑（塔）等设施。向烈士行三鞠躬礼后可以邀请参加活动的代表发言。这种缅怀革命先烈丰功伟绩、纪念为中国人民作出卓越贡献英雄人物的公祭活动，是一种教育，应该成为一种文明风尚。

在对《孝经》十八章全部解读之后我们更会体会到，孔子所说的"孝"，原来不是仅仅局限于赡养父母、养生送死这些内容。孝道还有非常厚重的历史内涵、广阔的社会内容、丰富的伦理意蕴、深刻的人生智慧。孝道，对于一个人、一个家庭、一个地区、一个国家都有着普遍且独特的意义与价值。

第四章 《孝经》的现代拓展

在现代社会，怎样继承、开掘、发扬"孝"，是一个值得不断讨论的课题。

第四节 中国传统"孝"思想的转化与拓展

2014年9月24日，国家主席习近平在纪念孔子诞辰2565周年国际学术研讨会暨国际儒学联合会第五届会员大会开幕会上发表重要讲话，强调要"努力实现传统文化的创造性转化、创新性发展，使之与现实文化相融相通，共同服务以文化人的时代任务"。

2022年5月27日，在主持十九届中央政治局就深化中华文明探源工程进行第三十九次集体学习时，习近平总书记也强调："中华文明源远流长、博大精深，是中华民族独特的精神标识，是当代中国文化的根基，是维系全世界华人的精神纽带，也是中国文化创新的宝藏"，"我们坚持把马克思主义基本原理同中国具体实际相结合、同中华优秀传统文化相结合，不断推进马克思主义中国化时代化，推动了中华优秀传统文化创造性转化、创新性发展"。那么，如何"创造性转化、创新性发展"，成为我们践行孝文化必须解决的首要问题。

一、中国传统"孝"思想的转化与拓展

贯彻"创造性转化、创新性发展"方针，就是不仅要继承传统孝道的合理内核，还要体现新时代精神。也就是说，对中华民族传统美德之孝文化，要根据一定文化发展规律进行积极的创新和发展，构建新时代孝文化体系，提升孝文化境界。

（一）正确把握孝文化创造、创新的发展规律

1. 尊重传统，敬畏经典。任何一个国家和民族，都有其既有的文化传统。这个与生俱来的文化基因、文化积淀，构成了国家和民族的精神标识、文化血脉和价值系统。秦一统天下后，废文用暴，"焚书坑儒"，二世而亡；西汉

以秦为鉴，尊儒重文，"以孝治天下"，开创了两百多年的盛世。这就是对待传统文化不同态度导致的不同后果。现在有的人一提到《孝经》《二十四孝》等就不屑一顾，幼稚地提出要对经典进行修改，甚至全盘否定。《孝经》《二十四孝》是古代经典，流传至今而不衰，里面必有其存在的合理因素与永恒价值，应该珍视与尊重。我们要实现传统孝文化的"创造性转化、创新性发展"，首先要自觉尊重、尊崇、敬畏传统孝文化，从内心深处强烈认同优秀传统孝文化承载的价值理念。

2. 古为今用，批判继承。尊重传统不是仅仅将其作为古籍存放在典藏室里，也不是仅仅将其作为文物展放在博物馆里，而是要让其"活"起来，达到经世致用、学以致用的目的。我们学习、批判、分析中国传统孝文化，就是为了深刻理解，继承发展，并践行孝道。河南省清丰县实施"以孝治家""以孝治村"，用新的标准评选当代孝子，树立正气，弘扬新风，用孝来解决家庭和睦问题，解决社会和谐问题，进而达到解决农村基层治理问题的目的，这就是古为今用、以古鉴今的生动例子。"创造性转化、创新性发展"的重要内涵，就是要积极运用古人的智慧解决当下的问题，发挥文以化人的教化功能，使之有益于社会的教化和国家的治理。

3. 推陈出新，革故拓新。运用传统文化不能食古不化，一股脑儿都拿到今天来照套照用，更不能作茧自缚。文化的生命力在于创新，从孔孟（孔子、孟子）为代表的先秦儒学到董仲舒为代表的汉代儒学，再到程朱陆王（程颢、程颐、朱熹、陆九渊、王阳明）为代表的宋明理学，儒家思想，包括孝文化，都是顺应中国社会发展和时代前进的要求而不断发展更新的，因而具有长久的生命力，成为中华优秀传统文化的主脉。现今根据时代发展需要，出现的新"二十四孝"孝子楷模，还有新"二十四孝"行动标准等，都是发展更新、推陈出新的具体表现。"创造性转化、创新性发展"的鲜明指向，就是立足于实践，把跨越时空、超越国度、富有永恒魅力、具有当代价值的孝文化精神弘扬起来，以兼收并蓄的包容精神，借鉴其他优秀文明成果，通过转化再造、丰富发展，焕发新的生命力。

第四章 《孝经》的现代拓展

（二）正确运用孝文化创造、创新的基本方法

贯彻"创造性转化、创新性发展"方针，就是要根据社会主义市场经济、民主政治、先进文化、社会治理等的发展需要，积极推动中华优秀传统孝文化与之相协调相适应，实现其当代价值。如何实现"创造性转化、创新性发展"，可归纳为以下五个层次。

1. 正本清源，明确方向。近代以来，在对待传统孝文化的态度上，我国思想界产生过一些错误倾向，比较突出的是文化虚无主义和复古主义这两种极端思潮。虚无主义全盘否定和彻底摒弃传统孝文化，认为传统文化是过时的文化形态，在今天已经失去了存在的价值和意义。20世纪初"打倒孔家店"就是这种思想倾向的代表，导致了一段时间的"论古生畏""谈孝色变"，出现经济与道德不对称发展，经济上去了，道德滑坡了。复古主义则要求全面"儒化中国"，一切按古人的行为方式行事，认为以儒学为代表的中华传统孝文化都是好的，主张死记硬背《论语》《孝经》等。一种文化形态的形成与发展，不可避免地受到时代局限性的制约和影响。当下，社会实践和人们的思想观念、外部环境都已经发生了很大变化，想简单回归传统已不可能。"两创"方针的要义在于，不搞厚古薄今、以古非今，而是有鉴别地对待，有扬弃地继承创新传统文化的形式和内涵，使之与当今社会相协调、与现实文化相融通，为当代人所接受所运用。

2. 改造形式，不落俗套。对传统孝行为，其中有些业已被时间所摒弃，被历史所淘汰，失去昔日价值与意义，需要改造其旧的形式，赋予其现代表达方式。比如封建社会孝道中的"父为子纲""丁忧三年"等，显然不适应于当今社会的价值观。《二十四孝》中的表达方式，现大都不合时宜，尤其"埋儿奉母""卧冰求鲤""尝粪忧心"等，需要用现代具有人性化的孝道表达方式替代。现代人行孝，应采取切合时宜的多种多样的方式表达孝心。如帮助老人学会使用手机、电脑等智能工具，尊重老人的爱好、生活习惯等，关键是真诚地关注父母及长辈的所思所想、所虑所求，以最大限度地满足父母和长辈的物质和精神需求为着眼点，充分表达晚辈的孝敬之心，真正达成"老有所养""老有所为""老有所乐"。

《孝经》现代解读

3. 拓展内涵，赋予新义。对有些传统孝行为，需要剔除其糟粕成分，保留其基本精神，补充或赋予新的时代内涵。《孝经》中倡导的把行孝主体分为五层（天子、诸侯、卿大夫、士、庶人，即曰"五孝"），分别对其孝行为进行规定，就不符合现代文明建设要求，需要充实内涵。感恩道义、责任义务、忠诚品质、爱国情怀、和谐意识、廉洁德行等，都是孝的内涵拓展，具有鲜明的时代特征。如忠诚品质，在传统文化中不仅被看作个人的"修身之要"，而且被定为"天下之纪纲""义理之所归"。中华上下五千年，评价一个政治人物的好坏，常常看一个"孝"与"忠"字（"孝忠互通""忠臣出于孝门"）。今天，我们也要讲"孝""忠"。特别是在当前复杂的形势和艰巨任务下，我们更要始终秉持忠诚这一宝贵的政治品格，忠诚于信仰、忠诚于组织、忠诚于国家、忠诚于人民。

4. 延伸实践，贴近时代。对有些传统孝行为，根据时代的发展进步，需要挖掘其当代价值，拓展其社会实践功能。如推行"孝文化+"服务现代社会文明，孝与家庭建设的对接、孝与社会主义核心价值观的对接、孝与"民本"思想的对接、孝与现代礼仪的对接、孝与基层社会治理的对接、孝与现代养老工作的对接等，都是孝实践功能的自然延伸。当前，孝感市把孝文化与城市发展战略紧密结合起来，提出并实践"中华孝文化名城"建设就很有创意，推进了现代化城市建设。孝感计划用5~10年的时间，把孝感打造成世界华人孝文化体验基地、全国孝文化产业示范基地、中华孝文化学术交流研究核心基地、中华孝爱文化旅游目的地。"中华孝文化名城"建设正在成为孝感内创和谐、外树品牌的一张亮丽名片。

5. 完善规范，提升价值。对有些传统孝行为，根据时代的新要求，需要不断完善规范其内容，体现出当代价值与意义。个人、家庭、社会中的修身、敬老、礼仪、祭祀等孝行为，要进一步进行规范，形成社会行为。比如"礼仪"，我国被称为礼仪之邦，礼是孝的重要表达方式，通过礼来规范和约束人们的孝行为，形成良好的社会秩序。但是，传统社会的"礼"过于复杂繁缛，与现代社会生活有许多不适宜的地方。礼仪是宣示价值观、教化人民的有效形式。当前，一方面，我们要在适当规范和简化的基础上，逐步恢复与改进一些影响深远的传统礼仪制度，比如"开笔礼""成人礼""婚礼""葬礼""祭

第四章 《孝经》的现代拓展

礼"等;另一方面,要有计划地建立一些新的礼仪制度并积极推广施行,比如升降国旗仪式、就职宣誓仪式、烈士公祭仪式等。

二、正确处理孝文化创造、创新的突出问题

贯彻"创造性转化、创新性发展"方针,就要强调大力弘扬中华优秀传统孝文化、积极培育和践行社会主义核心价值观,并放在前所未有的高度予以认识与实践,得到广大干部群众的衷心拥护。要培育、巩固、发展良好势头,必须以实事求是的精神着力解决面临的突出问题。

(一) 厘清孝文化"两创"之间的关系

1. "创造性转化、创新性发展"两者之间的联系

一是你在前面,我在后面。"创造性转化、创新性发展"是密切相关、不可分割的整体,是一个事物发展过程中的两个连续阶段,是你在前面,我在后面的前后相继的关系。"创造性转化"是指中华传统文化的现代改造转型,主要解决批判继承的问题,即解决"承前"的问题。"创新性发展"是指中华传统文化的现代提升超越,重在阐发立足现实并解决当今时代问题的内容创新,主要解决弘扬拓展的问题,即解决"启后"的问题。也就是说,传统孝文化只有通过改造和转化,才能实现创新和发展,两者不可混淆与颠倒。以《二十四孝》为例,"创造性转化"就要解决批判继承问题,保留孝的基本精神,构建孝的新的表达体系;"创新性发展"就要解决弘扬拓展问题,制定新的孝行为规范与标准,推出新"二十四孝",树立新的孝子标杆。

二是你中有我,我中有你。"创造性转化、创新性发展"虽是一个紧密联系的整体,但在具体内涵和形式上,各有某些取舍。虽然它们都是要在鉴别分析的基础上,结合时代条件和实际需要,对传统孝文化进行改造和发展,而且在改造和发展的具体内容上也有相同、相通之处,但只有把传统孝文化中对今天仍有借鉴价值的内涵和陈旧的表达形式进行改造和转化,赋予其新的时代内涵和现代表达形式,才能推动整个中华优秀传统孝文化内涵的创新和发展;只有首先激活中华优秀传统孝文化的生命力,才能进一步增强其影

响力和号召力。"创造性转化"虽主要是形式创造，但也有内涵创新；"创新性发展"虽主要是内涵创新，但也有形式创造。"创造性转化"与"创新性发展"，是你中有我、我中有你的联动发展状态。

概而言之，"创造性转化"是"创新性发展"的前奏，"创新性发展"是"创造性转化"的升华，而这实际上也符合文化传承发展的一般规律。

2."创造性转化、创新性发展"两者之间的区别

一是侧重基点不同。传统孝文化不能机械地照搬到现代。我们要在深刻理解传统孝文化深层含义的基础上，将其转化发展为现代人所能理解和接受的孝文化。"创造性转化"的侧重点，对孝文化更多地进行形式上的改变，同时对某些内涵进行取舍，从而能够施行于现代社会。"创新性发展"的侧重点，更多的是强调孝内涵意义上的突破，在传统孝文化的基础上，延伸出古代不曾触及的现代意义的实践空间。在整个人类现代文明的背景下，反思传统孝文化的问题和价值，并且开发出古代不曾注意到的新实践路径，实现内涵意义上的新突破。当然，这种反思传统基础上的新实践，也会自然带来形式上的创新。这样，孝文化在"创造性转化、创新性发展"过程中，随着时代的变化而变化、随着时代的发展而发展，两者各有侧重，各有建树，相互促进，并有所区别。

二是境界层次不同。转化与发展不同，前者关注传统孝文化同一本质上的形式转化以及内涵取舍，实现现代转型，而后者更关注传统孝文化的内涵提升以及形式得失，实现现代超越，达到境界的突破。对《二十四孝》进行"创造性转化"，就是要对已经过时、不符合时代要求的孝道表达形式进行合情合理改造，使之能够被大众所能接受。例如"尝粪忧心""恣蚊饱血""怀橘遗亲""亲涤溺器"等，这些也许古人能做到，但我们已没有必要做了，毕竟时代不同了。古人须做的，我们未必要做，因此必须进行改造转型。"创新性发展"要求要有孝的新实践，如孝感市着力打造"五孝"品牌，建设孝廉机关、孝德校园、孝亲社区、孝诚企业、孝勇军营等，把孝文化与基层建设结合起来，推动了城市"两个文明"建设，这就是创新发展。创新发展是硬道理，是目的，是归属。

第四章 《孝经》的现代拓展

（二）捋清孝文化的基本内涵和外延

对于孝的基本内涵，众说不一，概括起来主要有如下方面：归亲、延亲；养亲、敬亲；疗亲、侍亲；顺亲、谏亲；继亲、尊亲等。曾子曾言"大孝尊亲，其次弗辱，其下能养"三层次论。以上之孝，都限定在子女与父母的双边关系上，内涵的核心是爱。那么，孝的基本外延是什么呢？孝悌、孝忠、孝廉等是孝的基本外延。孝悌要求为人与兄弟、邻里以及乡亲和睦相处；孝忠要求为职对组织、国家、人民忠诚；孝廉要求为官清正廉洁，不谋私利，奉公为民。这三方面之孝，把孝扩展到与社会各方面的多边关系上。外延的核心同样是爱，是爱的延展。为什么悌、忠、廉前面都有孝？是因为孝与悌、忠、廉有着不可分割的关系，不悌、不忠、不廉等都是对父母的不孝。孝反映的是人伦关系，而对天地的敬畏，就是泛孝，超越了孝的人伦界限。

（三）澄清对孝文化的一些错误认识

把传统的孝道不加分析地就说成是"愚孝"是错误的。孔子是不讲"愚孝"也不讲"愚忠"的。对父母的不义或不法行为，要进行诤谏劝止，不能盲目顺从，这是儒家孝道思想的本意。"愚忠愚孝"是汉代提出"三纲五常"以后出现的社会现象，孔子说，对父亲的不义行为必须要进行诤谏劝止，这样才能使他不做违礼的不义的事情；如果儿子盲目服从父亲，就是不孝之子。孔子提出了"事父母几谏"（《论语·里仁》）和"子不可以不争于父；臣不可以不争于君"（《孝经·谏诤》）等主张，要求为子在父母、为臣在君王有不义之举的情况下，要进行劝止，并要求讲究方式地极力劝止。谏诤是原则，如何谏诤是方法；原则必须要坚持，方法也必须要讲究。割裂"不孝有三，无后为大"（《孟子·离娄上》）思想的整体性加以批判是错误的，孟子这句话的后面还有一句"舜不告而娶，为无后也"，是针对虞舜的父母不许他娶妻而说的。批判"父母在，不远游"（《论语·里仁》）也是片面的、错误的，这句话后面还有一句"游必有方"。说"身体发肤，受之父母，不敢毁伤，孝之始也"（《孝经·开宗明义》）是封建主义糟粕的是谬论。

（四）廓清对孝文化的偏见和顾虑

近代以来"贬孔""反孔"，对孝文化的冲击比较大，其消极影响至今没有完全消除，使得有人总把孝文化与封建思想画等号，导致对孝的偏见与顾虑，甚至"心有余悸""谈孝色变"。习近平同志明确指出："孔子创立的儒家学说以及在此基础上发展起来的儒家思想，对中华文明产生了深刻影响，是中国传统文化的重要组成部分。儒家思想同中华民族形成和发展过程中所产生的其他思想文化一道，记载了中华民族自古以来在建设家园的奋斗中开展的精神活动、进行的理性思维、创造的文化成果，反映了中华民族的精神追求，是中华民族生生不息、发展壮大的重要滋养。"①

我们一定要深刻领会习近平同志的重要论述，打破对待孔子和儒家思想的偏见与误会，放下思想包袱，全面客观地评价孔子和儒家思想的历史地位和现实价值，投入真挚感情，大力弘扬中华优秀传统文化。同时必须指出，神化孝不可取，把孝当作"包治百病"的良方也行不通、不可取。

三、如何正确看待《二十四孝》

孝敬老人是中华民族的传统美德，古代有不少孝子的故事，其中流传甚广的是《二十四孝》。对于《二十四孝》，现代对其评说不一，有人说《二十四孝》从古至今都指引着我们的思想和价值取向，让我们从中得到学习和思考，千百年来在民间流传不衰，一定有其存在的合理性；有人说《二十四孝》多是一些极端事例，不但难以仿效，甚至有的还有违人性，为现代社会所抛弃等。那么，到底应如何正确看待《二十四孝》？如何实现《二十四孝》创造性转化与创新性发展？

《二十四孝》全名《全相二十四孝诗选》，由元代郭居敬编录，辑录了历代二十四个孝子行孝的故事。由于后来的印本大都配以图画，故《二十四孝》又称《二十四孝图》。《二十四孝》之后，相继又出现《日记故事大全二十四

---

① 《习近平在纪念孔子诞辰2565周年国际学术研讨会暨国际儒学联合会第五届会员大会开幕会上的讲话》，《人民日报》2014年9月25日，第2版。

第四章 《孝经》的现代拓展

孝》《女二十四孝》《男女二十四孝》等劝孝书籍,且流传甚广。在传统的木雕、砖雕和刺绣上,常见这类题制的图案。《二十四孝》图、文、诗,注、译、评齐备,成为中国古代宣扬儒家思想及孝道的通俗读物,在中华大地上流传了六百多年,传而不衰,深深地影响着一代又一代人。

(一)《二十四孝》成书与流传的必然性

《二十四孝》的出现,是时代的产物、历史的印迹。《二十四孝》是一部伦理教育通俗读物,具有超越一般文学作品的教育功能。从汉代倡导"孝治天下"以后,孝就已经具有了浓厚的政治意味。在当时社会发生深刻变革的背景下,出现《二十四孝》也是合理与必然的。

 1.《二十四孝》为什么是元代问世

《二十四孝》始成于元代,而不是之前或之后别的朝代,有其深刻的社会背景。元朝是中国历史上一个由少数民族建立的朝代。由于元朝政权是少数民族入主中原,因此,在其统治过程中必然会出现多种矛盾:一是人数对比差距大(人数上与汉族间的巨大差异);二是文化对比差异大(文化水准比汉民族低许多);三是军政对比矛盾大(军事体制与政治管理体制间的矛盾);四是经济对比区别大(游牧民族的畜牧经济与汉民族农业经济之间的矛盾)。

尽管元朝统治者在文教政策上采取了钳制与笼络相结合的两手策略,仍然没有避免元朝在中国历史上处于僵滞状态的局面。为了巩固政权,收服中原汉族百姓,元朝统治者在贯彻民族歧视政策的同时,还采取了"尊孔崇儒"的文教政策。"孝悌"虽是儒家思想之根本,但它具有双重性:一方面它表现了敬老养亲的优良道德传统;另一方面,当它被统治阶级利用并被大肆渲染的时候,就将变成驯服民众与稳定社会的精神力量,异化为统治阶级征服民众的政治手段。《二十四孝》的编辑和流传,正是元朝统治者巧妙地利用了汉族人民淳朴善良的思想感情,以实现维护封建政权的目的。换言之,《二十四孝》的产生,是元朝统治集团与汉民族之间矛盾对立的产物。

 2.《二十四孝》为什么会广泛流传

《二十四孝》六百余年来能在民间广泛流传而经久不衰,有以下原因。

(1)形象有代表性,事迹有典型性,具有文学色彩。《二十四孝》中的

《孝经》现代解读

二十四个孝子具有广泛的代表性，他们的事迹十分典型。这些孝子在年代、地位、年龄和孝亲情况等方面各不相同：有先秦的，也有唐宋的；有帝王贵族，也有平民百姓；有老人，也有儿童；有日常尽孝且持之以恒的，也有危难之际救亲的；等等，具有广泛的代表性。有些人物与事迹具有一定的文学性，如虞舜"孝感动天"、董永"卖身葬父"中，鸟兽耕作、七仙女下凡本是不可能的事情，但从文学创作的角度，可视为民间传说中的合理想象，表现了浪漫主义手法。

（2）情节有生动性，语言有通俗性，具有传播效应。《二十四孝》故事生动感人，短小精悍，设计精巧，变化无常，如陆绩"怀橘遗亲"，当袁术笑问陆绩为何将橘子带走而陆绩回答说准备带回家给母亲吃时，陆绩的形象一下子高大起来。《二十四孝》故事短小精悍，语言文字通俗易懂，每则只有四五十字，最长者不过百字。《二十四孝》之所以能长久流传，故事的新颖传奇、情节的生动可感、语言的易读易记便于传播，无疑是其重要的原因。

（3）内容有丰富性，手法有多样性，具有说服意义。《二十四孝》的内容十分丰富，不拘一格，从不同角度、用不同手段劝人从孝。《二十四孝》故事内容的丰富性，便于父母教子从孝。劝孝的教育性目的十分明确。《二十四孝》在编写手法上颇具特色，图、文、诗并举，互为补充，共同讲一个孝的故事，让不同知识层次的人看得清读得懂。因此，《二十四孝》受到官方与民间的重视与青睐，并成为广泛传播的教材。

《二十四孝》形象鲜活、情节典型；文字通俗，配图直观；内容生动、形式多样。因此，它能流传至今。

（二）《二十四孝》存在与传承的合理性

我们评价《二十四孝》，要从历史唯物主义和辩证唯物主义立场进行评价，既不能全盘接受，也不能全盘否定，要取其精华，去其糟粕。对于传统中华孝文化，要"创造性转化、创新性发展"。《二十四孝》既然能够存在与传承，必有其合理的一面，我们可以作简单分析如下。

1. 古时的价值观念与现代不同

人们的价值观念随着时代的变化一直在发生变化，我们不能用现代的观

第四章 《孝经》的现代拓展

念去评价古代的《二十四孝》。例如郭巨"为母埋儿",我们现在会认为故事不可思议,荒诞愚昧,违背人性,纯属"愚孝",实不可取。鲁迅也曾在文章《二十四孝图》中批判《二十四孝》,还不无讽刺地说道,不仅他自己打消了当孝子的念头,而且也害怕父亲做孝子,特别是家境日衰、祖母又健在的情况下,若父亲真当了孝子,那么该埋的就是他了。这是我们现在理解的人性,但是在古人看来,孝行是最大的。价值观是随社会意识形态的变化而变化的,不能要求古人的价值观要符合我们现在的价值观。我们应有的态度是,不要机械模仿古代孝子过时了的行孝方式,而应把握、体会、学习孝的根本精神。

2. 古时的文化环境与现代不同

中国古代文化是多元的,主流文化是儒、释(佛)、道,儒学以仁爱为本,佛以慈善为本,道学以民得(执政为民)为本。

古时,人们受佛教影响,认为人间是有因果报应的,要多做好事,积德行善,不然要受上天的惩罚。佛教东汉就传入中国,东汉明帝派遣使者至西域广求佛像及经典,并迎请迦叶摩腾、竺法兰等僧至洛阳,在洛阳建立第一座官办寺庙——白马寺,这是我国寺院的发祥地。南北朝中国佛教进入发展兴盛时期,隋唐进入鼎盛时期。隋唐对佛教等其他诸多宗教都采取宽容、保护政策。中国佛学逐步发展成熟,到了元代佛教已经深入人心了。

《二十四孝》中有很多是反映因果报应的,也就是"好人有好报"。例如虞舜"孝感动天"、董永"卖身葬父"、郭巨"埋儿奉母"、孟宗"哭竹生笋"、姜诗"涌泉跃鲤"等。古人也信神信鬼,并认为宁可信其有,不可信其无。《二十四孝》就是利用"好人有好报"与"信神信鬼"的心理来达到劝孝的目的。

3. 古时的科技水平与现代不同

《二十四孝》中吴猛"恣蚊饱血",看似不可思议,实则是没有办法而为之。古时没有驱蚊器、灭蚊香、防蚊水,也没有蚊帐,吴猛是个孝子,为了让父亲睡个安稳觉,才有了"恣蚊饱血"的故事。

《二十四孝》中还有王裒"闻雷泣墓"。王裒一听到雷声就跑到母亲的墓地跪拜,尽管母亲已不在世,但这一举动表现了儿子纯真呵护母亲的仁孝之心。

《二十四孝》中黔娄"尝粪忧心"的故事看似非常荒诞,但在科技不发达的过去并不足为奇。古时治病主要靠中医,化验分析水平极为有限,主要靠"望闻问切",还有"尝"一项,就是用"尝"等手段来判定病情。小孩生病,在必要时,会要求父母尝小孩的粪便来判断病情,这在古代是存在的。

古时科技水平落后,很多我们今天难以想象在古时却是事实。因此,我们应该在当时的社会背景下考察当时人们的所作所为,如此方可理解各个历史阶段孝文化发展的特点。

4. 古时的生活条件与现代不同

古时生活条件较差,遇到天灾人祸,人们就难以饱腹,生活就雪上加霜。《二十四孝》中有不少故事与之有关。比如仲由"负米养亲"、郯子"鹿乳供亲"、蔡顺"拾桑供母"、姜诗"涌泉跃鲤"、孟宗"哭竹生笋"等,都是因为食物短缺才引申出的动人故事。

因此,我们不应轻易给传统孝文化扣上"愚孝"的帽子,要有分析,要有取舍。孝本身就是一个历史概念,不同的历史时期其行为要求不同,孝文化在不断地进化与发展。

四、《二十四孝》精华与糟粕共存

《二十四孝》流传到现在已有六百余年了,有其合理因素,因时间久远也一定会有不合时宜的地方。如果用现在的观念来看,用一句话概括就是《二十四孝》精华与糟粕共存。中国传统文化精华与糟粕共存的情况,《二十四孝》表现得较为典型,因而出现了现代人对《二十四孝》肯定和否定都十分强烈的情况。我们应该理智看待《孝经》。

1. 要去形式的局限性,存精神的永恒性。孝形式因体现孝精神内涵而存在,形式是短暂的,精神是永恒的。在《二十四孝》中大部分孝的表达形式因历史局限,已经不合时宜,但是其精神永恒,应该传承。这种精神延续了中华民族养老敬老的美好传统,促进了社会的和谐稳定。因此,我们在理解《二十四孝》时,重要的是要讲究孝的道德精神,体现内涵文明,去其糟粕,取其精华,切不可良莠不分,因噎废食。《二十四孝》有许多值得肯定和传颂的故事。如仲由"负米养亲"、蔡顺"拾桑供母"、杨香"打虎救父"等,它

第四章 《孝经》的现代拓展

们更多地反映了古代劳动人民朴素真挚的事亲养老的情感,精神可嘉。

2. 要去虚构的文学性,存现实的真实性。文学作品中的人物很多带有明显的虚构性、创造性,《二十四孝》中有很多地方,如虞舜"孝感动天"、董永"卖身葬父"、孟宗"哭竹生笋"、王祥"卧冰求鲤"等,都具有浓厚的创造性,非现实生活中的事迹,我们需要去伪存真。《二十四孝》如黄香"扇枕温衾"、陆绩"怀橘遗亲"等,则具有真实意义和教育价值。

3. 要去封建的荒谬性,存现代的科学性。《二十四孝》中大部分孝子的故事都被涂上了封建迷信的色彩,宣扬因果报应、天赐神助。还有的故事渗透了"存天理,灭人欲"的说教,充满了残害人性、不近人情的思想,如郭巨"埋儿奉母"、吴猛"恣蚊饱血"等。《二十四孝》还将某些孝子孝行加以神化,诸如虞舜"孝感动天"、董永"卖身葬父"、孟宗"哭竹生笋"、王祥"卧冰求鲤"等,使古时一部分人对行孝产生不切实际的幻想,从而做出非理性的孝行为。对于没有科学根据、不符合现代科学精神的荒谬行为,理应加以剔除。以鲁迅的话来说,就是"以不情为伦纪,诬蔑了古人,教坏了后人"。

总之,《二十四孝》中所竭力颂扬的孝子有一些是被扭曲了的形象,所提供的孝道行为也有不少是过时的东西。对《二十四孝》,要认清其积极因素与历史局限,吸取精华,剔除糟粕,用历史唯物主义和辩证唯物主义的观点去分析与认识,正确加以对待。

五、《二十四孝》转化与拓展的急迫性

贯彻"创造性转化、创新性发展",就是要根据社会主义市场经济、民主政治、先进文化、社会治理等发展需要,积极推动中华优秀传统文化与之相协调相适应,实现其当代价值。如何实现"创造性转化、创新性发展",其途径很多,从现实践行的角度看,重要的是需要用新的孝行榜样,以取代《二十四孝》孝行榜样,进行孝行榜样的现代重塑。

(一)推出新版的孝行榜样

古代的《二十四孝》由于历史的原因,其中孝的内容与形式多已不合时

宜，因此《新二十四孝》不断出现。现在正式出版的《新二十四孝》已有很多版本，人们在寻求一种《二十四孝》的替代读物，反映新时代要求。这是新的历史时期伦理道德的探寻与追求，也是传统文化"创造性转化、创新性发展"的现象。

1. 山东版《新二十四孝》，即《新编二十四孝图》，由山东省老年学学会孝文化专业委员会编，由齐鲁书社于 2007 年出版。其以古代《二十四孝》为基础，删去其中不适应现代要求的 14 个孝故事，保留 10 个孝故事，另重新从先秦到清末遴选 14 个孝故事编辑成册，如孔子论孝、曾子倡孝、孟子重孝、替父从军、孝母勤廉、尽忠报国等。把家庭之孝延伸到国家、社会之孝，既体现传承，又体现不断发展。

2. 河南版《新二十四孝》。由河南省范县宋名口村人王永君王编，由河南人民出版社于 2008 年出版。编著者用他自己的视野，海选确定从古至今 24 个孝人物，编著出版《新二十四孝》。故事包括"大孝司马迁""平民孝子张清丰""三跪慈母徐世有""太行孝女曹桂香""感动中国谢延信"等。时间跨度大，涉及地域广，人物站位高。但是，有明显的地方倾向性，24 个孝人物中河南孝子就有 8 个。

3. 湖北版《新二十四孝》。由湖北人民出版社于 2008 年出版。《新二十四孝》以当代孝子事迹为基本依据，在全国范围内选出二十四孝子榜样。其中，有"全国孝老爱亲道德模范"曹于亚、刘霆、粟玉萍、唐戈隆、欧阳名友、谢延信、徐雪莲、余汉江、张晓等；"中华孝亲敬老楷模"李世同等；"全国敬老好儿女"周玉兰等；剩下的还有省市的孝道德知名人物。彰显了人物的时代性、事迹的典型性、职业的代表性。

《新二十四孝》中每一个孝子的背后，都有一段感人的故事，都让人刻骨铭心。例如，谢延信是河南省焦作煤业集团的职工。1974 年，前妻去世，原本姓刘的他改为妻谢姓，把岳父母当成自己的亲生父母。30 多年来，信守承诺，无怨无悔地付出自己的真情，将自己的爱心、孝心和责任心一点一滴地倾注到前妻的三个亲人——瘫痪的父亲、丧失劳动力的母亲和呆傻的弟弟身上。他的事迹感动了全中国人，2007 年他当选"感动中国的矿工十大杰出人物"，并荣获"全国孝老爱亲道德模范"。

第四章 《孝经》的现代拓展

这三个版本的《新二十四孝》，在众多的《新二十四孝》中具有一定的代表性。山东版的人物选择是在《二十四孝》基础上删补而成，以古代人物为对象，在编辑形式上图文兼备；河南版的人物选择没有受《二十四孝》的影响，古代当代人物皆有，在编辑形式上图文兼备；湖北版在人物选择上则完全立足于当代，在编辑形式上与古《二十四孝》相似，图、文、诗兼备，且文的内容表达翔实。它们的共同点是新，其不同点是人物选择有各自的标准和原则。另外，还有一个新版"二十四孝"行动标准值得关注。

（二）新"二十四孝"行动标准的推出

2012年8月13日，全国妇联老龄工作协调办、全国老龄办、全国心系系列活动组委会共同发布了新"二十四孝"行动标准。《二十四孝》和《新二十四孝》写人物孝行事迹，新"二十四孝"行动标准不涉及人物，发布的是孝的行为准则，值得关注与借鉴。

新"二十四孝"行动标准包括经常带着爱人、子女回家；节假日尽量与父母共度；为父母举办生日宴会；亲自给父母做饭；每周给父母打个电话；父母的零花钱不能少；为父母建立"关爱卡"；仔细聆听父母的往事；教父母学会上网；经常为父母拍照；对父母的爱要说出口；打开父母的心结；支持父母的业余爱好；支持单身父母再婚；定期带父母做体检；为父母购买合适的保险；常跟父母做交心的沟通；带父母一起出席重要的活动；带父母参观你工作的地方；带父母去旅行或故地重游；和父母一起锻炼身体；适当参与父母的活动；陪父母拜访他们的老朋友；陪父母看一场老电影。

细看新"二十四孝"行动标准，不难发现其中有很多内容都与现代社会新的生活方式密切相关。如要教父母学会上网，还要为父母购买合适的保险等，都有着明显的时代特征。

山东《新编二十四孝图》编委骆承烈教授认为，这些"新潮"的标准体现了如今的老年人，已经不再满足过去"聊天、打牌、晒太阳"式的传统养老方式，而是有了更新的追求。①

---

① 《专家解读新"二十四孝"：尽孝也要"与时俱进"》，大众网，2012年8月14日。

（三）推出身边的孝子榜样

现在，人们越来越重视身边孝子的培养与选树，尤其是在农村。孝子的选树主要有以下几种。

1. 国家级。如"全国孝老爱亲模范"、全国"敬孝好儿女金榜奖"、"中华孝亲敬老楷模"、"全国孝老敬老之星"等。

2. 省市级。如"河南省十大敬老楷模"、"陕西省十大孝子"、山东"当代十大孝子"、"陕西省十大孝子"等。河南、湖北、浙江、山东、甘肃、河北、广东、福建、吉林、湖南等省，组织评选"孝"道德模范。

3. 地县级。如湖北孝感举行孝文化节并开展评选"十大孝子"活动；广东佛山评选"十大孝子"、山东淄博评选"十大孝子"、甘肃平凉评选"十大孝子"、广西北海评选"孝子孝媳"等。

4. 乡村级。如湖北云梦黄土坡村、红星村开展"孝美乡村""孝康家庭""孝贤村民""十大孝子"评选活动。还有很多以乡村、城市、学校、企业等为单位评选孝子的活动等，不胜枚举，在此不赘述。

（四）评选孝子的现代意义

榜样是什么？榜样是一种力量，彰显进步；榜样是一面旗帜，鼓舞斗志；榜样是一座灯塔，指引方向；榜样是一曲号角，激人奋进。列宁说，榜样的力量是无穷的。丹麦有句名言："好榜样就像把许多人召集到教堂去的钟声一样。"有谚语说："好人的榜样是看得见的哲理。"威·亚历山大说："命令只能指挥人，榜样却能吸引人。"中国也有句名言："身教重于言教。"榜样具有良好的警示力、感染力、说服力、召唤力。树立孝子榜样，确立道德标准，对提升公民道德、家庭美德、社会公德水平，有着不可小觑的意义。

1. 评选孝子有利于孝文化的传承。孝文化的传承主要有两种途径，一是理论传承，二是实践传承。评选孝子、树立榜样是实践传承的一种。评选的过程是学习孝德规范、宣扬孝德精神、言传身教、接受教育的过程。一种文化形态具备四大要素：历史的积淀、群体的认知、共同的行为、传承的机制。评选孝子，就是具体落实孝的认知和行为，传承生活中的孝文化。

第四章 《孝经》的现代拓展

2. 评选孝子有利于孝风尚的倡导。目前,广大农村基层存在"四化"现象。一是孝观念和孝亲情的淡化。一些青少年不懂得什么是孝,不知道为什么要行孝,认为孝是封建的东西,因此对父母亲情淡漠,只知索取,不知回报,更不知心疼父母。二是孝指向和孝表现的异化。异化就是孝行为不符合常态,表现异常,价值观颠倒、错位、扭曲,例如"厚葬薄养""厚幼薄老""厚己薄亲"。三是孝功能和孝基础的弱化。农村道德约束力减弱,有的子女不尽养老之责、不解老人之难、不维老人之权;家庭权力结构发生变化,孝基础也发生变化,老人在家庭中的地位也发生了变化。这些都反映出孝矛盾的激化。实践证明,评选孝子有利于良好孝风尚的形成。

3. 评选孝子有利于孝生态的优化。现在,农村孝文化的生态环境还没有达到理想的程度。搞好农村基层社会治理,首先要搞好孝文化的生态环境建设。一要领导重视;二要舆论宣传;三要家庭治理。孝具有基层治理功能,孝为德之本,德为事之源,本立而事顺。古有"以孝治国",今有"以德治国","两手都要硬"。对我国来说,德治治本,能从根本上解决问题。

唐太宗李世民曾说:"以铜为鉴,可正衣冠;以古为鉴,可知兴替;以人为鉴,可明得失。"唐太宗李世民把魏徵当作自己的一面镜子,时刻提醒自己。魏徵去世后,唐太宗亲临吊唁,说"今魏徵逝,一鉴亡矣",心情十分沉重。魏徵在世时,曾上疏数十,直陈其过,劝太宗宜内自省,居安思危,察纳雅言,择善而从。唐太宗鉴于隋亡于虐民的教训,把"存百姓"当作"为君之道"的先决条件,同时又把"存百姓"跟帝王"正其身"相联系。他把国治、民存、君贤三者有机地联系起来,反复强调民存取决于君贤。因此,唐太宗时期政治开明,经济繁荣,成就了一代盛世。

古人尚知做人做事需要"以人为鉴",能够成就一代盛世;今人做人做事同样需要"以人为鉴",新"二十四孝"就是新时代践行孝道的镜子,它时刻提醒我们,以此为鉴,"可明得失",也定能营造一种政治清明、政府清廉、社会清朗,经济社会高质量发展的良好社会文明生态环境。

后记

孝感是全国唯一一个以"孝"命名而又因"孝"扬名的城市,是"中国孝文化之乡",也是建设中的"中华孝文化名城"。孝感在南朝宋孝建元年(454年)间,因此地"孝子昌盛",遂置县名"孝昌"。后因"昌"字犯庄宗李存勖祖父名讳,改名为"孝感"。孝感是全国孝文化资源最集中的地区之一,孝文化底蕴深厚。早在 2007 年 10 月 19 日在孝感召开的"中国·孝感建设'中华孝文化名城'国际研讨会"就提出要组织撰写出版《中国孝文化概论》和《中国孝文化史》等著作,加强孝文化理论建设。这两部书依托湖北工程学院中华孝文化研究中心、湖北当代孝文化研究院撰写,现已分别由人民出版社、湖北人民出版社出版。

随着中共中央对传统文化的重视,孝感市提出孝文化强市战略,人们对国学的热情空前高涨。为了适应社会阅读需求,孝感市有关领导要求我们撰写一部解读《孝经》的具有现代指导意义的通俗读本,以满足人们学习传统孝文化的诉求,于是在大家的鼓励和关注下组织相关专家完成了《〈孝经〉现代解读》的撰写工作,这确实是一件孝感人民文化生活中的幸事与喜事。

《〈孝经〉现代解读》的出版,是对中华孝文化建设的又一贡献,是为孝感"中华孝文化名城"建设增添的文化分量与提供的理论支持。同时,也是为庆祝孝感建市 30 周年、迎接孝感 2023 年孝文化节、湖北工程学院建校 80 周年献上的一份文化厚礼。

《〈孝经〉现代解读》的撰写是一项开创性的工作,需要将国学与现代社会相融合,对传统文化进行创造性转化与创新性发展,为当下精神文明建设服务。鉴古论今,我们尚在尝试与探索之中,加之我们的学识有限,见闻多

后　记

围，往往心有余而力不足，不能臻于想要达到的境地。恳切希望有关专家、读者不吝赐教与批评，从而使我们的事业"苟日新，日日新，又日新"，不断自我完善与提高。

《〈孝经〉现代解读》为湖北工程学院中华孝文化研究中心重点立项资助项目。在撰写与出版过程中，该中心提供了有力的资金保障，同时该中心相关领导和专家给予了可贵的智力支持。湖北省社科联、孝感市委宣传部、孝感市社科联、孝感市机关工委等有关单位和领导给予了大力支持；孝感市图书馆、孝南图书馆、孝感爱心书屋等单位和个人也给予了高度关注与热情帮助，在此一并表示谢意！

《〈孝经〉现代解读》是集体智慧的结晶。该书由李上文、程如进同志提出整体框架与内容设计，经湖北工程学院中华孝文化研究中心、湖北当代孝文化研究院相关专家讨论形成撰写大纲。写作分工如下：第一章由程如进撰写；第二章由李上文撰写；第三章由程康俐（武汉市群艺馆）撰写；第四章由李非（湖北工程学院）撰写。李上文、程如进同志承担全书的统稿任务。

在撰写过程中，我们参考、借鉴了一些同仁与研究者的成果，引用了一些专家学者的文章内容，没有一一注释，由于涉及相关专家学者较多，不便逐一表示答谢，故在此一并表示深切歉意与真诚感谢。另外，书中使用的典籍引文，由于版本和出版社不同，可能存在一些差别，具体情况较为复杂，不便逐一说明，敬请见谅。

出版过程中，湖北省社会科学院原副院长、华中师范大学博士生导师刘玉堂先生高度关注，给予了较好评价，并欣然为书作序；湖北工程学院李新安、乐波、胡泽勇等专家学者给予及时指导，在此表示崇高敬意与由衷感谢！

湖北人民出版社的领导和编辑为成书付出了极大的热情与帮助，贡献了无私的辛劳与心力，在此表示感谢！

《〈孝经〉现代解读》是传播中华优秀传统文化、组织推广全民阅读公益学习与交流活动的重点书目之一，它的出版是为社会主义精神文明建设，为孝感建设"中华孝文化名城"贡献的一份文化力量。

2023 年 10 月